浙江省普通本科高校"十四五"重点立项建设教材

程序设计综合实践

（第二版）

林菲　马虹　李卫明　编著

U0378827

西安电子科技大学出版社

内 容 简 介

本书围绕综合案例开发，系统地介绍了程序设计的思路和方法。全书分为五篇，共10章。第一篇为基础算法篇，主要介绍了线性表的顺序存储结构、链式存储结构和典型链表应用案例，递归程序设计和递归程序执行过程，分治法和回溯法两大算法设计方法，以及常用的查找和排序方法。第二篇为人工智能篇，主要围绕复杂工程问题的求解，引出线性回归算法、聚类算法和神经网络算法，从而让读者深刻了解人工智能的应用场景，掌握相关的基本算法。第三篇为游戏开发篇，主要使用C语言完成基于控制台的贪吃蛇游戏的开发，同时引入面向对象方法，实现基于MFC使用C++开发的窗体式俄罗斯方块游戏。第四篇为管理信息系统篇，通过对学生成绩管理系统的设计、编码实现，使读者掌握"自顶向下、逐步求精"的程序设计方法。第五篇为国产软件篇，主要介绍基于华为鲲鹏平台的程序设计方法，增强读者对国产软件技术栈的认知与应用能力。

本书是一本立体化教材，每一个知识单元和综合案例的开发步骤均配有短视频讲解，方便读者学习，本章实践、项目拓展和课外研学实践等内容用于帮助读者对所学知识进行巩固和提升。

本书结构清晰，实例丰富，图文对照，浅显易懂，可作为高等院校计算机等工科类相关专业程序设计课程实践的配套教材。

本书提供MOOC教学视频、电子教案、示例源代码，需要者可以到西安电子科技大学出版社网站(www.xduph.com)下载。配套"程序设计综合实践"课程上线中国大学MOOC、智慧树等平台，在学堂在线上构建了AI智慧化学习环境，欢迎高校同仁运用相关资源开展线上线下混合教学和智慧化教学。

图书在版编目（CIP）数据

程序设计综合实践 / 林菲，马虹，李卫明编著. -- 2 版. -- 西安：
西安电子科技大学出版社，2024.8. -- ISBN 978-7-5606-7447-6

Ⅰ. TP311.1

中国国家版本馆 CIP 数据核字第 202462GY68 号

策　　划　陈婷

责任编辑　陈婷

出版发行　西安电子科技大学出版社（西安市太白南路 2 号）

电　　话　(029) 88202421　88201467　　邮　　编　710071

网　　址　www.xduph.com　　　　电子邮箱　xdupfxb001@163.com

经　　销　新华书店

印刷单位　广东虎彩云印刷有限公司

版　　次　2024 年 8 月第 2 版　2024 年 8 月第 1 次印刷

开　　本　787 毫米×1092 毫米　1/16　印张 17.25

字　　数　405 千字

定　　价　45.00 元

ISBN 978-7-5606-7447-6

XDUP 7748002-1

＊＊＊如有印装问题可调换＊＊＊

前　言

党的二十大报告中明确指出，科技是第一生产力、人才是第一资源、创新是第一动力，要深入实施科教兴国战略、人才强国战略、创新驱动发展战略。加快建设教育强国、科技强国、人才强国。坚持为党育人、为国育才，全面提高人才自主培养质量。

程序设计能力和系统设计能力是衡量计算机类专业学生能力高低的重要指标。其中，程序设计是计算机类专业学生必须掌握的基本技能之一，程序设计能力薄弱，将直接影响其他各项专业能力的达成，影响后续专业课程的学习。因此，计算机类相关专业学生学习的第一门专业课程就是程序设计基础。大部分高校还会配套综合实践课程，目标是使学生在具备一定的编程语言基础后，能够运用所学知识，以计算机为工具，对复杂工程问题进行分析和求解，培养学生的计算思维，通过丰富的项目实战训练提高学生的编程能力和解决实际问题的能力，为数据结构、计算机组成原理、操作系统、机器学习、编译原理、软件开发、大数据、人工智能等后续专业课程的学习打下坚实的基础。同时，为了减少对国外技术的依赖，增强学生对国产软件技术栈的认知和实践能力，本书引入了基于国产软件的实践项目，鼓励学生在本土技术的基础上进行优化和创新，为行业输送更多具备国产软件开发和应用经验的专业人才。

本书围绕综合案例开发，系统地介绍了程序设计的思路和方法。全书分为五篇，共10章，各篇内容如下。

第一篇为基础算法篇，包含第1～3章。

第1章为线性结构。本章首先引入了线性表、抽象数据类型等概念，然后分别用顺序存储结构和链式存储结构实现抽象数据类型——线性表，并介绍了单链表和双链表的典型应用案例，引入了栈和队列。

第2章为递归程序设计。本章先以汉诺塔问题为例，讲述了递归程序设计，分析递归程序执行过程，然后通过无符号大数乘法、八皇后问题、0-1背包问题等经典案例，介绍了分治法和回溯法两大算法设计方法，以提高学生的算法设计能力。

第 3 章为查找和排序。本章先介绍了顺序查找、二分查找,再介绍了简单排序、归并排序和快速排序,最后介绍了几种特殊的排序算法,并分析了这些算法的时间复杂度和空间复杂度。

第二篇为人工智能篇,包含第 4~6 章。

第 4 章为简单房价预测项目。本章通过一个简单房价预测问题,介绍了一元线性回归方法,并通过 C 语言实现房价预测问题的求解。

第 5 章为鸢尾花分类项目。本章结合鸢尾花分类问题,介绍无监督学习算法中的聚类算法,并通过 C 语言实现鸢尾花分类问题的求解。

第 6 章为波士顿房价预测项目。本章通过波士顿房价预测问题,介绍了三层 BP 神经网络算法模型,引入了更多维度特征,预测波士顿房价,最后通过 C 语言实现波士顿房价预测问题的求解。

第三篇为游戏开发篇,包括第 7 章和第 8 章。

第 7 章为基于控制台的贪吃蛇游戏。本章首先分析了贪吃蛇游戏的功能结构和业务流程,然后使用 C 语言逐步实现基于控制台的贪吃蛇游戏。

第 8 章为基于 MFC 的俄罗斯方块游戏。本章首先分析了俄罗斯方块游戏的功能结构和业务流程,然后引入了面向对象方法,实现基于 MFC 使用 C++开发窗体式俄罗斯方块游戏。

第四篇为管理信息系统篇,包含第 9 章。

第 9 章为学生成绩管理系统。本章首先对系统功能和业务流程进行分析,然后进行功能模块的设计,并使用 C 语言逐步实现学生成绩管理系统的基本功能。

第五篇为国产软件篇,包含第 10 章。

第 10 章为基于华为鲲鹏平台的程序设计。本章首先介绍了鲲鹏计算产业和生态体系,再介绍了鲲鹏处理器芯片和鲲鹏开发套件 DevKit 工具,然后总结了华为 C 语言编程规范中的核心要点,最后基于鲲鹏云平台使用 C 语言实现项目代码的编写、编译、部署、运行等流程。

本书配套了一系列具有 MOOC 特征的教学微视频。读者可以登录出版社网站,查看本书的配套学习资源,快速掌握本书的知识。本书为每个章节知识点都配有二维码,读者通过扫描二维码可以直接观看对应章节的教学视频。

为了进一步帮助读者更好地学习和解惑,本书编者在智慧树(https://www.zhihuishu.com/)、中国大学 MOOC(http://www.icourse163.org/)和学堂在线(http://www.xuetangx.con/)上开设了配套线上课程——"程序设计综合实践",欢迎感兴趣的教师使用配套资源、课程知识图谱和 AI 辅助工具开展线上线下混合教学或智慧化教学。

本书易学易用,充分考虑实际项目的开发需求,使用大量实例,引导读者掌握基础算法、人工智能、游戏开发、管理信息系统设计和基于华为鲲鹏平台的程序设计五个领域的程序设计方法和技巧。本书还配套了本章实践、项目拓展、课外研学实践等内容帮助读者巩固所学知识、拓展思维、提升能力,在动手实践的过程中培养践行诚信的社会主义核心价值观、精益求精的大国工匠精神,树立创新意识和科技报国的坚定信念。本书可作为高校工科类专业程序设计课程实践教材,配合使用 MOOC 平台,可以帮助教师以"学生的能力产出"为导向,采用"项目引领—翻转教学—个性培养—任务驱动—结对编程—过程考核"六元融合的方法来设计和实施程序设计项目实践的教学。

本书的编者长期从事计算机类专业的教学科研工作,具有丰富的项目实战经验,并基于本书的教案及 MOOC 平台的教学资源开展了多轮的翻转课堂教学,均获得了非常好的效果。

本书由杭州电子科技大学林菲、马虹和李卫明共同编著,其中基础算法篇由李卫明负责编写,人工智能篇、游戏开发篇和国产软件篇由林菲负责编写,管理信息系统篇由马虹负责编写。本书在编写过程中得到了浙江省各高校同仁们的大力支持,他们对本书提出了宝贵的建议,同时本书的出版也得到了社会各界及企业专家的大力支持,在此深表感谢!

由于编者水平有限,书中难免存在不足之处,敬请读者批评指正!

编者邮箱:linfei@hdu.edu.cn。

编 者
2024 年 5 月

目　　录

基础算法篇

I

人工智能篇

游戏开发篇

管理信息系统篇

国产软件篇

基础算法篇

第 1 章 线 性 结 构

线性表是程序设计中经常遇到的基本数据结构。线性表的链式存储和相关处理是程序设计学习中的难点之一。本章先引入线性表、抽象数据类型等概念，再介绍算法和算法评价，然后分别用顺序存储结构和链式存储结构实现抽象数据类型——线性表，之后介绍单链表和双链表的典型应用案例，最后介绍程序设计中最为常用的两种特殊线性数据结构——栈和队列。

1.1 线性表的概念

随着计算机技术的不断发展，计算机在越来越多的领域得到了广泛应用，从最初的科学计算，拓展到信息管理、事务处理、计算机辅助设计、自动控制、文化传媒与娱乐等领域。计算机需要处理数值、文字、图形、图像、声音等各种形式的信息，这些信息是对客观事物的符号化编码表示，也称为数据（Data）。构成数据且具有相同性质的基本单元称为数

线性表概念

据元素（Data Element），简称元素。数据项（Data Item）是构成数据的相对独立的分项，它反映客观事物的某种特性。例如，出版社图书信息管理系统中的已出版图书列表包含了已出版的所有书籍的信息，其中一本书籍的信息用一个数据元素表示，可包含这本书的书名、作者、定价、出版时间等数据项组成部分，性质相同的数据元素集合组成数据对象（Data Object），是数据的一个子集。在上述图书信息管理系统的数据中，每本书的信息是一个数据元素，由多个数据项组成，所有这些数据元素构成数据对象，表示该出版社出版的所有图书，是图书信息管理系统中数据的一个组成部分。

通常，数据对象内的数据元素间可以存在一种或多种关系，数据结构（Data Structure）是相互之间存在一种或多种特定关系的数据元素的集合，包含数据对象和关系两个组成部分。

数据结构可以用二元组来表示：
$$\text{Data Structure} = (D, S)$$
其中，D 是数据元素的有限集；S 是 D 上数据元素间关系的有限集。

【例 1.1】 一维数组是一种线性的数据结构，它由 n 个数据元素有序排列而成，可以用下述方式描述：
$$\text{Array} = (D, S)$$
其中，数据元素的集合 $D = \{a_1, a_2, \cdots, a_n \mid n \geqslant 1\}$；关系的集合 $S = \{R\}$；关系 $R = \{\langle a_i, a_{i+1} \rangle \mid 1 \leqslant i < n, a_i, a_{i+1} \in D\}$（序偶对 $\langle a_i, a_{i+1} \rangle$ 表示一对有序的数据元素）。

用二元组描述的数据结构体现出数据元素间的逻辑关系，也称为数据的逻辑结构。数据元素之间的常见关系除了线性结构外，还有集合结构、树形结构和图形结构，它们一起被称为数据元素之间的 4 种基本逻辑结构。

数据结构只有在计算机物理存储器上存储表示后，才能设计计算机程序对其进行处理。数据结构在计算机物理存储器中的实际存储方案称为数据的存储结构。数据结构在计算机物理存储器上存储表示，不光需要存储表示数据对象，也需要存储表示数据元素间的各种关系。同一个逻辑结构，可以采用不同的存储结构。在程序设计实践中，通常采用两种存储结构：

· 顺序存储结构。在存储器中，所有数据元素在内存空间中依次存放，数据元素在物理存储器上的位置关系体现了它们在逻辑上的关系，通常表示简单的顺序关系。在程序设计中采用顺序存储结构时，通常借助存储单元连续的数组存放数据元素集，也可借助动态分配的连续空间存放数据元素集。

· 链式存储结构。在存储器中，数据元素是分散存放的，在存放每个数据元素时，必须附加一个或若干专门的数据项来指示其他相关联的数据元素在存储器中的存放位置。在程序设计中，一般使用结点类型表示数据元素和附加数据项，附加数据项通常用指针类型来表示相关联的数据元素结点间的关系；在特定场合下，也可使用下标来指示相关联的数据元素间的关系。

【例 1.2】　有一个数列"10，20，30，40"，分别用顺序结构和链式结构来存储这个数列。假设这个数列存放于 64 位的计算机系统，在该计算机系统中，一个整型数占 4 个字节的存储空间，一个存放内存地址的单元占 8 个字节的存储空间。图 1-1(a)是这个数列的顺序存储结构，图 1-1(b)是这个数列的链式存储结构。

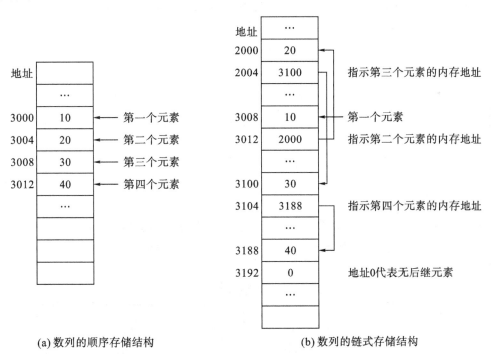

(a) 数列的顺序存储结构　　　　　　(b) 数列的链式存储结构

图 1-1　两种存储结构示意图

在图 1-1(a)中，4 个元素在物理存储器上从地址 3000 处开始依次存放，每个元素占用 4 个字节的空间，存放地址从 3000 到 3012 依次增加，物理地址的顺序和逻辑次序是一致的，因此，每个元素的存储位置可以直接计算得出，例如，第四个元素的存储位置是

$$address = 3000 + 4 \times (4 - 1) = 3012$$

也就是说，可以随机直接访问顺序存储结构中的元素。

在图 1-1(b)中，4 个元素可以存放在物理存储器上任意位置，为了维持逻辑上的线性结构，每个元素都必须附加一个存储单位，用于指示后继元素的位置。图中用 8 个字节存放后继元素的起始地址。根据第一个元素的位置，通过它的后继元素指示（即在地址 3012 中记录的"2000"），就可以找到第二个元素的位置，同理，还可以依次查找到第三个和第四个元素，由于第四个元素是最后一个元素，无后继元素，我们约定它的后继元素指示的值为 0。从上述过程来看，相比顺序存储结构，链式存储结构的每一个元素都必须附加用于指示其他关联数据元素的数据项，而且对特定元素的查找不能采用直接定位的方式。

线性表是一种典型的线性结构，也是一种基本的数据结构，它不仅有着广泛的应用，更是学习其他数据结构的基础。线性表是 n 个数据元素的有限序列，可记为

$$L=(a_1, a_2, \cdots, a_{i-1}, a_i, a_{i+1}, \cdots, a_n)$$

其中，n 是线性表的长度。当 $n=0$ 时，表示线性表为一空表。当 $n>0$ 时，序列中必存在唯一的"第一个元素"，也必存在唯一的"最后一个元素"。除第一个元素外，每一元素均有唯一的前驱元素；除最后一个元素外，每一元素均有唯一的后继元素。

对于线性表，我们可以给出以下二元式形式的数据结构定义：

DS List {

　　　　数据对象：$D=\{a_i \mid a_i \in \text{ElemType}, i=1, 2, \cdots, n, n \geqslant 0\}$

　　　　数据关系：$S=\{R\}$

　　　　$R=\{\langle a_i, a_{i+1}\rangle \mid a_i, a_{i+1} \in D, i=1, 2, \cdots, n-1\}$

}

其中，D 是 n 个性质相同的数据元素的集合，而序偶对 $\langle a_i, a_{i+1}\rangle$ 的集合 R 表示了相邻数据元素的线性关系。数据元素的类型用 ElemType 表示，根据实际应用确定数据元素的实际数据类型。

具有线性表结构特征的数据对象有很多，例如：

【例 1.3】 斐波那契序列：$(0, 1, 1, 2, 3, 5, 8, 13, 21, 34, 55, \cdots)$。序列中数据元素类型为整型。

【例 1.4】 一个字符串：Data Structure。序列中数据元素类型为字符型。

【例 1.5】 课程教材选用表如表 1-1 所示。序列中数据元素类型为结构型（课程教材信息）。

表 1-1　课程教材选用表

课程名称	书　名	作者	出版社	定价	ISBN
数据结构	数据结构实用教程	万健	电子工业出版社	32	9787121110764
面向对象程序设计（C++）	C++面向对象程序设计	李卫明	西安电子科技大学出版社	28	9787560656540
程序设计基础	C 语言程序设计	何钦铭颜晖	高等教育出版社	35	9787040346725
	…	…	…	…	

数据类型（Data Type）是对具有相同性质数据的抽象，它定义了一个值域和在这个值域上可以进行的一组操作。在程序代码设计阶段，使用基本数据类型或是定义一个新的数据类型，都必须遵循程序设计语言规定的语法规则。抽象数据类型（Abstract Data Type，ADT）是与具体计算机内部表示、实现方式无关的数据类型，由一个逻辑上的数学模型和定义在该模型上的一组操作构成。

结构特征相同的数据对象在操作上也有许多共同的属性。根据线性表的数据结构定义，再结合实际应用中线性表的各类操作，我们抽象出以下关于线性表的抽象数据类型定义：

ADT List {

数据对象：$D=\{a_i\,|\,a_i\in \text{ElemType},\ i=1,\ 2,\ \cdots,\ n,\ n\geqslant 0\}$

数据关系：$S=\{R\}$

$R=\{\langle a_i,\ a_{i+1}\rangle\ |\ a_i,\ a_{i+1}\in D,\ i=1,\ 2,\ \cdots,\ n-1\}$

基本操作：

创建空表 Create()

操作说明：创建一个空的线性表。

清空 Clear(L)

操作说明：将已有线性表 L 清空。

销毁线性表 Destroy(L)

操作说明：销毁一个线性表 L，不再使用。

拷贝线性表 Copy(L)

操作说明：根据已有线性表 L，复制一个新线性表，内容相同。

判空 IsEmpty(L)

操作说明：判断线性表 L 是否为空表，若是则返回 true，否则返回 false。

求长度 Length(L)

操作说明：返回线性表中数据元素的个数。

获取起始位置 BeginPosition(L)

操作说明：返回线性表中代表第一个元素的位置，空表返回 EndPosition(L)。

获取结束位置 EndPosition(L)

操作说明：返回代表线性表结束的位置。

迭代下一位置 NextPosition(L, pos)

操作说明：返回线性表中 pos 有效位置的下一个位置，结束位置返回 EndPosition (L)，主要用于循环遍历线性表。

获取元素位置 LocatePosition(L, i)

操作说明：返回线性表中第 i 个元素所在位置，$1\leqslant i\leqslant n$（设线性表的长度为 n）。

定位元素位置 LocateElem(L, e)

操作说明：根据数据元素 e 查找它在线性表中出现的位置，若存在，则返回它的有效位置；否则返回 EndPosition(L)。

获取元素 GetElem(L, pos)

操作说明：返回线性表中 pos 有效位置的数据元素。

设置元素 SetElem(L, pos, e)

操作说明：将线性表中 pos 有效位置的数据元素设置为 e。

插入元素 InsertBefore(L, pos, e)

操作说明：在线性表的 pos 位置前插入一个新的数据元素，pos 为 EndPosition (L) 时添加在尾部，线性表的长度加 1。

删除元素 Delete(L, pos)

操作说明：删除线性表中 pos 有效位置所在数据元素，线性表的长度减 1。

}

上述抽象数据类型中的基本操作抽象来源于具有线性表结构特征数据对象的应用。上述基本操作中的位置类型本身可看成是一个抽象数据类型，吸取了 C++标准模板库中的迭代器类型设计思想，可用位置类型参数和返回值代表特定线性表中的特定位置，用于线性表的遍历、插入、删除、查找、存取等操作，在线性表的不同存储结构实现上，位置类型也有不同的实现。当然，线性表的基本操作既可做不同的抽象，也可在此基础上对线性表基本操作做更多的扩展，如线性表合并、线性表拆分等。

抽象数据类型及其基本操作的实现必须建立在存储结构的基础上。本章 1.3、1.4 节分别在顺序存储及链式存储的基础上，讨论抽象数据类型 List 及其相应基本操作实现。

1.2　算法和算法分析

Pascal 之父、结构化程序设计先驱 Niklaus Wirth 在其著名著作 *Algorithms+Data Structures=Programs* 中提出了一个重要的观点，即程序设计的两个要点是数据结构和算法，由此，"算法+数据结构=程序"成为计算机科学与技术领域中的名言。那么，什么是算法？

算法和算法分析

算法（Algorithm）是对特定问题求解步骤的一种描述，它是指令的有限序列。用计算机来解决一个具体问题时，应先设计好数据结构和解题算法，再开始用某种程序设计语言来编写程序。算法具有以下 5 个重要特性：

- 输入：描述问题的数据，作为算法的输入。
- 输出：算法执行后产生的输出结果，代表问题答案。
- 确定性：算法的每一个步骤都必须有明确的语义，无二义性。
- 有限性：算法的每一条执行路径都必须能够在有限的步骤之内完成，而且在可预期和可接受的时间内。
- 可行性：算法描述中的每一个操作都是可以通过有限次可实现的基本运算来完成的。

算法和程序是有区别的，程序是用程序设计语言来描述的，它必须符合特定语言的语法，通过编译器或解释器翻译成机器代码在计算机上执行；算法不局限于具体的程序设计语言，它强调的是计算机解决问题的思想方法、步骤，用某种方法来描述，用于人们之间的交流。一个算法可以采用多种表述方式，例如，既可以用人类的自然语言来表述算法，也可以用程序流程图来描述算法，还可以参照某种程序设计语言来描述算法。在多数情况下，人们参照某种程序设计语言来描述算法，描述过程没有严格的语法规则，甚至还可以加入一些自然语言描述，因此，这种描述也称为伪代码描述。有了伪代码描述的算法，可以很容易地生成实际可运行的程序。在本书中，我们通常采用类 C 语言来描述算法。

程序设计中经常需要用到排序算法,下列描述的就是插入排序算法:将具有 n 个类型为 ElemType 元素的数组按照插入排序的思想进行排序,类似于 C 语言函数,但省略了 C 语言函数内局部变量的定义。为了便于讨论,在每条语句前面增加了语句编号。

【例 1.6】　插入排序算法。

```
//插入排序算法,完成 n 个元素数组的递增排序
 1   void InsertSort (ElemType A[], int n)
 2   {    for (i=1; i<n;++i) {
 3            x=A[i];
 4            j=i-1;
 5            while (j >=0 && x<A[j]) {
 6                A[j+1]=A[j];
 7                --j;
 8            }
 9            A[j+1]=x;
10       }
11   }
```

1.2.1　算法的性能分析与度量

通常,在用计算机解决一个具体问题时,可以有不同的解决方案,设计出不同的算法。任何一种算法都必须满足正确性要求,可以正确处理输入数据,还应该有足够的健壮性,对一些特殊的输入数据也可以正确处理。此外,算法不是供机器执行的,机器执行的是人们用程序实现后的算法。人们经常需要交流、阅读与实现算法,并且改进算法,因此,要关注算法的可读性。

人们在遇到实际问题时,一般需要先设计好算法,用程序实现算法,然后在计算机上执行程序,获取问题解,这样的程序往往还需要多次执行,反复使用。对算法的评价,除了上述正确性、健壮性、可读性外,还有两个非常重要的指标,即算法的时间效率和空间效率,也就是算法用程序实现后,程序在计算机上解题所需要花费的运行时间和运行空间。这就构成了度量算法性能的两个重要因素:时间复杂度和空间复杂度。

- 时间复杂度(Time Complexity)是根据算法实现的程序在计算机上执行时花费的 CPU 时间的度量。
- 空间复杂度(Space Complexity)是根据算法实现的程序在计算机上执行时需要使用的存储空间的度量。

同一个算法,使用不同的程序设计语言来实现,或在不同的计算机硬件平台上执行,所花费的时间也会有一些差异。但当我们在评价两个算法的性能指标时,在不同的软硬件平台去运行实现算法的程序,在一般的情况下不影响评价结果,也就是说,人们在衡量算法的时间复杂度和空间复杂度时,一般可以忽略算法实现和运行时的软硬件平台。

对算法的性能评估,可以采用两种方法:① 预先评估,即根据算法描述,从理论上去计算一个算法的时间复杂度和空间复杂度,这种方法称为"性能分析";② 事后测试,即用程序实现算法,利用某些工具统计程序执行的时间和空间开销,这种方法称为"性能度

量"。在设计算法时，主要是采用"性能分析"的方法，预先评估这个算法的时间复杂度和空间复杂度。在本书第 3 章中，我们对常用排序算法进行了性能分析，大家可以完成实际性能度量，并加以对比分析。

1.2.2 算法的时间复杂度和空间复杂度

1. 算法的时间复杂度

在衡量算法的时间性能时，一般需要细化到能用一个或若干个指令就能实现的基本操作，如果算法中的操作不能用一个或若干个指令实现，如将数组中的元素递增排序这样的操作，则需要继续细化为基本操作。用算法解决问题需要花费的时间可以看成算法中各基本操作的执行次数乘以每个基本操作所需要花费的时间，再累积求和。在实际应用中，算法要处理的数据类型不同、执行环境也有差异，要精确计算出执行实现算法的程序所需要花费的时间既很困难，也无必要。在衡量算法时间复杂度时，可以忽略算法中不同基本操作执行一次所需要花费的时间差异，只需要统计这些基本操作的执行次数之和就可以；对算法执行时间影响最大的或是用来完成算法核心部分的基本操作，是关键基本操作，只需统计关键基本操作所执行的次数即可，忽略对算法执行时间影响很小的操作。例如，在衡量上述插入排序算法时间复杂度时，只需统计元素比较和元素移动的基本操作执行次数，可以忽略循环变量 i、j 维护操作的执行次数。

算法的时间复杂度可以通过算法为解决问题所需执行基本操作的次数来度量，但在一些情况下，由于算法要处理的数据不同，会造成基本操作执行次数不同，因此要事先测算出所需执行基本操作的次数是很困难的。在这种情况下，我们只要估算出执行算法基本操作的最小次数、最大次数和平均次数即可。

基本操作的执行次数通常和问题规模有关，一般问题规模是指一个算法所要处理数据量的大小。例如，例 1.6 中插入排序问题规模是数组中元素的个数 n。基本操作的执行次数可以看成是 n 的一个函数，记作 $f(n)$。

基本操作的执行次数可以作为算法时间复杂度的度量。在多数场合下，不需要精确计算基本操作的执行次数，只需关注 $f(n)$ 中阶数最高项，忽略项系数以及其他低阶项。例如，例 1.6 中插入排序算法的 $f(n)$ 多项式中，最高阶是 n^2，因此可以称该算法的时间复杂度是"平方阶"的，为了记述方便，用"O"表示，即在该算法中，$O[f(n)]=O(n^2)$。因此，算法的时间复杂度 $T(n)$ 是问题规模 n 的函数，可以记作

$$T(n)=O[f(n)]$$

在例 1.6 中，根据排序前数组内元素不同，$f(n)$ 会有很大不同。在最坏情况下，当原数组内元素递减排列时，n 个元素插入排序所需元素比较和移动次数都为 $1+2+3+\cdots+n-1$，即在最坏情况下，插入排序的算法时间复杂度为 $O(n^2)$；在最好情况下，当原数组内元素递增排列时，n 个元素插入排序所需元素比较和移动次数分别为 $n-1$ 和 0，即在最好情况下，插入排序的算法时间复杂度为 $O(n)$；在平均情况下，假设新元素插入在每个位置的概率相同，则平均比较次数为 $1+3/2+4/2+\cdots+n/2$，平均移动次数为 $0+1/2+2/2+\cdots+n/2$，因此，在平均情况下，插入排序的算法时间复杂度为 $O(n^2)$。由此可见，同一个算法在不同情况下的时间复杂度也可能不同，没有特别指明时，本书算法时间复杂度一般指平均时间复杂度。

常见的算法时间复杂度有 $O(1)$、$O(\text{lb}n)$、$O(n)$、$O(n^2)$ 和 $O(2^n)$ 等，这些特殊的时间复杂度分别称为常量阶、对数阶、线性阶、平方阶和指数阶等。常量阶意味着执行算法所需时间与问题规模无关，也可记为 $O(c)$。表 1-2 给出了一些常用的时间复杂度函数的增长率。表中 inf 表示超出 double 数值表达范围，无法在有效时间内计算出来。由此可以看出，时间复杂度是衡量算法性能的一个非常重要的指标。

表 1-2 常见函数的增长率

n	$\text{lb}n$	$n\,\text{lb}n$	n^2	2^n
1	0	0	1	2
10	3.3	33.2	100	1024
100	6.6	664.4	10 000	1.27E30
1000	10.0	9.97E3	1E6	1.07E301
10 000	13.3	1.33E5	1E8	inf
100 000	16.6	1.66E6	1E10	inf
1 000 000	19.9	1.99E7	1E12	inf

2. 算法的空间复杂度

当一个算法用程序实现后在计算机上运行时，需要用到存储空间，这些空间用于存放程序代码和各类数据等。为完成某个任务而占用的数据存储空间大小是评价算法性能优劣的一个重要指标。在忽略一些必要的临时变量、输入与输出所需要的工作单元后，作为算法的空间复杂度，我们着重考查为了完成这个任务所必需的附加数据存储空间大小。这个附加存储空间的大小往往因算法设计不同而不同，并且与问题规模相关，用 $f(n)$ 表示。在度量算法的空间复杂度时，只需关注 $f(n)$ 中阶数最高项，忽略项系数以及其他低阶项。因此，算法的空间复杂度 $S(n)$ 是问题规模 n 的函数，可以记作

$$S(n)=O[f(n)]$$

在一些情况下，$S(n)$ 是常量阶的，这意味着无论问题规模 n 的大小如何，算法所需要的附加存储空间是固定的，对数据操作利用的是输入数据所占用的空间和少部分固定数量的临时工作空间，我们称此算法是"原地工作"。

1.3 线性表的顺序存储

线性表在采用顺序存储结构时，用一组地址连续的存储单元依次存放线性表中的数据元素，此时，逻辑上连续的数据元素在物理位置上也连续，线性表中数据元素之间的次序关系以地址相邻表示，如图 1-2 所示。

第一个数据元素的存储地址为线性表的起始地址，或称为线性表的基地址。若用 $\text{LOC}(a_i)$ 表示 a_i 在顺序存储映像中的存储位置，则 $\langle a_{i-1}, a_i \rangle$ 的关系为

$$\text{LOC}(a_i)=\text{LOC}(a_{i-1})+K$$

其中，K 为一个数据元素所占存储量。

线性表的
顺序存储

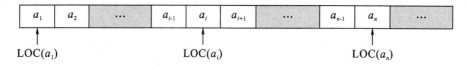

图 1-2 采用顺序存储结构的线性表中数据元素间关系示意图

线性表中任意一个数据元素的存储位置都可以用线性表中第一个数据元素 a_1 的存储地址加上偏移表示，即

$$\mathrm{LOC}(a_i) = \mathrm{LOC}(a_1) + (i-1) \times K$$

本章 1.1 节定义了线性表的抽象数据类型 List，它可以采用顺序存储结构实现。下面的样例程序 Ex1.1 描述了如何采用顺序存储结构实现抽象数据类型 List 及它的各基本操作，并进行了测试。样例程序 Ex1.1 的工程文件由 3 个模块文件组成：线性表的顺序表示声明模块 SeqList.h 头文件、各基本操作实现模块 SeqList.c 源文件、测试模块 main.c 源文件。

为简便起见，样例中假定线性表中元素类型为整型，可直接赋值，消失时也无需特殊处理，但当某些应用中的元素为其他类型时，相应部分可能需要调整。一般可以使用数组存放线性表中元素，简化处理，但不利于存储长度变化较大的线性表。样例采用了动态分配的连续空间存放线性表中元素，必要时，可扩展空间存放更长的线性表。

下面的 SeqList.h 头文件采用了工程中普遍使用的条件编译保护，避免头文件多次包含带来的类型重复定义问题。SeqList 类型表示线性表，它的 3 个数据成员 iLength、iSize、pDatas，分别表示线性表的长度、当前顺序存储空间的大小及顺序空间的基地址指针；Position 类型表示线性表中相关位置，即用于抽象数据类型的相关遍历接口的表示，样例中实际是指针类型。

声明模块 SeqList.h 头文件：

```
//Ex1.1线性表的顺序表示声明模块 SeqList.h
#ifndef __SEQLIST_H_INCLUDED_
#define __SEQLIST_H_INCLUDED_
typedef   int DataElem;            //假设元素类型为整型


//线性表类型
struct SeqList {
    DataElem * pDatas;             //存放元素表的缓冲区指针
    int iLength;                   //线性表的长度
    int iSize;                     //缓冲区的大小
};
typedef DataElem *  Position;      //线性表中位置类型


//…在此省略线性表各基本操作的函数声明
#endif // __SEQLIST_H_INCLUDED_
```

图 1-3 是线性表的顺序存储内存状态示意图。图中符号"^"代表空指针，"?"代表值不确定，本书中有关指针的其他图示也一样。图 1-3(a)表示线性表变量建立时状态，各成员

未初始化，不能作为线性表使用，必须通过基本操作 Create 创建完成后才能使用；图 1-3(c)
表示线性表创建完成时为一空的线性表，其中的 BeginPos、EndPos 表示线性表的开始和
结束位置，也就是基本操作 BeginPosition、EndPosition 的返回值；图 1-3(d)表示线性表
插入若干元素后，存储空间刚好满时的状态，此时若再插入元素，则存储空间需要进行扩
充；图 1-3(e)表示存储空间重新扩充并在元素 5 前插入元素 3 后的情况；线性表在建立
后，已占用动态分配空间，当不再使用时，必须经过销毁处理，释放动态分配空间，避免内
存泄漏。销毁后或创建失败的线性表状态如图 1-3(b)所示。

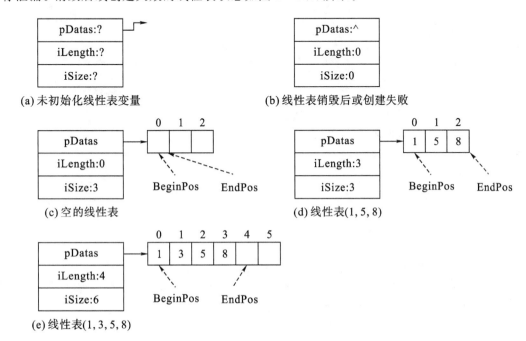

图 1-3　线性表的顺序存储内存状态示意图

　　线性表在采用顺序存储结构时，可以随机访问任何元素，获取元素位置 LocatePosition 操
作的时间复杂度是 $O(1)$，在中间插入或删除元素时，必须将后续所有元素后移或前移，插
入、删除操作的时间复杂度都是 $O(n)$。

　　以下是各基本操作的实现模块 SeqList.c，其中的断言代表程序执行到语句所在位置
时必须符合的条件，如果不符合，则在调试状态下将触发软中断，有利于程序调试。

```
//Ex1.1 SeqList.c
1   #include <stdlib.h>
2   #include <assert.h>
3   #include "SeqList.h"
4   //1. 创建一个空的线性表
5   //建立一个最多可存放 iSize 个元素的空的线性表，失败时缓冲区指针为 NULL
6   struct SeqList Create (int iSize)
7   {
8       struct SeqList list;
9       //申请存放线性表元素的连续内存空间
```

```
10        list. pDatas＝(DataElem＊)malloc (iSize＊sizeof (DataElem));
11        list. iLength＝0;
12        list. iSize＝iSize;
13        if (list. pDatas＝＝NULL) {              //申请不到空间
14            list. iSize＝0;
15        }
16        return list;
17  }
18  //2. 线性表清空
19  //元素个数置为 0
20  void Clear (struct SeqList＊pSeqList)
21  {
22        pSeqList－＞iLength＝0;
23  }
24  //3. 销毁一个线性表,不再使用,释放缓冲区
25  void Destroy (struct SeqList＊pSeqList)
26  {
27        free (pSeqList－＞pDatas);              //释放缓冲区
28        pSeqList－＞pDatas＝NULL;
29        pSeqList－＞iSize＝0;
30  }
31  //4. 根据已有线性表,复制一个内容相同的新线性表
32  //返回复制后的新线性表,失败时返回线性表的头指针为 NULL
33  struct SeqList Copy (struct SeqList srcSeqList)
34  {
35        struct SeqList destSeqList;
36        destSeqList＝Create (srcSeqList. iSize);    //创建一个有相同大小缓冲区的空的线性表
37        if (destSeqList. pDatas＝＝NULL)
38            return destSeqList;                //创建失败时直接返回
39        int i;
40        for (i＝0; i＜srcSeqList. iLength; ＋＋i)    //复制所有元素
41            destSeqList. pDatas [i]＝srcSeqList. pDatas [i];
42        destSeqList. iLength＝i;                //设置线性表的长度
43        return destSeqList;                    //返回复制完的线性表
44  }
45
46  //5. 线性表判空
47  int IsEmpty (struct SeqList list)
48  {
49        return (list. iLength＝＝0);
50  }
51  //6. 线性表求长度
52  int Length (struct SeqList list)
```

```
53   {
54       return list. iLength；
55   }
56   //7. 获取起始位置
57   //返回线性表中代表第一个元素的位置，空表返回 EndPosition（L）
58   Position BeginPosition（struct SeqList list）
59   {
60       return list. pDatas；
61   }
62   //8. 获取结束位置
63   //返回代表线性表结束的位置
64   Position EndPosition（struct SeqList list）
65   {
66       return list. pDatas＋list. iLength；
67   }
68   //9. 迭代下一位置
69   //返回线性表中 pos 有效位置的下一个位置，主要用于循环遍历线性表
70   Position NextPosition（struct SeqList list，Position pos）
71   {
72       return pos＋1；
73   }
74   //10. 获取元素位置
75   //返回线性表中代表第 i 个元素的位置，1≤i≤n(设线性表的长度为 n)
76   Position LocatePosition（struct SeqList list，int i）
77   {
78       if (i＞＝1 && i＜＝list. iLength)
79           return list. pDatas＋(i－1)；
80       return list. pDatas＋list. iLength；        //超出范围，返回结束位置
81   }
82   //11. 定位元素位置
83   //根据数据元素 e 查找它在线性表中出现的位置，若存在，则返回它的有效位置
84   //否则返回 EndPosition（L）
85   Position LocateElem（struct SeqList list，DataElem e）
86   {
87       int i；
88       for (i＝0；i＜list. iLength；＋＋i)
89           if (list. pDatas [i]＝＝e)          //查找到
90               return list. pDatas＋i；
91       return list. pDatas＋list. iLength；        //超出范围，返回结束位置
92   }
93   //12. 获取元素
94   //返回线性表中 pos 有效位置的数据元素
95   DataElem GetElem（struct SeqList list，Position pos）
```

```
96  {
97      assert(pos!=EndPosition(list));  //断言，包含 assert.h 头文件
98      return *pos;
99  }
100 //13. 设置元素
101 //将线性表中 pos 有效位置的数据元素设置为 e
102 void SetElem(struct SeqList list, Position pos, DataElem e)
103 {
104     assert(pos!=EndPosition(list));  //断言，包含 assert.h 头文件
105     *pos=e;
106 }
107 //14. 插入元素
108 //在线性表中 pos 有效位置前插入一个新的数据元素
109 //pos 为 EndPosition(L)时添加在尾部，线性表的长度加 1
110 //成功时返回 1，失败时返回 0
111 int InsertBefore(struct SeqList *pSeqList, Position pos, DataElem e)
112 {
113     if(pSeqList->iSize==pSeqList->iLength){  //空间已满，先扩充空间
114         struct SeqList newSeqList=Create(2*pSeqList->iSize);
115         //建立 2 倍于原先的空间临时表
116         if(newSeqList.pDatas==NULL){
117             return 0;                              //申请不到空间，操作失败
118         }
119         int i;
120         for(i=0;i<pSeqList->iLength;++i)      //复制所有元素
121             newSeqList.pDatas[i]=pSeqList->pDatas[i];
122         newSeqList.iLength=i;                     //设置线性表的长度
123         pos=newSeqList.pDatas+(pos-pSeqList->pDatas); //原 pos 必须更新
124         Destroy(pSeqList);              //销毁原线性表，释放它的缓冲区，避免内存泄漏
125         *pSeqList=newSeqList;          //用扩充空间后的线性表代替原线性表
126     }
127     assert(pSeqList->iSize>pSeqList->iLength);  //线性表内存空间必有空余
128     Position lastPos=pSeqList->pDatas+pSeqList->iLength;  //线性表后空余位置
129     while(pos!=lastPos){            //从后往前循环后移，直到到达指定位置
130         *lastPos=*(lastPos-1);  //元素后移一个位置
131         --lastPos;                  //准备处理前一个位置的元素
132     }
133     *pos=e;                         //将元素存入已空出位置
134     ++pSeqList->iLength;            //调整线性表的长度
135     return 1;
136 }
137 //15. 删除元素
138 //删除线性表中 pos 有效位置所在数据元素，线性表的长度减 1
```

```
139    void Delete (struct SeqList * pSeqList，Position pos)
140    {
141        Position endPos=EndPosition ( * pSeqList);
142        assert (pos !=endPos);          //断言，包含 assert. h 头文件
143        ++pos;                          //后移一个位置
144        while (pos !=endPos) {
145            * (pos-1)= * pos;           //后一个位置的元素前移
146            ++pos;                      //准备后移下一个元素
147        }
148        --pSeqList->iLength;            //调整线性表的长度
149    }
```

　　在完成了线性表顺序存储结构有关声明和实现模块后，就可以使用函数对线性表进行相关基本操作。在下面的测试模块中，Print()函数主要通过线性表的基本操作遍历接口打印出线性表的内容，main()函数中使用了线性表创建、插入、删除、销毁等基本操作。具体代码如下：

```
//Ex1. 1 main. c 测试模块
 1    #include <stdio. h>
 2    #include "SeqList. h"
 3
 4    //通过抽象数据类型 SeqList 的基本操作打印线性表
 5    void Print (struct SeqList list)
 6    {
 7        printf ("(");
 8        Position pos=BeginPosition(list);
 9        if (pos !=EndPosition(list)) {
10            printf ("%d", GetElem (list, pos));
11            pos=NextPosition(list，pos);
12        }
13        while (pos !=EndPosition(list)) {
14            printf (", %d", GetElem (list, pos));
15            pos=NextPosition(list，pos);
16        }
17        printf (")\n");
18    }
19
20    int main()
21    {
22        int i;
23        struct SeqList list=Create (1);        //创建一个空的线性表
24        Print (list);                          //打印线性表
25        for (i=1; i<=5;++i)                    //尾部循环插入 i
```

```
26          InsertBefore (&list, EndPosition(list), i);
27      Print (list);
28      Position pos＝LocateElem(list, 3);                    //查找元素 3
29      if (pos !＝EndPosition(list))
30          Delete (&list, pos);                              //当查找到元素时, 删除元素
31      InsertBefore (&list, BeginPosition(list), 8);         //头部插入元素 8
32      Print (list);
33      Destroy (&list);                                      //销毁线性表, 避免内存泄漏
34      return 0;
35  }
```

样例程序 Ex1.1 运行输出:

```
()
(1, 2, 3, 4, 5)
(8, 1, 2, 4, 5)
```

1.4　线性表的链式存储

线性表除了可采用顺序存储结构外, 还常采用链式存储结构。在链式存储结构中, 各元素相互之间的关系用"链"来表示, 元素以及与其他元素间关系的"链"共同组成结点, 其中的"链"通常用指向其他元素所在结点的指针来表示, 这些结点通过"链"串成链表, 用来表示线性表。线性表采用链式存储结构, 有利于线性表的插入、删除操作。当每个结点中只有一个"链"时, 这样的链表称为单链表; 当每个结点中有两个"链"时, 称为双向链表, 简称双链表。线性表的链式存储结构是实现复杂数据结构的基础。

1.4.1　单链表的概念

单链表中每个结点只有一个指针域, 适合从链首到链尾的单向处理。单链表是链表处理的基础, 从单链表处理可推广到双向链表和其他链表处理。

线性表可以包含若干元素, 单链表中每个结点可以用来表示线性表中的一个元素, 结点间的"链"可用来表示元素间的线性关系, 也就是说, 线性 线性表的链式存储表可以采用单链表表示。在一般情况下, "链"用指向结点的指针类型来表 ——单链表的概念示。单链表中的结点一般由表示元素的数据域和表示下一个结点的指针域组成, 当指针域为空指针时, 表示无后继结点, 如图 1-4(a)所示。

一般结点类型定义如下, 其中 DataElem 代表元素类型, 可根据实际应用确定。

```
struct Node {
    DataElem data;
    struct Node * next;
};
```

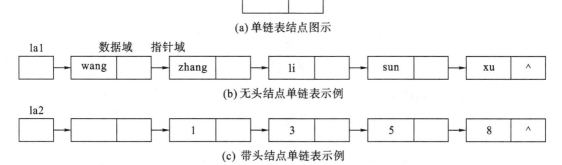

图 1 - 4　单链表结点和单链表示例

图 1 - 4(b)表示元素类型为字符串、无头结点的单链表，用于表示线性表(wang、zhang、li、sun、xu)，此处省略了字符串的双引号，DataElem 就是字符数组类型；图 1 - 4(c)表示元素类型为整型、带头结点的单链表，表示线性表(1，3，5，8)，此处 DataElem 就是 int 类型。整个单链表可通过类型为 struct Node * 、指向链表第一个结点的指针变量来访问和管理，图中链表可通过 la1、la2 访问和管理。

特别需要注意指针变量 p 和 p 所指结点的区别。指针变量 p 和 p 所指结点是独立存在的。当 p 是空指针时，禁止通过空指针访问结点内数据域或指针域。通过非空指针变量 p 可访问结点的数据域 p→data 和指针域 p→next，这些数据域或指针域表示既可作为右值，又可作为左值出现在表达式中。此处，右值和左值分别代表表达式中的语法单位，意味着可出现在赋值运算符右边和左边。p→next 还是一个指针，只要它非空，就可以继续通过它访问所指结点的数据域和指针域，如 p→next→data 和 p→next→next。

在线性表中插入元素时，需要在相应链表中增加结点，所需结点可以用下述语句动态分配：

```
struct Node * p;
p＝(struct Node * ) malloc (sizeof (struct Node));
```

下列语句表示将 p 所指结点插入 q 所指结点后：

```
p->next=q->next; //设 p 后继结点为原 q 后继结点
q->next=p;        //设 q 后继结点为 p
```

需要注意的是，一般情况下，当链表增加结点时，结点需要动态分配，不可把局部变量或全局变量代表的结点插入链表中。如果把局部变量代表的结点插入链表中，则函数执行完毕，局部结点会自动消失，继续使用链表可能造成链表混乱，甚至程序崩溃；若将全局变量代表的结点插入链表中，可能导致一个全局变量结点出现在一个链表的多个位置或多个链表中，同样造成链表混乱，甚至程序崩溃。链表需要仔细构建，在程序访问链表结点时，需要确保所需访问内存单元具有内存使用权，因为当访问到无权访问的内存时，程序同样可能被中止执行。

同理，在从链表中删除结点时，需要修改链表，并且最后释放指针所指结点，否则会造成内存泄漏。删除结点一般需要修改被删除结点的前一个结点的指针域，除非删除的结点是链表的第一个结点。删除指针变量 *q* 所指结点的后一个结点，一般需要执行下述语句：

```
struct Node * t;
t=q->next;              //记住被删结点指针
q->next=t->next;        //修改链表，设 q 后继结点为原 t 后继结点
free (t);               //释放结点
```

需要注意的是，最后一个语句释放 *t* 所指结点，指针变量 *t* 仍然存在，但删除后程序无权访问 *t* 所指结点，否则可能造成结果错误或其他严重的问题。

正是由于单链表插入和删除结点时需要修改前一个结点的指针域，因此一般情况下，为简化算法，在涉及不同位置插入和删除的单链表应用中，链表一般带有头结点，头结点的数据域信息可以为空，特殊应用除外。

1.4.2　单链表基本操作的实现

抽象数据类型 List 可以采用单链表存储结构实现。下面的样例程序 Ex1.2 描述了如何采用单链表实现抽象数据类型 List 及它的各基本操作，并进行了测试。Ex1.2 工程文件由 3 个模块文件组成：线性表的单链表表示声明模块 List.h 头文件、各基本操作实现模块 List.c 源文件、测试模块 main.c 源文件。

线性表的链式存储——
单链表基本操作的实现

为简便起见，样例中线性表中元素类型同样假定为整型。为了提高线性表遍历接口实现的效率，我们为单链表头、尾结点分别设立了指针，用抽象数据类型 List 中的 pHead、pTail 成员管理带头结点的单链表。Position 类型表示线性表中的相关位置，用于抽象数据类型的相关遍历接口，样例中实际上是结点指针类型。

声明模块 List.h 头文件：

```
//Ex1.2线性表单链表表示声明模块 list.h
#ifndef __LSIT_H_INCLUDED_
#define __LSIT_H_INCLUDED_
typedef int DataElem;            //假设元素类型为整型

//链表结点类型
struct Node {
    DataElem data;
    struct Node * next;
};

//线性表类型
struct List {
    struct Node * pHead;
    struct Node * pTail;
};
typedef struct Node *  Position;     //线性表中位置类型
```

//…在此省略各基本操作的函数声明

#endif // __LSIT_H_INCLUDED_

图 1-5 是线性表的单链表存储内存状态示意图。图 1-5(a)表示线性表变量建立时的状态，各成员未初始化，它的两个指针值不确定，不能作为线性表使用，必须通过基本操作 Create 创建完成后才能使用；图 1-5(b)表示线性表创建完成时为一空的线性表，它的两个指针共同指向头结点，链表中只有头结点这一个结点，其中的 BeginPos、EndPos 表示线性表的开始和结束位置，也就是基本操作 BeginPosition、EndPosition 的返回值；在初始化创建成功后的程序运行过程中，单链表中可以含有若干个结点，用来表示线性表中的元素，这些结点来自于动态分配，图 1-5(c)表示线性表插入 5 个元素后的状态；线性表在建立后，已占用动态分配结点，不使用时，必须经过销毁处理，释放动态分配结点，避免内存泄漏，销毁后的状态也如图 1-5(a)所示。

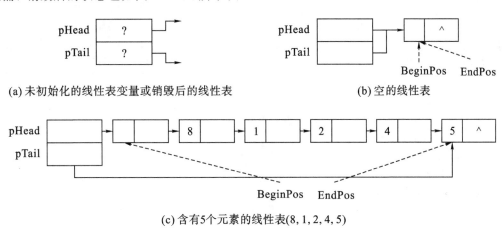

(a)未初始化的线性表变量或销毁后的线性表   (b)空的线性表

(c)含有5个元素的线性表(8,1,2,4,5)

图 1-5　线性表的单链表存储内存状态示意图

线性表在采用单链表存储时，不可以随机访问元素，获取元素位置 LocatePosition 操作的时间复杂度是 $O(n)$。在插入或删除元素时，不需要移动其他结点，插入、删除操作的时间复杂度都是 $O(1)$。

以下是各基本操作的实现模块 List.c，其中同样设置了断言，有利于程序调试。具体代码如下：

```
//Ex1.2 线性表基本操作实现模块 List.c
1    #include <stdlib.h>
2    #include <assert.h>
3    #include "List.h"
4
5    //1. 创建一个空的线性表
6    //空表管理的单链表只有一个头结点，失败时首尾指针为 NULL
7    struct List Create()
8    {
9        struct List list;
```

```
10        //申请一个结点
11        list. pHead＝list. pTail＝(struct Node＊)malloc (sizeof (struct Node));
12        if (list. pHead ！＝NULL)
13            list. pHead－＞next＝NULL;                    //后续无结点
14        return list;
15    }
16    //2. 线性表清空
17    //释放链表中除头结点外的所有结点
18    void Clear (struct List＊pList)
19    {
20        struct Node＊p＝pList－＞pHead－＞next;        //从头结点后的结点开始删除
21        while (p ！＝NULL) {    //直到 p 指向尾结点的 next 域(直到 p 指向尾结节点之后)
22            struct Node＊q＝p;                          //记住要释放结点
23            p＝p－＞next;                                //准备释放下一个结点
24            free (q);                                   //释放结点,释放后不可再访问结点
25        }
26        pList－＞pHead－＞next＝NULL;                    //头结点后已无结点
27        pList－＞pTail＝pList－＞pHead;
28    }
29    //3. 销毁一个线性表,不再使用,释放所有结点
30    //传入链首指针变量的地址,销毁单链表
31    void Destroy (struct List＊pList)
32    {
33        Clear (pList);                                  //单链表清空
34        free (pList－＞pHead);                           //释放最后剩余的头结点
35        pList－＞pHead＝pList－＞pTail＝NULL;             //将线性表中的指针变量置空
36    }
37    //4. 根据已有线性表,复制一个内容相同的新线性表
38    //传入原线性表,复制原线性表中的链表作为新线性表的链表
39    //返回复制后的新线性表,失败时返回线性表的头指针为 NULL
40    struct List Copy (struct List srcList)
41    {
42        struct List destList;
43        destList＝Create ();                            //创建带头结点的空的单链表
44        if (destList. pHead＝＝NULL)
45            return destList;                            //创建失败时直接返回
46        struct Node ＊p;
47        p＝srcList. pHead－＞next;                       //跳过原链表头结点
48        while (p ！＝NULL) {                             //循环处理原链表
49            struct Node＊s;
50            s＝(struct Node＊)malloc (sizeof (struct Node)); //分配新结点
51            if (s＝＝NULL) {
52                Destroy (&destList);                    //申请失败时销毁线性表,避免内存泄漏
```

```
53          return destList；
54        }
55        s->data=p->data；                    //复制元素
56        destList. pTail->next=s；             //挂在新链表最后
57        s->next=NULL；                        //后面无结点
58        destList. pTail=s；                   //最后一个结点已变化
59        p=p->next；                           //准备复制下一个结点
60      }
61      return destList；                       //返回复制完的线性表
62  }
63  //5. 线性表判空
64  //判断线性表是否为空表，若是，则返回 1，否则返回 0
65  int IsEmpty（struct List list）
66  {
67      return（list. pHead->next==NULL）；      //头结点后已无结点
68  }
69  //6. 线性表求长度
70  //返回线性表中数据元素的个数
71  int Length（struct List list）
72  {
73      int iCount=0；
74      struct Node * p=list. pHead->next；     //从头结点后的结点开始计数
75      while（p！=NULL）{                        //直到最后
76          ++iCount；
77          p=p->next；                          //临时变量移至下一个结点
78      }
79      return iCount；
80  }
81  //7. 获取起始位置
82  //返回线性表中代表第一个元素的位置，空表返回 EndPosition（L）
83  Position BeginPosition（struct List list）
84  {
85      return list. pHead；
86  }
87  //8. 获取结束位置
88  //返回代表线性表结束的位置
89  Position EndPosition（struct List list）
90  {
91      return list. pTail；
92  }
93  //9. 迭代下一位置
94  //返回线性表中 pos 有效位置的下一个位置，主要用于循环遍历线性表
95  Position NextPosition（struct List list，Position pos）
```

```
 96   {
 97        return pos->next;
 98   }
 99   //10. 获取元素位置
100   //返回线性表中代表第 i 个元素的位置,1≤i≤n(设线性表的长度为 n)
101   Position LocatePosition (struct List list, int i)
102   {
103        Position pos=list. pHead;              //从头结点开始
104        while (--i>0 && pos->next !=NULL) {//计数完成或直到结束位置
105            pos=pos->next;                     //移至下一个结点
106        }
107        return pos;
108   }
109   //11. 定位元素位置
110   //查找数据元素 e 在线性表中出现的位置;若 e 存在,则返回它的有效位置
111   //否则返回 EndPosition (L)
112   Position LocateElem (struct List list, DataElem e)
113   {
114        Position pos=list. pHead;              //从头结点开始
115        while (pos->next !=NULL && pos->next->data !=e) {
116            pos=pos->next;                     //移至下一个结点
117        }
118        return pos; //返回元素所在结点的前一个结点指针
119   }
120   //12. 获取元素
121   //返回线性表中 pos 有效位置的数据元素
122   DataElem GetElem (struct List list, Position pos)
123   {
124        assert (pos !=EndPosition (list));     //断言,包含 assert. h 头文件
125        return pos->next->data;
126   }
127   //13. 设置元素
128   //将线性表中 pos 有效位置的数据元素设置为 e
129   void SetElem (struct List list, Position pos, DataElem e)
130   {
131        assert (pos !=EndPosition (list));     //断言,包含 assert. h 头文件
132        pos->next->data=e;
133   }
134   //14. 插入元素
135   //在线性表中 pos 有效位置前插入一个新的数据元素
136   //pos 为 EndPosition (L)时添加在尾部,线性表的长度加 1
137   //成功时返回 1,失败时返回 0
138   int InsertBefore (struct List * pList, Position pos, DataElem e)
```

```
139    {
140        struct Node * s＝(struct Node * )malloc (sizeof (struct Node))；//分配新结点
141        if (s＝＝NULL)
142            return 0；
143        s—＞data＝e；
144        s—＞next＝pos—＞next；//插入在 pos 所指结点后
145        pos—＞next＝s；
146        if (pList—＞pTail＝＝pos)
147            pList—＞pTail＝s；//插入在线性表最后时，调整尾结点指针
148        return 1；
149    }
150    //15. 删除元素
151    //删除线性表中 pos 有效位置的数据元素，线性表的长度减 1
152    void Delete (struct List * pList，Position pos)
153    {
154        assert (pos !＝EndPosition ( * pList))；//断言，包含 assert. h 头文件
155        struct Node * s＝pos—＞next；          //待删除结点
156        pos—＞next＝s—＞next；                 //链表中删除结点
157        free (s)；                            //释放结点
158        if (pList—＞pTail＝＝s)
159            pList—＞pTail＝pos；//删除线性表最后一个结点时，调整尾结点指针
160    }
```

在完成了线性表单链表存储结构有关声明和实现模块后，就可以使用线性表类型和相关基本操作。下面的线性表测试模块与样例程序 Ex1.1 中的线性表测试模块基本相同，只是改换了线性表的相应类型，使用的基本操作和参数保持一致，因此，程序执行结果也应该一致。样例程序 Ex1.2 的线性表测试模块具体代码如下：

```
//Ex1.2 线性表测试模块 main. c
 1    # include ＜stdio. h＞
 2    # include "List. h"
 3
 4    //通过抽象数据类型 List 的基本操作打印线性表
 5    void Print (struct List list)
 6    {
 7        printf ("(")；
 8        Position pos＝BeginPosition(list)；
 9        if (pos !＝EndPosition(list)) {
10            printf ("%d", GetElem (list, pos))；
11            pos＝NextPosition(list, pos)；
12        }
13        while (pos !＝EndPosition(list)) {
14            printf (", %d", GetElem (list, pos))；
```

```
15              pos＝NextPosition(list, pos);
16          }
17      printf (")\n");
18  }
19
20  int main()
21  {
22      int i;
23      struct List list＝Create ();          //创建一个空的线性表
24      Print (list);                         //打印线性表
25      for (i=1; i＜=5;＋＋i)                 //尾部循环插入 i
26          InsertBefore (&list, EndPosition(list), i);
27      Print (list);
28      Position pos＝LocateElem(list, 3);//查找元素 3
29      if (pos !＝EndPosition(list))
30          Delete (&list, pos);              //当查找到元素时，删除元素
31      InsertBefore (&list, BeginPosition(list), 8); //头部插入元素 8
32      Print (list);
33      Destroy (&list);                      //销毁线性表，避免内存泄漏
34      return 0;
35  }
```

样例程序 Ex1.2 运行输出：

```
()
(1, 2, 3, 4, 5)
(8, 1, 2, 4, 5)
```

1.4.3 单链表应用举例

在程序设计中，我们既可以在实现前述抽象数据类型 List 的基础上，通过线性表的基本操作处理线性表的有关问题，也可以根据前述单链表的处理知识直接处理单链表，解决应用问题。本节介绍直接完成单链表构造、插入、显示、销毁的典型案例。

单链表应用举例

在本案例中，要求编写程序，建立一个空的单链表，先输入需要插入线性表的链式存储到单链表的元素个数，其为正整数，再输入指定个数的正整数，将这些正整数按递增顺序插入单链表，最后打印单链表。本案例的单链表插入、打印、销毁分别用独立函数完成。

本案例是采用结构化程序设计进行链表处理的典型案例，使用模块化方式实现了单链表插入、显示、销毁三个算法函数，单链表结构如图 1-4(c)所示。其中，单链表插入函数完成在带头结点的有序单链表中插入新元素结点，插入前、后单链表中元素均保持有序，适用于包括空的线性表在内的所有递增线性表；打印函数完成单链表中元素的打印；销毁

函数完成单链表中所有结点的释放，避免内存泄漏。程序中申请结点失败时采用了退出程序运行的简化处理，在今后面向对象程序设计学习中，大家可以学会用现代语言异常处理机制较好地处理这样的特殊情况。样例程序 Ex1.3 的具体代码如下：

```
//Ex1.3
 1   # include <stdio. h>
 2   # include <malloc. h>
 3
 4   struct Node
 5   {
 6       int data;
 7       struct Node * next;
 8   };
 9
10   //将元素插入有序单链表中，插入后仍然有序
11   void Insert (struct Node * la, int x);
12   //销毁单链表
13   void Destory (struct Node * la);
14   //打印单链表
15   void Print (struct Node * la);
16   //动态分配一个结点，返回结点指针
17   //当分配失败时，简化处理，退出运行
18   struct Node * NewNode ()
19   {
20       struct Node * p;
21       p=(struct Node * ) malloc (sizeof (struct Node));
22       if (p==NULL) {              //分配失败
23           printf ("Error: out of memory\n");
24           exit (-1);              //简化处理，退出运行
25       }
26       return p;
27   }
28
29   int main ()
30   {
31       //建立带头结点的单链表
32       struct Node * la=NewNode ();
33       la->next=NULL;
34
35       int x;
36       printf ("请输入若干个需要插入的正整数，非正整数代表输入结束：\n");
37       scanf ("%d", &x);
38       while (x>0)
```

```
39          {
40              //将元素插入有序单链表中，插入后单链表仍然有序
41              Insert (la，x);
42              scanf ("%d"，&x);
43          }
44      //打印单链表
45      Print (la);
46      //销毁单链表，避免内存泄漏
47      Destory (la);
48      return 0;
49  }
50  //将元素插入有序单链表中，插入后单链表仍然有序
51  void Insert (struct Node * la，int x)
52  {
53      //申请结点
54      struct Node * q=NewNode ();
55      q->data=x;
56      //查找合适的插入位置
57      struct Node * p=la;
58      while (p->next && x>p->next->data)
59          p=p->next; //往后移一位
60      //将结点插入 p 所指结点后
61      q->next=p->next ;
62      p->next=q;
63  }
64  //销毁单链表
65  void Destory (struct Node * la)
66  {
67      while (la)
68      {
69          struct Node * q=la->next;
70          free (la); //释放指针所指结点
71          la=q;
72      }
73  }
74  //打印单链表
75  void Print (struct Node * la)
76  {
77      //头结点无数据
78      la=la->next;
79      if (la)
80      {
81          printf ("%d"，la->data);
```

```
82              la=la->next;
83          }
84      while (la)
85          {
86              printf ("->%d", la->data);
87              la=la->next;
88          }
89      printf ("\n");
90  }
```

运行情况如下：

请输入若干个需要插入的正整数，非正整数代表输入结束：

```
5 2 4 1 9 8 3 0
1->2->3->4->5->8->9
```

1.4.4　双向链表应用举例

单链表适合从链首结点向链尾结点方向的单向处理，当遇到同时需要反方向处理的应用时，采用单链表存储结构就不太合适，此时可以采用双向链表存储结构，每个结点分别包含指向后继结点和前驱结点的两个指针，这样，需要时既可以从链首向链尾方向处理，也可以从链尾向链首方向处理。需要注意的是，采用双向链表存储后，链表的各基本操作需要同时维护好链表结点指针构成的两个方向的"链"。

线性表的链式存储——
双向链表应用举例

下面以无符号大数的表示和加法运算实现为例介绍双链表处理。

程序设计语言中的标准数据类型都有确定的表达范围和表达精度，超出标准数据类型表达范围和表达精度的数据无法用标准数据类型来表示，如无法用标准数据类型表示几百甚至上千位的无符号大数。无符号大数从高位到低位的各位数字组成了线性表，可以用线性表知识解决无符号大数的表示和操作问题。考虑到无符号大数位数不确定，可以采用链表表示。此外，显示无符号大数时需要从高位到低位依次显示，运算时又需要从低位到高位运算，因此，无符号大数可以采用双向链表存储结构。

图 1-6 是无符号大数的双向链表表示示意图。如图1-6(a)所示，链表中结点数据域表示无符号大数的一位数字，每个结点具有两个指针域 next、prev，分别指向后继结点和前驱结点。为简化算法，图中双向链表也同样带有头结点，结点类型用 Node 表示；无符号大数类型用 UBigNumber 表示，含无符号大数位数成员和双向链表首、尾结点指针。同抽象数据类型 List 的单链表实现类似，当建立无符号大数时，成员指针并未初始化，如图1-6(b)所示。当销毁无符号大数时，应该销毁链表，避免内存泄漏。为便于无符号大数比较等运算，无符号大数采用规范化表示，去除高位部分多余的 0，例中用 _Normalize 实现这一处理。图 1-6(c) 是例中无符号大数 0 的唯一表示形式。_AppendDigit 和 _AppendFrontDigit 分别完成在尾部和首部添加 1 位数字的功能。

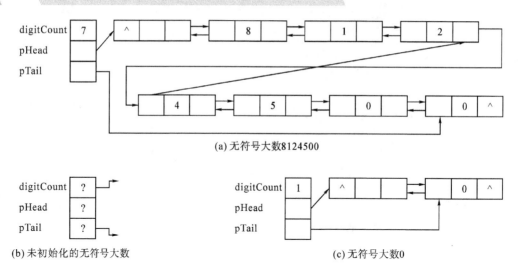

(a) 无符号大数8124500

(b) 未初始化的无符号大数　　　　　　　　　(c) 无符号大数0

图 1-6　无符号大数的双向链表表示

样例程序 Ex1.4 的工程文件由 3 个模块文件组成：无符号大数双向链表的表示和处理声明模块 UBigNumber.h 头文件、各处理函数实现模块 UBigNumber.c 源文件、测试模块 test.c 源文件。样例中的无符号大数加法，每执行一次循环都完成一位数字的处理，因此，算法时间复杂度为 $O(m+n)$，其中 m、n 分别为两个大数的位数。下面是样例源码和运行测试情况：

```
//Ex1.4    UBigNumber.h
 1   #ifndef UBIGNUMBER_H_INCLUDED
 2   #define UBIGNUMBER_H_INCLUDED
 3
 4   struct Node
 5   {
 6       int digit；              //数字
 7       struct Node * next，* prev；    //前后结点指针
 8   };
 9   //无符号大数结构体
10   struct UBigNumber
11   {
12       int digitCount；              //位数
13       struct Node * pHead，* pTail；//指向头结点和尾结点
14   };
15   //下列函数返回的大数占用的内存资源由函数调用者负责释放
16   //输入无符号大数
17   struct UBigNumber InputUBN（）；
18   //打印无符号大数
19   void PrintUBN（struct UBigNumber ubn）；
20   //两个无符号大数相加
21   struct UBigNumber AddUBN（struct UBigNumber * pA，struct UBigNumber * pB）；
22   //销毁无符号大数，释放空间
```

```
23    void DestoryUBN (struct UBigNumber * pA);
24
25    //下列函数是无符号大数处理辅助函数
26    //表示无符号大数用带头结点的双向链表
27    void _InitUBN (struct UBigNumber * pUBN);
28    //无符号大数尾部添加 1 位数字
29    void _AppendDigit (struct UBigNumber * pUBN, int digit);
30    //无符号大数首部添加 1 位数字
31    void _AppendFrontDigit (struct UBigNumber * pUBN, int digit);
32    //无符号大数的规范表示,去除高位多余的 0,至少含 1 位数字
33    void _Normalize (struct UBigNumber * pUBN);
34    //动态分配一个结点,返回结点指针
35    //分配失败时,简化程序,退出运行
36    struct Node * _NewNode ();
37    # endif // UBIGNUMBER_H_INCLUDED
```

//Ex1.4　UBigNumber. c

```
1     # include <stdio. h>
2     # include <malloc. h>
3     # include <assert. h>
4     # include "UBigNumber. h"
5
6     //输入无符号大数
7     struct UBigNumber InputUBN ()
8     {
9         struct UBigNumber result;
10        _InitUBN(&result);
11
12        char ch;
13        //跳过非数字字符
14        do
15            ch=getchar ();
16        while (ch<'0' || ch>'9');
17        while (ch>='0' && ch<='9')
18        {
19            _AppendDigit (&result, ch-'0'); //添加 1 位
20            ch=getchar ();
21        }
22        _Normalize(&result);
23        return result;
24    }
25    //打印无符号大数
26    void PrintUBN (struct UBigNumber ubn)
27    {    //断言:至少有 1 位数字
```

```
28        assert (ubn.digitCount>0 && ubn.pHead->next !=NULL);
29        struct Node * la=ubn.pHead->next;              //头结点无数据，跳过
30        while (la)
31        {
32            printf ("%d", la->digit);
33            la=la->next;
34        }
35    }
36    //两个无符号大数相加
37    struct UBigNumber AddUBN (struct UBigNumber * pA, struct UBigNumber * pB)
38    {
39        struct UBigNumber result, * pResult=&result;
40        _InitUBN(pResult);
41        int iCarry=0;                                   //进位，初始 0
42        struct Node * p1, * p2;
43        p1=pA->pTail;                                   //从低位开始处理
44        p2=pB->pTail;
45        while (p1 !=pA->pHead && p2 !=pB->pHead)        //两数相同位处理
46        {
47            int digit=p1->digit+p2->digit+iCarry;
48            iCarry=digit / 10;                          //新进位
49            digit %=10;                                 //当前结果位
50            _AppendFrontDigit (pResult, digit);         //添加至结果最高位
51            p1=p1->prev;                                //准备处理前一位
52            p2=p2->prev;
53        }
54        while (p1 !=pA->pHead)                           //第 1 大数剩余位处理
55        {
56            int digit=p1->digit+iCarry;
57            iCarry=digit / 10;
58            digit %=10;
59            _AppendFrontDigit (pResult, digit);
60            p1=p1->prev;
61        }
62        while (p2 !=pB->pHead)                           //第 2 大数剩余位处理
63        {
64            int digit=p2->digit+iCarry;
65            iCarry=digit / 10;
66            digit %=10;
67            _AppendFrontDigit (pResult, digit);
68            p2=p2->prev;
69        }
70        if (iCarry !=0)                                  //最后进位处理
```

```
71              _AppendFrontDigit (pResult, iCarry);
72          return result;
73      }
74  //销毁无符号大数，释放空间
75  void DestoryUBN (struct UBigNumber * pUBN)
76  {
77      while (pUBN->pHead !=NULL)              //清空后应该只剩 1 个头结点
78      {
79          struct Node * p=pUBN->pHead;        //待删除结点
80          pUBN->pHead=p->next;                //尾指针前移
81          free (p);                           //释放结点
82      }
83  }
84  //建立表示无符号大数用带头结点双向链表
85  void _InitUBN (struct UBigNumber * pUBN)
86  {
87      struct Node * p=_NewNode ();
88      pUBN->pHead=pUBN->pTail=p;            //建立头结点
89      p->next=p->prev=NULL;
90      pUBN->digitCount=0;                    //位数 0
91  }
92  //在无符号大数尾部添加 1 位数字
93  void _AppendDigit (struct UBigNumber * pUBN, int digit)
94  {      //原来只有一个高位 0
95      if (pUBN->digitCount==1 && pUBN->pTail->digit==0)
96      {
97          pUBN->pTail->digit=digit;          //位数不变，数值为 0
98          return;
99      }
100     struct Node * p=_NewNode ();            //申请新结点
101     p->digit=digit;                         //设置结点数值
102     p->next=NULL;                           //修改双向链表，将新结点添加到尾部
103     p->prev=pUBN->pTail;
104     pUBN->pTail->next=p;
105     pUBN->pTail=p;
106     ++pUBN->digitCount;                     //修改位数
107 }
108 //无符号大数前添加 1 位数字
109 void _AppendFrontDigit (struct UBigNumber * pUBN, int digit)
110 {
111     struct Node * p=_NewNode ();            //申请新结点
112     p->digit=digit;                         //设置结点数值
113     p->next=pUBN->pHead->next;              //修改双向链表，将新结点添加在头结点后
```

```
114        if (p->next !=NULL)
115            p->next->prev=p;
116        p->prev=pUBN->pHead;
117        pUBN->pHead->next=p;
118        if (pUBN->pTail==pUBN->pHead)
119            pUBN->pTail=p;                      //当原来只有头结点时,新结点也是尾结点
120        ++pUBN->digitCount;                     //修改位数
121    }
122    //无符号大数的规范表示,去除高位多余的0,至少含1位数字
123    void _Normalize (struct UBigNumber * pUBN)
124    {
125        if (pUBN->digitCount==0)
126            _AppendDigit (pUBN, 0);
127        while (pUBN->digitCount>1 && pUBN->pHead->next->digit==0)
128        {                                       //去除高位多余的0
129            struct Node * p;
130            p=pUBN->pHead->next;                 //待删除的结点
131            pUBN->pHead->next=p->next;           //正向链表中删除
132            p->next->prev=pUBN->pHead;           //反向链表中删除
133            free (p);                            //释放结点
134            --pUBN->digitCount;                  //调整位数
135        }
136    }
137    //动态分配1个结点,返回结点指针
138    //当分配失败时,简化程序,退出运行
139    struct Node * _NewNode ()
140    {
141        struct Node * p;
142        p=(struct Node * ) malloc (sizeof (struct Node));
143        if (p==NULL)                             //分配失败
144        {
145            printf ("Error: out of memory\n");
146            exit (-1);                           //简化程序,退出运行
147        }
148        return p;
149    }
```

```
//Ex1. 4   Test. c
1   # include <stdio. h>
2   # include "UBigNumber. h"
3
4   int main ()
5   {   struct UBigNumber A, B, C;
6       A=InputUBN ();                             //无符号大数输入
```

```
7        B=InputUBN ();
8        C=AddUBN (&A, &B);                          //无符号大数相加
9
10       PrintUBN (A);
11       printf ("+");
12       PrintUBN (B);
13       printf ("=");
14       PrintUBN (C);
15
16       DestoryUBN (&A);                             //销毁无符号大数
17       DestoryUBN (&B);
18       DestoryUBN (&C);
19       return 0;
20   }
```

运行情况如下：

  143324532754327647362476324532470034
  463724567342587325874325874554475
  143324532754327647362476324532470034+463724567342587325874325874554475=
143788257321670234688350650407024509

1.4.5　其他链表

  在实际应用中存在一些特殊的链表。当单链表中最后一个结点的后继指针不为空，而是指向链表中第一个结点时，便构成了循环单链表；若双链表中最后一个结点的后继指针不为空，而是指向链表中第一个结点，同时，第一个结点的前驱指针不为空，而是指向最后一个结点，则构成了循环双链表。

  在有些特殊应用中，可以事先确定链表中的最多结点数，初始时，所有结点串成一个空闲结点链表，需要时，从空闲结点链表中取一个结点使用。结点从链表中删除时，将结点还给空闲结点链表，此时，链表中的所有结点不是来源于动态分配，而是来源于某个结点数组中的元素，所以结点中的"链"不使用指针。

1.5　栈 和 队 列

1.5.1　栈和队列的概念

  程序设计中具有最后保存最先输出（LIFO，Last In First Out）特性（即后进先出特性）的数据结构称为栈（Stack），具有最先保存最先输出（FIFO，First In First Out）特性（即先进先出特性）的数据结构称为队列（Queue）。

  图 1-7 是栈结构示意图。栈主要支持入栈、出栈、取栈顶元素、判空等操作。图 1-8 是队列结构示意图。队列主要支持入队列、出队列、取队首元

栈和队列

素、判空等操作。

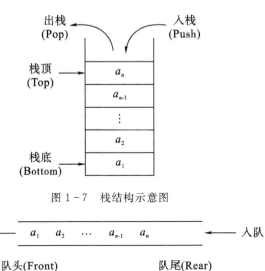

图 1-7　栈结构示意图

图 1-8　队列结构示意图

栈(Stack)是只允许在表的同一端进行插入和删除操作的特殊线性表。允许插入和删除操作的一端称为栈顶(Top)，而另一端则称为栈底(Bottom)。当栈中没有任何元素时称为空栈。向栈中插入元素称为入栈(Push)，从栈中删除元素称为出栈(Pop)。

由于栈只允许在栈顶插入元素，所以先入栈的元素被压在栈的底部，后入栈的元素在栈的顶部。同时，由于删除元素总是在栈顶进行，所以一定是后进去的元素先出来，因而，栈又被称为后进先出(Last In First Out)的线性表，简称 LIFO 表。

栈是一种很常用也是很重要的数据结构，它的用途非常广泛。例如，编译程序中的表达式计算，函数调用时的参数传递和返回等都是基于栈来实现的。

下面是栈的抽象数据类型定义：

ADT Stack {

数据对象：$D=\{a_i | a_i \in \text{ElemType}, i=1, 2, \cdots, n, n \geqslant 0\}$，最前面的元素称为栈顶元素。

数据关系：$S=\{R\}$

$R=\{\langle a_i, a_{i+1} \rangle | a_i, a_{i+1} \in D, i=1, 2, \cdots, n-1\}$

基本操作：

创建空栈 Create ()

操作说明：创建一个空栈。

销毁栈 Destroy (S)

操作说明：销毁一个栈 S，不再使用。

拷贝栈 Copy (S)

操作说明：根据已有栈 S，复制一个新栈，内容相同。

判空 IsEmpty (S)

操作说明：判断栈 S 是否为空栈，若是则返回 true，否则返回 false。

获取非空栈栈顶元素 GetTop (S)

操作说明：返回非空栈 S 栈顶的数据元素。

非空栈栈顶元素出栈 Pop（S）

操作说明：非空栈 S 栈顶数据元素出栈，栈内元素少一个。

元素入栈 Push（S，e）

操作说明：元素 e 入栈 S，入栈后位于栈顶。

　　}

队列（Queue）是只允许在表的一端进行插入、在另一端进行删除操作的特殊线性表。允许插入的一端称为队尾；允许删除操作的一端称为队首。当队列中没有任何元素时称为空队列。向队列中插入元素称为入队列，从队列中删除元素称为出队列。

由于队列只允许在队尾插入元素，在队首出队列，一定是先入队列的元素先出队列，因而，队列又被称为先进先出（First In First Out）的线性表，简称 FIFO 表。

队列也是一种很常用的数据结构。队列的抽象数据类型定义如下：

ADT Queue {

数据对象：$D=\{a_i \mid a_i \in \text{ElemType}, i=1, 2, \cdots, n, n \geqslant 0\}$，最前面的元素称为队首元素，最后面的元素为队尾元素。

数据关系：$S=\{R\}$

$R=\{\langle a_i, a_{i+1} \rangle \mid a_i, a_{i+1} \in D, i=1, 2, \cdots, n-1\}$

基本操作：

创建空队列 Create（）

操作说明：创建一个空队列。

销毁队列 Destroy（Q）

操作说明：销毁一个队列 Q，不再使用。

拷贝队列 Copy（Q）

操作说明：根据已有队列 Q，复制一个新队列，内容相同。

判空 IsEmpty（Q）

操作说明：判断队列 Q 是否为空队列，若是则返回 true，否则返回 false。

求长度 Length（Q）

操作说明：返回队列 Q 中数据元素的个数。

获取非空队列队首元素 GetTop（Q）

操作说明：返回非空队列 Q 的队首元素。

非空队列队首元素出栈 Pop（Q）

操作说明：非空队列队首数据元素出队列 Q，队列内元素少一个。

元素入队列 Push（Q，e）

操作说明：元素 e 入队列 Q，并且位于队尾。

　　}

抽象数据类型栈和队列已在 C++标准模板库中实现，接口与上述抽象数据类型的基本操作保持一致。

1.5.2　栈和队列的实现思路

栈和队列是操作受限的特殊线性表，因此，线性表的顺序存储结构和链式存储结构同样适用于栈和队列，只要根据栈和队列的特点稍加变化即可。

根据栈的特点,栈可以分别采用如图 1-9、图 1-10 所示的顺序存储结构、链式存储结构,相应的栈分别称为顺序栈和链栈。入栈和出栈操作均在栈顶进行,栈中链表不需要头结点。

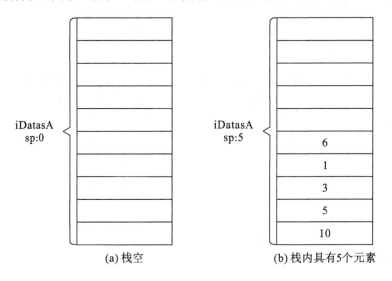

图 1-9　栈的顺序存储结构示意图

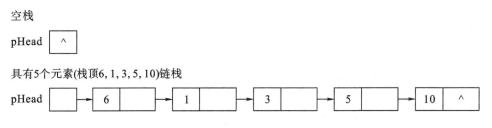

图 1-10　栈的链式存储结构示意图

同样,根据队列的特点,队列可以分别采用如图 1-11、图 1-12 所示的链式存储结构、顺序存储结构,相应的队列分别称为链队列和顺序队列。队列的主要操作在两端进行。链队列中设置了队首、队尾两个指针;顺序队列中为避免大量元素的移动,使用了循环数组,因此,也称为循环队列。在循环队列中,为区分队空和队列满两种状态,可以将只有一个空余单元时的状态视为队满状态。

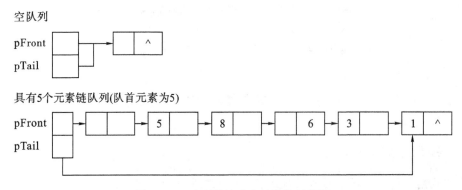

图 1-11　队列的链式存储结构示意图

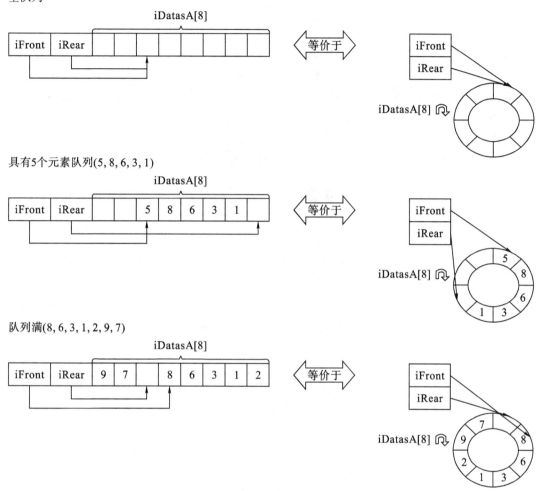

图 1-12　队列的顺序存储结构示意图

循环队列的入队列操作算法描述如下：

```
//将元素 x 入 pQueue 所指队列，若成功则返回 1，若失败则返回 0
bool EnQueue (struct SeqQueue * pQueue，DataElem x)
{
    if ((pQueue->iRear+1) % MaxSIZE==pQueue->iFront)
        return 0；//下一个位置已是队首位置，队满
    pQueue->iDatasA [pQueue->iRear]=x；             //保存元素
    pQueue->iRear=(pQueue->iRear+1) % MaxSIZE；     //调整队尾位置
    return 1；
}
```

主要的入栈、出栈、入队列、出队列操作的时间复杂度均是 $O(1)$。

根据前面的知识和程序设计基础，我们不难实现栈和队列的各项基本操作。

1.6 本章总结

本章主要介绍了线性表、抽象数据类型、算法等概念以及度量算法的性能、时间复杂度和空间复杂度；分别用顺序存储结构和链式存储结构实现了抽象数据类型——线性表；介绍了单链表和双链表的典型应用案例，包括单链表和双链表的构造、遍历、显示、插入元素、删除元素、销毁等；引入了栈和队列的基本概念和实现思路。

1.7 本章实践

（1）编写程序，建立两个带头结点单链表，输入若干整数，将正整数插入第1个单链表，将负整数插入第2个单链表，插入前和插入后单链表保持递增或相等次序，显示两个单链表，最后销毁。程序不可存在内存泄漏。

（2）编写程序，在题（1）的基础上合并两个单链表，合并前后单链表保持递增或相等次序，显示合并前后的单链表。程序不可存在内存泄漏。

（3）编写程序，在题（1）的基础上建立两个单链表，设计和实现就地逆置单链表函数，即利用原单链表结点建立元素次序相反的单链表。编写程序，建立两个单链表，就地逆置这两个单链表，显示逆置前后的各单链表。程序不可存在内存泄漏。

（4）编写程序，在前面建立一个带头结点单链表的基础上，设计一个实现单链表分离算法的 Split() 函数，将原单链表中值为偶数的结点分离出来形成一个新单链表，新单链表中的头结点重新申请，其余结点来自原链表，分离后，原链表中只剩非偶数值所在结点，最后显示两个单链表，在程序退出前销毁单链表。要求该算法时间复杂度为 $O(n)$，程序不可存在内存泄漏。

（5）约瑟夫环是个经典的问题。有 M 个人围坐成一圈，编号依次从1开始递增，现从编号为1的人开始报数，报到 N 的人出列，然后再从下一人开始重新报数，报到 N 的人出列；重复这一过程，直至所有人出列。求出列次序。本题要求用循环单链表实现。提示：开始时将循环单链表的指针变量设为空，添加第1人时，将结点的指针域指向自己，后面新添加人员时，在循环单链表指针变量所指尾部后添加新结点，并始终将循环单链表指针变量指向新添加的结点，对应 M 个人的循环单链表中有 M 个结点；报数时，报到指定数后输出对应结点中的人员编号，并将该结点从链表中删除。题目输入包括 M、N 两个正整数，题目要求按出队列顺序输出他们的编号。如样例输入10 3，程序应该输出：

  3 6 9 2 7 1 8 5 10 4

（6）又见约瑟夫环：有 M 个人围坐成一圈，编号依次从1开始递增直到 M，现从编号为1的人开始报数，报到 N 的人出列，然后再从下一人开始重新报数，报到 N 的人出列；重复这一过程，直至所有人出列。所有出列的人再次按出列顺序围坐成一圈，并从第1人开始报数，这次为报到 K 的人出队列，然后再从下一人开始重新报数，报到 K 的人出列；重复这一过程，直至所有人出列。求最后出列次序。题目输入包括 M、N、K 三个正整数；N、K 可能为1。题目要求按最后出队列顺序输出他们的编号，每个测试用例结果占一行，每个编号占 4 位。如样例输入 10　3　5，程序应该输出：

7　4　1　6　10　5　3　2　8　9

（7）好玩的约瑟夫环：有 M 个人，编号分别为 1 到 M，玩约瑟夫环游戏，最初时按编号顺序排成队列；每遍游戏开始时，有一个正整数报数密码 N，队列中人依次围坐成一圈，从队首的人开始报数，报到 N 的人出列，然后再从出列的下一人开始重新报数，报到 N 的人出列；重复这一过程，直至所有人出列，完成一遍游戏，所有出列的人形成新队列；游戏可能玩很多遍，每遍游戏都有新报数密码。求若干遍游戏完成后队列次序。题目输入包括若干个正整数（至少 1 个），第一个正整数为玩游戏人数 M，后续每个正整数为每遍游戏报数密码，报数密码可能为 1，题目要求按出队列顺序输出他们的编号。

样例输入：

10　3　5　2

样例输出：

4　6　5　2　9　1　3　7　8　10

（8）无符号大数加、减运算。程序设计中经常遇到无符号大数加、减运算问题，请在样例程序 Ex1.4 的基础上实现无符号大数减运算。题目要求输入两个无符号大数，保证一个大数不小于第二个大数，输出它们的和、差。

样例输入：

123456789098765432133888999666
147655765659657669789687967867

样例输出：

138222365664731199112357 6967533
108691212532799665154420 1031799

（9）有符号大数加、减运算。请在样例程序 Ex1.4 的基础上实现无符号大数比较运算（小于、小于等于、等于、大于、大于等于），并进一步实现有符号大数的加、减运算。题目要求输入两个有符号大数，输出它们的和、差。

样例输入：

－123456789098765432133888999666
147655765659657669789687967867

样例输出：

－108691212532799665154420 1031799
－138222365664731199112357 6967533

（10）编写程序分别采用顺序存储结构和链式存储结构实现抽象数据类型栈和队列，再利用栈和队列，输入若干个整数；将输入后的正整数和负整数分别保存起来，输入完成后，首先将以输入相反的次序输出所有保存的正整数，再以输入相同次序输出所有保存的负整数，正整数和负整数输出各占一行。

（11）表达式解释：程序设计中经常使用表达式，现在需要编写程序，设计算法，利用栈，计算合法表达式结果并输出。本题中表达式由运算符"＋""－""＊""/""、"和正整型常量操作数复合而成，输入表达式以"♯"结束。操作提示是：设立操作数、运算符两个栈，先将♯加入运算符栈，读入 c（c 为操作符或完整操作数，如＋或 20，下同），只要 c 不等于♯或运算符栈顶元素不等于♯，则重复执行下面的循环。c 为操作数时直接入操作数栈，再读入 c 继续循环，否则查表比较运算符栈中栈顶运算符与 c 的优先级和结合性，有大于、等于、小于三种情况，大于时从操作数栈退出操作数，从运算符栈退出一个运算符，进行相应运算后将结果入操作数栈，继续循环；等于时必定是左、右括号，操作数栈退出一个运算符，再读入 c，继续循环；小于时将 c 加入运算符栈，读入 c，继续循环。循环结束后，操作数栈中只有一个栈顶元素，它就是表达式的计算结果。

样例输入：

((2＋3)＊6/8＋9＊20)♯

样例输出：

183

第 2 章 递归程序设计

递归程序设计是程序设计中的一个难点，理解和掌握递归程序设计有利于拓展程序设计能力。本章先以汉诺（Hanoi）塔问题为例，讲述递归程序设计，分析递归程序执行过程，设计递归问题的非递归算法，然后通过无符号大数乘法、八皇后问题、0-1 背包问题等经典案例，学习分治法和回溯法两大算法设计方法，提高算法设计能力。

2.1 栈 与 递 归

在运行计算机程序时，函数可以相互调用，或者递归调用。函数相互调用或者递归调用都是通过运行栈实现的，运行栈是计算机系统为程序运行分配的连续空间。在程序执行时，每次遇到函数调用，不论是普通函数调用，还是递归函数调用，系统都会在运行栈上为本次函数调用分配空间，用于保存下述内容：

栈与递归

(1) 本次函数调用执行完毕后返回地址。

(2) 形参变量和函数返回值变量。

(3) 函数体内局部对象。

在运行栈上为返回地址、形参变量和函数返回值变量分配好存储空间后，计算机首先保存本次函数调用执行完毕后返回地址，再根据不同的参数传递方式将实参传递给形参，然后执行函数体，执行函数体过程中遇到的局部对象分配在运行栈上，再次遇到其他函数调用或递归函数调用时也按同样方式处理。因此，随着程序的执行和函数的多次调用，系统在运行栈上建立了一层层函数调用记录；当函数体执行完毕或遇到 return 语句时，计算机取出运行栈上保存的返回地址，将运行结果带回（如果函数有返回值的话），撤销运行栈上为局部变量、形参变量和返回值变量、返回地址单元分配的空间，控制转回刚取出的返回地址处继续执行，直至最后程序运行结束。

下面以典型的汉诺塔问题为例，说明递归程序设计、递归程序执行过程、递归算法的非递归等效算法设计。

2.1.1 汉诺塔问题递归程序设计

汉诺塔问题：假设有命名为 A、B、C 的三个塔柱，初始时，在塔柱 A 上插有 n 个直径大小各不相同的圆盘，从上往下，圆盘从小到大编号为 $1, 2, 3, \cdots, n$，要求将塔柱 A 上的圆盘移至塔柱 C，可借助塔柱 B，用程序模拟搬圆盘的过程。

圆盘移动必须遵守下列规则：

(1) 每次只能移动一个圆盘。

(2) 圆盘可以插在任意一个塔柱上。

(3) 任何时刻都不能将一个较大的圆盘放在一个较小的圆盘上。

我们可以用分治法分析解决这一问题。对于具有 n 个圆盘的汉诺塔问题，形参 x、y、z 代表三个塔柱(简称柱)，将柱 x 上的圆盘移至柱 z，可借助柱 y。问题分析如下：

(1) 当 n 等于 1 时，只需直接将圆盘从柱 x 移至柱 z 即可。

(2) 当 n 大于 1 时，我们分以下三步完成：

① 借助柱 z，将柱 x 上的 $n-1$ 个圆盘按照规定移至柱 y。

② 将柱 x 上的一个圆盘由柱 x 移至柱 z。

③ 借助柱 x，将柱 y 上的 $n-1$ 个圆盘按规定移至柱 z。

题中 n 代表问题的规模。当 n 等于 1 时，问题可以简单解决；当 n 大于 1 时，可以将原问题分解为 $n-1$、1、$n-1$ 规模的三个类型相同的子问题，只要依次解决了这三个类型相同的子问题，原问题也就得到了解决。这三个子问题中，规模为 1 的子问题实际已得到解决，另外两个如何将 $n-1$ 个圆盘由一个塔柱借助剩余塔柱移至第三个塔柱的子问题，我们可以用同样的方法将其继续划分为更小的问题来求解，直至问题规模为 1 时解决为止。用递归程序模拟这一问题的解决方案，具有直观、简单的优点。

汉诺塔问题的完整样例如下：

```
//Ex2.1
1    #include <stdio.h>
2    //将 n 个圆盘从柱 x 移至柱 z,可借助柱 y
3    void Hanoi (int n, char x, char y, char z);
4
5    int main ()
6    {   int n;                              //圆盘数量
7        scanf("%d", &n);
8        Hanoi (n, 'A', 'B', 'C');
9        return 0;
10   }
11   //将 n 个圆盘从柱 x 移至柱 z,可借助柱 y
12   void Hanoi (int n, char x, char y, char z)
13   {
14       if (n==1) {
15           printf ("%c->%c\n", x, z);      //一个圆盘时可直接移动
16       } else {
17           Hanoi (n-1, x, z, y);           //将 n-1 个圆盘从柱 x 移至柱 y,借助柱 z
18           printf ("%c->%c\n", x, z);      //剩余一个圆盘时可直接移动
19           Hanoi (n-1, y, x, z);           //将 n-1 个圆盘中从柱 y 移至柱 z,借助柱 x
20       }
21   }
```

下面进行汉诺塔问题求解算法的时间复杂度和空间复杂度分析。汉诺塔问题的主要操作是搬圆盘，假设 n 个圆盘的汉诺塔问题求解算法的时间复杂度为 $T(n)$，$T(1)=1$，当 n 大于 1 时，有

$$T(n)=2T(n-1)+1$$

继续展开，可得

$$T(n) = 2[2T(n-2)+1]+1 = 2^2 T(n-2) + \sum_{i=0}^{1} 2^i$$

$$= 2^3 T(n-3) + \sum_{i=0}^{2} 2^i = 2^{n-1} T(1) + \sum_{i=0}^{n-2} 2^i = 2^{n-1} + \frac{2^{n-1}-1}{2-1} = 2^n - 1$$

由此可以断定，汉诺塔问题求解算法的时间复杂度为 $O(2^n)$。由于每进入一次 Hanoi() 函数调用，n 减小 1，因此，汉诺塔问题求解算法的递归深度为 n，也就是说，汉诺塔问题求解算法的空间复杂度为 $O(n)$。

2.1.2　递归程序执行过程分析

程序执行过程中遇到的函数调用，包括递归函数调用，都是借助于运行栈来实现的。下面以上述汉诺塔问题递归程序 Ex2.1 执行过程为例，分析上述程序执行过程中运行栈变化情况，有助于加深对函数调用实现过程、变量生存期、程序运行过程中内存空间变化情况的理解。

假设样例程序运行时输入 3，运行栈变化情况如图 2-1 所示。图中 s 的数值代表函数返回地址，即样例中标示的语句号，n、x、y、z 就是程序调用过程中的形参，图 2-1(a) 表示第 1 次调用 Hanoi() 函数，也就是 main() 函数中执行语句 8 调用 Hanoi() 函数的情况，第 1 次函数调用时形参 n、x、y、z 的值分别为 3、$'A'$、$'B'$、$'C'$，第 1 次函数调用结束后，继续执行语句 9。在第 1 次函数调用过程中，执行语句 17，即第 2 次调用 Hanoi() 函数，如图 2-1(b) 所示，再次在运行栈上为新函数调用分配空间，第 2 次函数调用时形参 n、x、y、z 的值分别为 2、$'A'$、$'C'$、$'B'$，第 2 次函数调用结束后，继续执行语句 18。以此类推，图 2-1(c) 表示执行过程中第 3 次调用 Hanoi 函数的情况，在第 3 次函数调用过程中，形参 n、x、y、z 的值分别为 1、$'A'$、$'B'$、$'C'$，因此，执行语句 15，得到第 1 行输出：

A→C

执行完语句 15 后，函数第 1 次返回，取出运行栈中栈顶保存的返回地址：语句 18 在内存中的地址，准备继续执行，运行栈顶的函数调用记录被撤销，即退栈，形参 n、x、y、z 值恢复为 2、$'A'$、$'C'$、$'B'$，如图 2-1(d) 所示。

执行语句 18 后，得到第 2 行输出：

A→B

再继续执行语句 19 时进入第 4 次函数调用，如图 2-1(e) 所示。在第 4 次函数调用过程中，n 值又为 1，因此得到第 3 行输出：

C→B

然后函数第 2 次返回，取出运行栈中保存的返回地址：语句 20 在内存中的地址，准备执行语句 20，第 2 次函数返回后运行栈状态如图 2-1(f) 所示。执行语句 20 代表本次调用完成，函数再次返回，取出栈顶返回地址：语句 18，准备执行，第 3 次函数返回后运行栈状态如图 2-1(g) 所示。执行语句 18 在内存中的地址，得到第 4 行输出：

A→C

执行完成后，继续执行语句 19，进入第 5 次函数调用，如图 2-1(h) 所示。执行第 5 次

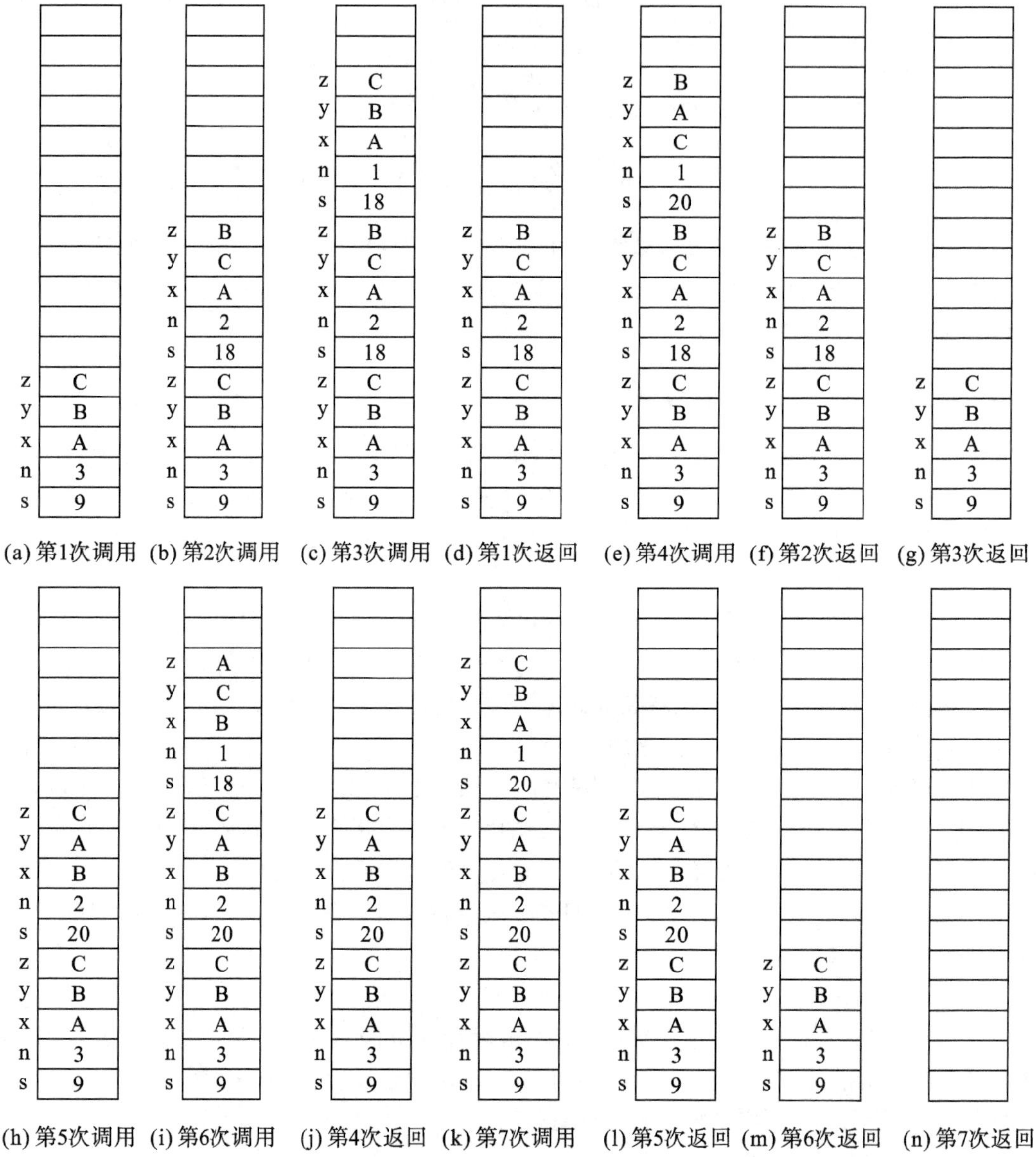

(a) 第1次调用　(b) 第2次调用　(c) 第3次调用　(d) 第1次返回　(e) 第4次调用　(f) 第2次返回　(g) 第3次返回

(h) 第5次调用　(i) 第6次调用　(j) 第4次返回　(k) 第7次调用　(l) 第5次返回　(m) 第6次返回　(n) 第7次返回

图 2-1　运行栈变化情况示意图

函数调用后，由于 n 为 2，执行语句 17，进入第 6 次函数调用，如图 2-1(i)所示。

在第 6 次函数调用过程中，n 值为 1，因此得到第 5 行输出：

$$B \rightarrow A$$

然后函数第 4 次返回，准备去执行语句 18，如图 2-1(j)所示。

执行语句 18 后，得到第 6 行输出：

$$B \rightarrow C$$

再继续执行语句 19 时进入第 7 次函数调用，如图 2-1(k)所示。在第 7 次函数调用过程中，n 值又为 1，因此得到第 7 行输出：

$$A \rightarrow C$$

然后，函数一次次返回，如图 2-1(l)、(m)、(n)所示。

分析上述过程，大家可以看到，程序在执行过程中，随着函数调用和返回，运行栈中保存了多个形参变量和返回地址，在函数返回时，撤销的始终是运行栈顶的函数调用记录，形参变量和返回地址恢复原记录，具有后进先出的特点和非常高的内存管理效率。程序在调试运行时，可以借助调试工具看出运行栈变化情况，大家可以进行对照分析。

需要特别指出的是，全局变量和静态变量具有专用存储区，在整个程序开始运行时或局部静态变量第一次使用时初始化，在整个程序运行期间始终存在；局部变量在运行栈生成，随着函数调用结束而撤销，指针形变量撤销的是指针变量本身，不是它所指的内存空间；动态分配的内存空间位于称为堆的专门内存空间，不会随着函数调用结束而删除，可以跨函数传递使用，忘记释放会造成程序出现内存泄漏，整个程序执行结束时会清理程序运行过程中动态分配的内存空间。

2.1.3 等效非递归算法设计

递归算法往往具有简单、直观的优点，它的不足之处是对执行效率稍有影响。从上述递归程序执行过程分析，我们得到启发，递归算法往往可以借助于栈改写为等效的非递归算法。

在将递归算法改写为等效的非递归算法时，可以设立栈代替递归程序执行过程所需运行栈，这一过程的关键在于确定栈中需要保存什么？一般栈中需要保存代表解题步骤的子问题。在设计汉诺塔问题等效非递归算法中，可以由变量 n、x、y、z 组成的 problem 代表待解决子问题或步骤分解后待解决子问题，开始时设立存放待解决 problem 类型的空栈，组成待解决问题 problem，并入栈，代表有一个待解决问题；随后循环从栈中取出待解决子问题 problem 并解决，直到栈为空，所有待解决子问题已解决。

在解决从栈中取出待解决子问题 problem 时，分析子问题 problem，如果子问题 problem 的规模足够小，如本题中 problem.n 为 1，就可以直接解决；否则，分解子问题 problem，形成代表解题步骤的、新的待解决子问题，如本题中的 subProblem1、subProblem2、subProblem3，由于栈的后进先出特点，按解题步骤相反次序将这些子问题入栈，继续循环求解。

综合以上分析，形成了下面等效的汉诺塔问题非递归算法。汉诺塔问题非递归程序实现作为练习留给大家，大家可对比递归程序，可以发现输出结果完全相同。

```
//算法 2.1 将 n 个圆盘从柱 x 移至柱 z，可借助柱 y
1   void NonRecursiveHanoi (int n, char x, char y, char z)
2   {   InitStack (S);                //建立问题栈
3       建立 n 个圆盘，从柱 x 移至柱 z，可借助柱 y 的子问题 problem;
4       S. push(problem);             //待解决问题入栈
5       while (! IsEmpty (S)){
6           problem＝gettop (S);       //取出栈顶待解决子问题
7           pop (S);                  //出栈
8           if (problem. n＝＝1)       //子问题规模为 1,足够小
9               //有一个圆盘时可直接从 problem. _x 到 problem. _z 移动
```

```
10              else {
11                      //分解获得 3 个待求解子问题 subProblem1,subProblem2,subProblem3
12                          建立 n−1 个圆盘,从柱 x 移至柱 y,可借助柱 z 的子问题 subProblem1;
13                          建立 1 个圆盘,从柱 x 移至柱 z,可借助柱 y 的子问题 subProblem2;
14                          建立 n−1 个圆盘,从柱 y 移至柱 z,可借助柱 x 的子问题 subProblem3;
15                      S. push(subProblem3);//最后待解决子问题先入栈
16                      S. push(subProblem2);
17                      S. push(subProblem1);
18                  }
19          }
20          DestroyStack (S);                    //销毁子问题栈
21      }
```

2.2 分 治 法

在解决汉诺塔问题中使用的算法设计方法正是计算机科学中一种非常重要且最为普遍的算法设计方法:分治法(Divide-and-Conquer)。分治法的字面意思就体现了它解决一个规模较大复杂问题的思路:分而治之。

分治法

用计算机求解问题所需的计算时间一般都与其规模有关。对于最小规模的问题,一般很容易直接求解,解题所需的计算时间也很小;当遇到一个规模较大、难以直接解决问题时,可将其分解成一些规模较小的相同问题,以便各个击破,分而治之。对于分解出来的相同或相似子问题,可以再用同样方法将子问题分成更小的子问题,直至将问题分解成可以简单直接求解的子问题为止,这是一个递归的过程,合并子问题的解就形成了原问题的解。分治法是设计很多高效算法的基础,如数据结构中树形结构处理、二分查找、快速排序、归并排序等。

分治法一般可以用递归描述,包含以下三个部分:

(1)基础:若问题规模足够小,无法或没有必要继续分解时,很容易直接求解,这是递归必需的基础。

(2)分解:将规模较大的复杂问题分解为若干个规模缩小、相互独立、与原问题类型相同的子问题,类型相同的子问题可以递归求解。

(3)合并:将各个子问题的解合并为原问题的解。

分治法的难点或关键点在于如何分解问题和合并各子问题的解。前面的汉诺塔问题求解算法体现了分治法算法设计思想,下面再以无符号大数乘法为例讲述分治法。

2.2.1 无符号大数的 Karatsuba 乘法

我们在第 1 章中讲述了如何在计算机中表示无符号大数,实现了无符号大数加法,在此基础上,我们可以完成无符号大数的减法、比较等运算。

对于无符号大数的乘法,我们可以用分治法按照传统的思路求解两个无符号大数 X、Y 乘积:

基础：当 Y 是个位数时，X 乘 Y 可以简单解决，用下述表示：

　　UBigNumber MultiplyDigit (X, digit)；//digit：0～9

分解：从低位到高位，将 Y 中每一位数字分解出来后，再与 X 相乘；

合并：将上述分解后相乘结果依次放大 10^0、10^1、10^2、10^3、…倍后相加求和就是需要的结果，等价于从低位到高位，将 Y 中每一位数字分解出来后，再与 X 放大 10^0、10^1、10^2、10^3、…倍后的结果相乘，再把乘积累加。

最后，可以形成如下算法描述，抽象数据类型 UBigNumber 表示无符号大数：

```
//算法 2.2 返回无符号大数 X、Y 的乘积
1    UBigNumber Multiply (UBigNumber X, UBigNumber Y)
2    {    UBigNumber result=0；        //累加结果初值为 0
3         while (Y !=0)               //从低到高依次处理 Y 的每一位数字
4         {    digit=Y % 10；         //取得 Y 的每一位数字
5              result=result+MultiPlyDigit (X, digit)；//将 digit 与放大后 X 相乘，再累加
6              X=X * 10；             //X 放大 10 倍
7              Y=Y / 10；             //Y 缩小 10 倍
8         }
9         return result；             //返回结果
10   }
```

上述算法比较容易理解，实现起来也不难，假如 X、Y 的位数为 m、n，MultiplyDigit 子算法的时间复杂度为 $O(m)$，需要执行 n 次，不难得知，上述算法的时间复杂度为 $O(m*n)$，当 m、n 接近时，就是 $O(n^2)$。

1960 年，Karatsuba 博士研究了大数乘法，提出了时间复杂度为 $O(n^{1.585})$ 的无符号大数乘法。假设要相乘的两个无符号大数是 X、Y，可以把 X，Y 改为如下表示：

$$X=a * \text{Base}^h+b$$
$$Y=c * \text{Base}^h+d$$

其中 Base 是基数，对于十进制数，Base 就是 10。

于是，$X * Y$ 就变成了：

$$X * Y=(a * \text{Base}^h+b) * (c * \text{Base}^h+d)=z2 * \text{Base}^{2h}+z1 * \text{Base}^h+z0$$

这里：

$z2=a * c$ 　　　　　　$z1=a * d+c * b$ 　　　　　　$z0=b * d$

加法运算比乘法运算快很多，$z1$ 的 2 次乘法、1 次加法可以简化为 3 次加法、1 次乘法、1 次减法。推算如下：

$$z1=a * d+c * b+[a * c+b * d-(a * c+b * d)]$$
$$=(a * d+c * b+a * c+b * d)-(a * c+b * d)$$
$$=(a+b) * (c+d)-(z2+z0)$$

按照上述思路，就可以将两个无符号大数 X、Y 的运算分解为规模小很多的无符号大数 a、b、c、d 间的加法、乘法、减法运算。研究表明，在一般用分治法分解问题规模时，最

好将问题分解为一半规模的两个子问题，这里 h 可以取 X、Y 的位数中大的一半。

综上所述，可以形成无符号大数的 Karatsuba 乘法：

```
//算法 2.3 返回无符号大数 X、Y 的乘积
 1   UBigNumber Karatsuba (UBigNumber X，UBigNumber Y)
 2   {    if (Y<10)
 3            return MultiplyDigit (X，Y)；              //返回 X 与数字 Y 相乘结果
 4        if (X<10)
 5            return MultiplyDigit (Y，X)；              //返回 Y 与数字 X 相乘结果
 6        h=(max (X 的位数，Y 的位数)+1) / 2；  //为 X、Y 两个数位数
 7        设 b，a 分别为 X 的低 h 位、剩余高位组成的大数；//不足时高位补 0
 8        设 d，c 分别为 Y 的低 h 位、剩余高位组成的大数；
 9        z2=Karatsuba (a，c)；
10        z0=Karatsuba (b，d)；
11        z1=Karatsuba (a+b，c+d)-(z2+z0)；
12        return z2 * 10^{2h}+z1 * 10^h+z0；            //返回结果
13   }
```

2.2.2   Karatsuba 乘法的程序实现

上一节给出了无符号大数的 Karatsuba 乘法，下面在第 1 章样例程序 Ex1.4 基础上，用程序实现该乘法。同样，用带头结点的双向链表来表示无符号大数，为实现无符号大数 Karatsuba 的乘法，需要增加 _MultiplyDigit() 函数，实现无符号大数与数字相乘；增加 _FetchSub() 函数，实现取无符号大数中某一段连续数字形成一个新大数；增加大数相减算法函数 SubUBN()；无符号大数放大 10^h 倍可以通过在原无符号大数尾部添加 0 的 _AppendDigit() 函数实现。这样，在此基础上实现无符号大数的 Karatsuba 乘法函数 MultiplyUBN()。所以，样例程序 Ex2.2 需要在样例程序 Ex1.4 的 UBigNumber.h 文件内添加下列新增函数声明：

```
//两个无符号大数相减
struct UBigNumber SubUBN (struct UBigNumber * pA，struct UBigNumber * pB)；
//两个无符号大数相乘
struct UBigNumber MultiplyUBN (struct UBigNumber * pA，struct UBigNumber * pB)；
//无符号大数乘 1 位数
struct UBigNumber _MultiplyDigit (struct UBigNumber * pA，int digit)；
//返回无符号大数中[start，end]数字子序列组成的无符号大数
//超出范围部分数字忽略，忽略后子序列不存在时返回 0
struct UBigNumber _FetchSub (struct UBigNumber * pA，int start，int end)；
```

同时，在工程文件内新增源文件 UBigNumber2.c。需要注意的是，由于 C 语言特点，无符号大数变量接收完函数返回的、表示无符号大数的链表资源后，当不再使用时，需要销毁，以释放资源，避免内存泄漏。

//Ex2.2 无符号大数的 Karatsuba 乘法新增函数实现 UBigNumber2.c

```c
1    # include <stdio. h>
2    # include <assert. h>
3    # include "UBigNumber. h"
4
5    //两个无符号大数相减
6    struct UBigNumber SubUBN (struct UBigNumber * pA, struct UBigNumber * pB)
7    {
8        struct UBigNumber result;
9        _InitUBN(&result);
10       int iCarry=0;                            //借位，初始 0
11       struct Node * p1, * p2;
12       p1=pA->pTail;                            //从低位开始处理
13       p2=pB->pTail;
14       while (p1 !=pA->pHead && p2 !=pB->pHead)     //两数相同位处理
15       {
16           int digit=p1->digit-p2->digit+iCarry;
17           iCarry=0;
18           if (digit<0)
19           {
20               digit+=10;                       //当前结果位
21               iCarry=-1;                       //新借位
22           }
23           _AppendFrontDigit (&result, digit); //添加至结果最高位
24           p1=p1->prev;                         //准备处理前一位
25           p2=p2->prev;
26       }
27       assert (p2==pB->pHead);
28       while (p1 !=pA->pHead)                    //第 1 大数剩余位处理
29       {
30           int digit=p1->digit+iCarry;
31           iCarry=0;
32           if (digit<0)
33           {
34               digit+=10;                       //当前结果位
35               iCarry=-1;                       //新借位
36           }
37           _AppendFrontDigit (&result, digit); //添加至结果最高位
38           p1=p1->prev;                         //准备处理前一位
39       }
40       assert (iCarry==0);
41       _Normalize(&result);
42       return result;
```

```
43   }
44   //两个无符号大数相乘
45   struct UBigNumber MultiplyUBN (struct UBigNumber * pA, struct UBigNumber * pB)
46   {
47       //递归终止条件
48       if (pB->digitCount==1)
49           return _MultiplyDigit (pA, pB->pTail->digit);
50       else if (pA->digitCount==1)
51           return _MultiplyDigit (pB, pA->pTail->digit);
52       //计算拆分长度
53       int m=pA->digitCount;
54       int n=pB->digitCount;
55
56       int h=(m>n? m: n) / 2;
57       /* 拆分为 a, b, c, d */
58       struct UBigNumber a, b, c, d;
59
60       a=_FetchSub (pA, 0, m-h);          //高 m-h 位
61       b=_FetchSub (pA, m-h, m);          //低 h 位
62       c=_FetchSub (pB, 0, n-h);          //高 n-h 位
63       d=_FetchSub (pB, n-h, n);          //低 h 位
64       //计算 z2, z0, z1, 此处的乘法使用递归实现
65       struct UBigNumber z0, z1, z2;
66
67       z2=MultiplyUBN (&a, &c);           //z2=a * c;
68       z0=MultiplyUBN (&b, &d);           //z0=b * d;
69       struct UBigNumber t1, t2, t3, t4, t5, result;
70       t1=AddUBN(&a, &b);                 //t1=a+b
71       t2=AddUBN(&c, &d);                 //t2=c+d
72       //销毁各不再使用的无符号大数
73       DestoryUBN (&a);
74       DestoryUBN (&b);
75       DestoryUBN (&c);
76       DestoryUBN (&d);
77       t3=MultiplyUBN (&t1, &t2);         //t3=(a+b) * (c+d)
78       t4=AddUBN(&z0, &z2);               //t4=z0+z2
79       z1=SubUBN(&t3, &t4);               //z1=(a+b) * (c+d)-z2-z0
80
81       int i;
82       for (i=0; i<2 * h;++i) //z2 * =(10^(2 * h))
83           _AppendDigit (&z2, 0);
84       for (i=0; i<h;++i) //z1 * =(10 ^ h)
85           _AppendDigit (&z1, 0);
```

```
86          t5＝AddUBN(&z2，&z1)；              //t5＝z2 * 10^(2h)＋z1 * 10^h
87          result＝AddUBN(&t5，&z0)；          //result＝z2 * 10^(2h)＋z1 * 10^h＋z0
88
89          DestoryUBN (&z0)；
90          DestoryUBN (&z1)；
91          DestoryUBN (&z2)；
92          DestoryUBN (&t1)；
93          DestoryUBN (&t2)；
94          DestoryUBN (&t3)；
95          DestoryUBN (&t4)；
96          DestoryUBN (&t5)；
97          return result；
98      }
99
100  //无符号大数乘 1 位数
101  struct UBigNumber _MultiplyDigit (struct UBigNumber * pA，int digit2)
102  {
103          struct UBigNumber result；
104          _InitUBN (&result)；
105          if (digit2＝＝0)
106          {
107              _AppendDigit (&result，0)；
108              return result；
109          }
110
111          int iCarry＝0；                    //进位，初始 0
112          struct Node * p1；
113          p1＝pA－>pTail；                  //从低位开始处理
114          while (p1 !＝pA－>pHead)          //第 1 大数剩余位处理
115          {
116              int digit＝p1－>digit * digit2＋iCarry；
117              iCarry＝digit / 10；
118              digit ％＝10；
119              _AppendFrontDigit (&result，digit)；
120              p1＝p1－>prev；
121          }
122          if (iCarry !＝0)                   //最后进位处理
123              _AppendFrontDigit (&result，iCarry)；
124          return result；
125  }
126
127  //返回无符号大数中[start，end)数字子序列组成的无符号大数
128  //超出范围部分数字忽略，忽略后子序列不存在时返回 0
```

```
129   struct UBigNumber _FetchSub (struct UBigNumber * pA，int start，int end)
130   {
131       struct UBigNumber result；
132       _InitUBN (&result)；
133       int i=0；
134       struct Node * p=pA->pHead->next；
135       while (i<start && p !=NULL)
136       {
137           p=p->next；
138           ++i；
139       }
140       while (i<end && p !=NULL)
141       {
142           _AppendDigit (&result，p->digit)；        //添加在尾部
143           p=p->next；
144           ++i；
145       }
146       _Normalize (&result)；
147       return result；
148   }
```

再将测试源文件 test.c 内无符号大数相加函数调用改为相乘函数调用后，运行情况如下：

> 21433245327543276473624763245324532470034
> 24637245673425873258743258743258743554475
> 21433245327543276473624763245324532470034 * 24637245673425873258743258743554475
> =52805613071349090205313897621444542992160527921131876139010010038102150

2.3　回　溯　法

回溯法（Backtracking）又称为试探-回溯法，是算法设计中又一种重要的方法。它在求解问题时需要向前搜索很多步，以达到解题目标；在每一步向前搜索时，都可能有很多选项，在当时状态下无法确定哪个选项是问题答案的一部分，问题可以有多个答案，这一步的多个选项都可能是某个答案中的正确选择，也可能事后确定这一步的所有选项都不是任何答案中的正确选择，因此，只能先试探选择这一步的某个选项，前进一步，继续试探向前搜索，以达到解题目标。

在向前试探搜索过程中，当探索到某一步，发现原先的选择并不能达到目标，或者继续向前试探可能获取的答案无法更优时，就停止继续向前搜索，退回一步，重新试探选择没有试探过的选项，继续向前试探搜索。这种向前试探，走不通就回溯、再走其他未走路径的技术称为回溯法，或称为试探-回溯法。特别需要注意的是，回溯时应该恢复到前一次选择前状态，不能影响后面的试探-回溯。

当试探完所有步，获得问题的一个答案时，如果需要寻求更多答案或迭代最佳答案，也可以退回一步，继续回溯，以求出更多答案或迭代最佳答案，直到退回到最初出发点，试探-回溯完成，确定问题所有答案、迭代最佳答案或确定问题无答案。当试探完所有步，获得问题的一个答案且不需要寻求更多答案时，可以直接结束试探-回溯过程。

把试探-回溯过程中每一步的状态作为一个结点，出发状态结点为根结点。当前状态中试探选择某一个选项后进入下一个状态，这两个状态结点间形成父子关系，这样，试探-回溯过程中所有的状态结点构成一个"树"，称为状态空间树，可以先参见下一节的图 2-4。状态空间树的根结点是开始出发时的状态结点，搜索过程中获得问题答案的状态结点是叶子结点。状态空间树中出发向前继续试探-搜索的结点称为活结点，不能再向前继续探索，需要回溯的结点称为死结点。

高度为 h 的满二叉树的结点数为 $O(2^h)$，搜索完满二叉树的算法时间复杂度也是 $O(2^h)$，因此，在试探-回溯过程中，为提高算法的效率，应尽量优化，减去不必要的树枝，减少状态空间树的结点数。

试探回溯法采用深度优先策略，一般情况下可以用递归函数实现回溯法，问题和必要的状态、答案用 Problem 描述，p→n 表示问题的规模，CheckOk (p) 表示检查目前的选择是否可行。回溯法框架如下：

```
//算法 2.4 回溯法框架
1    bool BackTrace(Problem * p, int i)              //试探第 i 步
2    {
3        if(已获得一组解)                            //试探完所有步，如 i>p→n
4        {
5            OutputSolution (p);                     //输出一组解或迭代最优解
6            return true;
7        }
8        else
9        {
10           foreach (selection：p 目前选项集)        //循环试探所有选项
11           {
12               p 试探本次 selection 选择；
13               if(CheckOk (p))                     //本次选择是否可行
14               {
15                   status＝BackTrace (p, t＋1);     //进一步试探
16                   if(status && 只需求一组解)
17                       return true;
18               }
19               恢复 p 本次 selection 选择前状态，回溯
20           }
21       }
22       return false;
23   }
```

2.3.1 八皇后问题

八皇后问题求解是试探回溯法的典型应用。八皇后问题可以表述为：国际象棋棋盘中，位于同一行的两个皇后会相互攻击，位于同一列的两个皇后也会相互攻击，位于右上 45°斜线的两个皇后也会相互攻击，位于左上 135°斜线的两个皇后也会相互攻击，其他位置的两个皇后不会相互攻击。要求 8×8 的棋盘上放满 8 个皇后，相互之间平安相处，这样的摆放方案有哪些？图 2-2 是其中的一种摆放方案。我们可以用试探-回溯法解决这一问题。

回溯法—八皇后问题

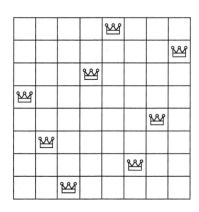

图 2-2　八皇后问题示意图

八皇后问题可以推广到 $n×n$ 的棋盘上摆放 n 个皇后问题。为简化过程，我们以 $n=4$ 为例讲述摆放过程。显然，同一行只能摆放一个皇后，n 个皇后只能位于 n 行。首先，试探第 1 行皇后的摆放，有 n 个位置选项，先试探摆放在第 1 列，从目前状态来判断，可行；再试探摆放第二行的皇后，同样，第二行也有 n 个摆放，试探摆放在第 1 列，产生相互攻击，不可行；回溯，再试探摆放第 2 列，同样产生相互攻击，不可行；回溯，再试探摆放第 3 列，可行，这时状态如图 2-3(a)所示。

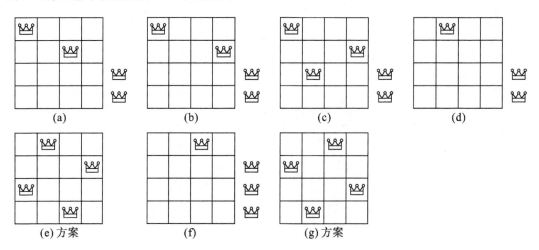

图 2-3　四皇后试探搜索过程部分状态示意图

　　继续试探第 3 行皇后的摆放，试探第 3 行的所有 4 个位置，都以失败告终，都需要回溯；试探完第 3 行的所有位置后，回溯到第 2 行，继续试探第 2 行的第 4 列，如图 2-3(b) 所示；然后，继续试探第 3 行皇后的摆放，试探到第 2 列时，如图 2-3(c) 所示，可行；继续试探第 4 行皇后的摆放，试探第 4 行的所有 4 个位置，都以失败告终，都需要回溯；试探完第 4 行的所有位置后，回溯到第 3 行，再试探-回溯，直到回溯到第 1 行为止，再试探第 1 行的第 2 列，如图 2-3(d) 所示。

　　继续试探-回溯，直到如图 2-3(e) 所示，已摆放完 4 行，继续试探下一行，已超出棋盘规模，得到 1 种摆放方案。

　　得到 1 种摆放方案后，继续试探-回溯，图 2-3(f) 所示是回溯到第 1 行，继续试探第 3 列时的状态，再继续试探-回溯，若干步后，可以得到如图 2-3(g) 所示的方案。再继续试探-回溯，当回溯到出发点时，整个试探-回溯过程结束。

　　这个试探-回溯过程中状态构成了如图 2-4 所示的四皇后试探-回溯状态空间树。图中从根结点出发，进行试探-回溯，图中结点中数字代表试探时摆放的列号；图中第 i 层代表试探第 i 行皇后的摆放，也代表后面程序中第 i 层递归调用；圆形结点代表试探时可行状态；方形结点代表试探时失败状态，不可行，需回溯；试探到达叶子结点时，得到 1 种摆放方案，继续回溯求其他方案。所有叶子结点代表某种方案，都在第 $n+1$ 层。

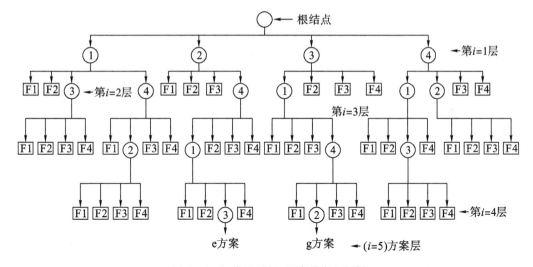

图 2-4　四皇后试探-回溯状态空间树

　　最后，给出了 n 个皇后问题求解的样例程序 Ex2.3。在程序中，用结构体 S8Queen 表示问题和试探-回溯过程中的状态数据，程序在输入问题规模 n 后，先建立问题并初始化状态，再用试探-回溯算法 Try 求解问题，试探过程中获得摆放方案时直接输出。

```
//Ex2.3 八皇后问题源码
1   #include <stdio.h>
2
3   #define MaxN 20
4   struct S8Queen
5   {
```

```
6          int N;
7          int iMatrixA [MaxN][MaxN];                 //棋盘矩阵，便于输出
8          int iColPerRowA [MaxN];                     //每行皇后摆放的列号，便于检查
9          int iSolutionCount;
10    };
11
12    //初始化问题
13    void InitProblem (struct S8Queen * pQueenProblem, int n);
14    //打印一个解
15    void PrintSolution (struct S8Queen * pQueenProblem);
16    //试探第 i 个皇后摆放
17    void Try (struct S8Queen * pQueenProblem, int i);
18    //检查目前第 i 个皇后摆放是否可行
19    int CheckOk (struct S8Queen * pQueenProblem, int i);
20
21    int main ()
22    {
23          int n;
24          while (1)
25          {
26                printf ("请输入棋盘大小(4～20)：\n");
27                scanf ("%d", &n);
28                if (n<4 || n>20)
29                      break;
30                struct S8Queen theQueenProblem;
31                InitProblem (&theQueenProblem, n);
32                Try (&theQueenProblem, 1);
33          }
34          return 0;
35    }
36
37    //初始化问题
38    void InitProblem (struct S8Queen * pQueenProblem, int n)
39    {
40          pQueenProblem->N=n;
41          int i, j;
42          pQueenProblem->iSolutionCount=0;
43          for (i=0; i<pQueenProblem->N;++i)
44                for (j=0; j<pQueenProblem->N;++j)
45                      pQueenProblem->iMatrixA [i][j]=0;
46    }
47    //打印一个解
48    void PrintSolution (struct S8Queen * pQueenProblem)
```

```
49  {
50      int i, j;
51      printf ("Solution %d: \n", pQueenProblem->iSolutionCount);
52      for (i=0; i<pQueenProblem->N; ++i)
53      {
54          for (j=0; j<pQueenProblem->N; ++j)
55              printf ("%1d", pQueenProblem->iMatrixA [i][j]);
56          printf ("\n");
57      }
58      printf ("\n");
59  }
60  //试探第 i 个皇后摆放
61  void Try (struct S8Queen * pQueenProblem, int i)
62  {
63      if (i>pQueenProblem->N)
64      {
65          ++pQueenProblem->iSolutionCount;
66          PrintSolution (pQueenProblem);
67          return; //继续回溯
68      }
69      int j;
70      for (j=1; j<=pQueenProblem->N; ++j)
71      {
72          pQueenProblem->iMatrixA [i-1][j-1]=1;      //试探摆放在 j 列
73          pQueenProblem->iColPerRowA [i-1]=j;
74          if (CheckOk (pQueenProblem, i))
75              Try (pQueenProblem, i+1);              //继续试探摆放下一个皇后
76          pQueenProblem->iMatrixA [i-1][j-1]=0;      //恢复状态，回溯
77      }
78  }
79  //检查目前第 i 个皇后摆放是否可行
80  int CheckOk (struct S8Queen * pQueenProblem, int i)
81  {
82      int iQueenColNow=pQueenProblem->iColPerRowA [i-1]; //当前行摆放皇后
83      int iRow;
84      for (iRow=1; iRow<i; ++iRow)
85      {
86          int iQueenCol=pQueenProblem->iColPerRowA [iRow-1]; //iRow 行已摆放皇后
87          if (iQueenCol==iQueenColNow)
88              return 0;                              //同一列，有冲突
89          if (iQueenCol+iRow==iQueenColNow+i)
90              return 0;                              //右上角已摆放皇后，有冲突
91          if (iQueenCol-iRow==iQueenColNow-i)
```

```
92                return 0;                        //左上角已摆放皇后，有冲突
93          }
94      return 1;                                    //目前第 i 个皇后摆放位置可行
95  }
```

运行情况如下：

请输入棋盘大小(4～20)：

4

Solution 1：

0100

0001

1000

0010

Solution 2：

0010

1000

0001

0100

请输入棋盘大小(4～20)：

0

2.3.2   0-1 背包问题

0-1 背包问题是算法设计中的经典问题。0-1 背包问题可表述为：给定一组 n 个物品，每种物品都有自己的重量和价值，所有物品的重量和价值都是非负的，第 i 个物品的重量为 w_i，价值为 p_i，背包所能承受的最大重量为 W，如何选择，才能使得物品的总价值最高？问题的名称来源于如何选择最合适的若干物品放置于给定背包中，相似问题经常出现在商业、组合数学、密码学和应用数学等领域中。

回溯法—01 背包问题

任何物品都有选择或不选择两种可能，在不考虑总价值最高情况下，总可选方案数为 2^n。按照贪心法思路，将物品按单位重量价值递减次序排队，优先选择单位重量价值高的物品，在不超出总重量的前提下，获得一种选择方案和它相应的总价格，这样的方案并不能保证是最优解。

我们可以用试探-回溯法解决 0-1 背包问题，试探每一个物品是否放入背包。为了提高算法效率，我们需要结合贪心法思想，尽量快速找出比较优的方案，这样，我们可以在试探-回溯过程中，判断出在当前选择状态下，预估背包剩余容量摆放剩余物品可能达到的最大值，如果背包里已有物品总价值加上这个预估值也无法超过现有最优方案，就放弃继续往下试探，直接回溯，减去不必要的树枝，减少状态空间树的结点数，优化算法。试探完所有物品，当到达状态空间树的叶子结点位置时，获得一种摆放方案，如果这一方案优于

原最优方案，则替换原最优方案。无论何种情况，都需要继续回溯；当回溯退回到最初出发状态时，现有最优方案就是最佳方案。

　　Ex2.4 是 0-1 背包问题求解的样例程序。在该样例中，结构体 SGoods 表示物品的重量、价值和单位重量的价值，结构体 SSolution 表示方案中每个物品的选择和方案总价值，结构体 SBag 表示背包问题及其试探–回溯过程中迭代的最优方案、目前方案。程序先初始化背包问题，将物品按单位重量的价值递减排序，再用试探–回溯法求解背包问题，第 1 次到达叶子结点，求出的部分最优方案就是贪心法求出的方案，试探回溯完成后，迭代得到问题的最优方案，输出即可。样例程序 Ex2.4 的具体代码如下：

```
//Ex2.4
1   #include <stdio.h>
2   #include <stdlib.h>
3
4   #define MaxN 500
5   struct SGoods
6   {   int iWeight;                              //物品重量
7       int iPrice;                              //物品价值
8       double dPriceRatio;                      //每单位重量的价值
9   };
10  struct SSolution
11  {   int bSelectA[MaxN];                      //选中状态
12      int iMaxValue;                           //总价值
13  };
14  struct SBag
15  {   int N;                                   //物品数量
16      int iWeightLimit, iWeightLeft;           //背包容量、剩余容量
17      struct SGoods sGoodsA[MaxN];             //物品信息
18      struct SSolution bestSolution, solutionNow;  //最优解、当前解
19  };
20
21  //初始化问题，成功返回 1，失败返回 0
22  int InitProbelm(struct SBag * pProblem);
23  //打印最优解
24  void PrintSolution(struct SBag * pProblem);
25  //试探第 i 个物品选择
26  void Try(struct SBag * pProblem, int i);
27  //检查目前第 i 个物品摆放是否可行
28  int CheckOk(struct SBag * pProblem, int i);
29
30  int main()
31  {   struct SBag theProblem;
32      if (InitProbelm(&theProblem))
```

```
33    {    Try (&theProblem, 1);          //从第 1 个物品开始试探
34         PrintSolution (&theProblem);   //打印最优解
35    }
36    return 0;
37  }
38  //物品单位价值比较函数，在调用快速排序库函数 qsort() 时使用
39  int compare(const void * p1, const void * p2)
40  {    const struct SGoods * pGoods1 = (const struct SGoods * )p1;
41       const struct SGoods * pGoods2 = (const struct SGoods * )p2;
42       if (pGoods1->dPriceRatio>pGoods2->dPriceRatio)
43            return -1; //物品单位价值比较高的排前面
44       else if (pGoods1->dPriceRatio==pGoods2->dPriceRatio)
45            return 0;
46       else
47            return 1;
48  }
49  //初始化问题，成功返回 1，失败返回 0
50  int InitProbelm (struct SBag * pProblem)
51  {    int iWeightLimit;
52       printf ("请输入背包限重(10~1000)：\n");
53       scanf ("%d", &iWeightLimit);
54       if (iWeightLimit<10 || iWeightLimit>1000)
55            return 0;
56
57       pProblem->iWeightLeft=pProblem->iWeightLimit=iWeightLimit;
58       int n;
59       printf ("请输入物品数量(4~500)：\n");
60       scanf ("%d", &n);
61       if (n<4 || n>500)
62            return 0;
63       pProblem->N=n;
64       printf ("请依次输入各物品重量和价值(空格分隔)：\n");
65       int i;
66       for (i=0; i<pProblem->N; ++i)
67       {    struct SGoods goods;
68            scanf ("%d%d", &goods. iWeight, &goods. iPrice);
69            //计算物品单位价值
70            goods. dPriceRatio=(double)goods. iPrice / goods. iWeight;
71            pProblem->sGoodsA [i]=goods;
72       pProblem->bestSolution. bSelectA [i]=pProblem->solutionNow. bSelectA[i]=0;
73       }
74       pProblem->bestSolution. iMaxValue=pProblem->solutionNow. iMaxValue=0;
75       //按物品单位价值递减排序
```

```
76        qsort (pProblem->sGoodsA, pProblem->N, sizeof (struct SGoods), compare);
77        return 1；
78 }
79 //打印最优解
80 void PrintSolution (struct SBag * pProblem)
81 {    int i, count=0；
82        printf ("最大总价值 %d：\n", pProblem->bestSolution. iMaxValue)；
83        for (i=0; i<pProblem->N;++i)
84        {    if (pProblem->bestSolution. bSelectA [i])
85            {    ++count；
86                 printf ("No. %d, 重量：%d, 价值 %d\n", count,
87                 pProblem->sGoodsA [i]. iWeight, pProblem->sGoodsA [i]. iPrice)；
88            }
89        }
90 }
91 //试探第 i 个物品选择
92 void Try (struct SBag * pProblem, int i)
93 {    if (i>pProblem->N)
94     {    //已试探完所有物品
95        if (pProblem->bestSolution. iMaxValue<pProblem->
96        solutionNow. iMaxValue)
97            pProblem->bestSolution=pProblem->solutionNow；//替换成更优解
98        return；//继续回溯
99     }
100    int iSelected；
101    for (iSelected=1; iSelected>=0;--iSelected) //单位价值物品先试放
102    {    pProblem->solutionNow. bSelectA [i-1]=iSelected；
103        if (pProblem->solutionNow. bSelectA [i-1])
104        {    //放入时设置状态
105            pProblem->iWeightLeft-=pProblem->sGoodsA [i-1]. iWeight；
106            pProblem->solutionNow. iMaxValue+=pProblem->sGoodsA [i-1]. iPrice；
107        }
108        if (CheckOk (pProblem, i)) //本次试探是否可行
109            Try (pProblem, i+1)；//继续试探摆放下一个物品
110
111        if (pProblem->solutionNow. bSelectA [i-1])
112        {    //恢复不放入状态，回溯
113            pProblem->solutionNow. bSelectA [i-1]=0；
114            pProblem->iWeightLeft+=pProblem->sGoodsA [i-1]. iWeight；
115            pProblem->solutionNow. iMaxValue-=pProblem->sGoodsA [i-1]. iPrice；
116        }
117    }
118 }
```

```
119    //检查目前第 i 个物品摆放是否可行
120    int CheckOk (struct SBag * pProblem, int i)
121    {   if (pProblem->iWeightLeft<0)
122            return 0;    //本项物品放入后会超重
123    int iValue=pProblem->bestSolution. iMaxValue-pProblem->solutionNow. iMaxValue;
124        //物品按单位价值递减排序
125    if (i+1<=pProblem->N && pProblem->iWeightLeft * pProblem
                      ->sGoodsA [i]. dPriceRatio<=iValue)
126            return 0;         //后面物品继续摆放已无法超过已有最佳方案
127        return 1;             //目前第 i 个物品摆放位置可行
128    }
```

程序运行情况如下：

> 请输入背包限重(10~1000)：
> 200
> 请输入物品数量(4~500)：8
> 请依次输入各物品重量和价值(空格分隔)：
> 79 83
> 58 14
> 86 54
> 11 85
> 28 72
> 62 52
> 15 48
> 68 62
> 最大总价值 340：
> No. 1，重量：11，价值 85
> No. 2，重量：15，价值 48
> No. 3，重量：28，价值 72
> No. 4，重量：79，价值 83
> No. 5，重量：62，价值 52

2.4 本章总结

本章基于汉诺塔问题，介绍了递归程序设计的思路和要点，分析了递归程序执行过程及等效非递归算法设计思路；通过无符号大数的 Karatsuba 乘法案例，介绍了计算机解决规模较大问题时常用的算法设计方法——分治法，帮助读者理解分治法的三个关键部分：基础、分解、合并；通过八皇后问题、0-1 背包问题两个经典案例，介绍回溯法的设计思路和方法，助力培养计算思维，提高算法设计能力。

2.5 本章实践

（1）给定一个含 n 个整数顺序存储的线性表，按分治法思路，采用二分策略，设计一个可求出其最大值和最小值的算法，编写相应测试程序。要求分别设计出其中求最大值、最小值组合的递归算法和非递归算法。

（2）编写程序，读入矩阵行数、列数及所有矩阵元素，矩阵中所有元素均为正整数，计算并打印出矩阵中的最大连通块数。需要注意的是，如果两个元素值相同，并且上、下、左、右四个方向中任意一个相邻，则称两个元素是连通的；连通关系是可传递的，一个元素的任意连通元素之间也是相互连通的。最大连通块定义为所有连通元素组成的最大集，单个元素也可成为最大连通块。要求分别设计出求连通块数的递归、非递归算法。

样例输入如下：

```
7 6
4 4 4 4 4 4
4 1 3 2 1 4
4 1 2 2 1 4
4 1 1 1 1 4
4 1 2 2 3 4
4 3 3 3 3 4
4 4 4 4 4 4
```

样例输出如下：

```
6
```

（3）排列问题。编写程序，输入正整数 $n(n<10)$，输出由 $1,2,3,\cdots,n$ 组成的所有排列，统计并输出排列数。

（4）组合问题。某单位有若干人员，现执行某任务需要一定人数人员。编写程序，输入单位总人数和每位员工名字，再输入执行任务所需人数，输出所有可能派出人员方案，统计并输出方案数。派出人员方案中，先输入人员排在前面，后输入人员排在后面。

（5）有 n 种物品和一个背包，第 i 种物品的重量是 w_i，体积是 V_i，价值为 p_i，背包所能承受的最大重量为 W，背包体积限制为 V。请问，背包中放入哪些物品，可使背包中物品总价值最大。如果再限定背包中物品不能超过件数 C，则结果又如何？

（6）迷宫问题，如图 2-5 所示。该迷宫可以用一个矩阵表示，迷宫中有一个入口、一个出口；迷宫内既有通道，又有墙；迷宫中行走时可以从当前位置的上、下、左、右四个方向的通道通过。迷宫中的通道和墙可以用矩阵中元素 0 和 1 表示，编写程序，输入迷宫矩阵和入口、出口位置，找到一条从入口到出口的路径，当没有这样的路径时，提示迷宫设置有问题。

（7）在有些应用中，需要解决有符号大数的运算和比较问题，请在样例程序 Ex2.2 基础上，实现有符号大数的加、减、乘运算和比较，输入两个有符号大数，输出它们的和、

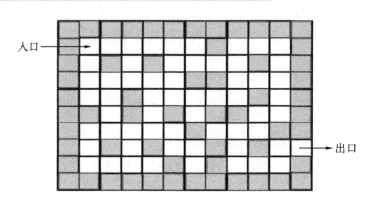

入口

出口

图 2－5　迷宫问题

差、积。

（8）在一般程序设计语言中，double 型的表达范围是－1.79E＋308～1.79E＋308，double 的精度为 15～16 位，一般情况下足够用。某工程师在一项应用中，遇到远超 double 型表达范围和精度的超高精度正实数运算问题，可能达数千位。你能否在样例程序 Ex2.2 基础上，帮他解决这个超高精度实数的加、减、乘以及输入、输出问题。设计程序，输入两个超高精度实数，输出它们的和、差、积。要求在超高精度实数输出时，整数部分和小数部分为 0 的情况下用一个 0 表示，去除整数部分前面多余 0，去除小数部分最后多余 0。

第3章　查找和排序

查找和排序是程序设计中最为常用的两种操作,本章首先介绍顺序查找和二分查找算法,然后介绍简单排序算法,再介绍归并排序和快速排序算法,最后,介绍几种适合特殊情况使用、效率非常高的排序算法(或称为排序方法)。在介绍这些算法过程中,对它们的时间复杂度和空间复杂度做了分析。

3.1　顺序查找和二分查找算法

在查找和排序应用中,需要查找和比较的往往是关键字。所谓关键字,是指数据中用于区分不同元素的特定数据项,如人员信息中的身份证号、学生信息中的学号。为了不失一般性,在查找和排序讨论中,可以用元素的关键字代替它进行比较,简化比较操作的表示。

查找和简单
排序

假设待排序的 n 个数据元素连续存放在下标 0 开始的数组 A 中,查找其中值为 x 的元素,可以用下述顺序查找算法进行:

//算法 3.1 在 n 个元素的数组 A 中顺序查找是否存在元素关键字为 key,存在返回下标;不存在返回-1
```
1   int SequentialSearch (ElemType A[], int n, KeyType key)
2   {
3       for (i=0; i<n; ++i)
4           if (A[i]. key==key)
5               return i;
6       return -1;
7   }
```

顺序查找算法简单,适合于几乎所有应用情况,它的缺点在于查找的效率较低,算法时间复杂度为 $O(n)$,对于较大规模的问题不太合适。

顺序查找可以采用一种称为"监视哨"的技术优化下标越界检测,具体方法是在最后查找位置空余单元处,放置待查找的元素 x,这样,当原序列中查找不到元素 x 时,循环在最后位置结束,这样利用一个空余单元设置"监视哨",可以免去下标越界检测。

假设数组 A 中元素递增有序,我们可以应用分治法设计查找算法。只要待查找数据范围存在,就可以将待查找数据范围一分为二,当比较中间位置元素,相等就直接完成查找,返回下标;当比中间位置元素小时,在前半段继续查找;反之,在后半段继续查找;继续划分后,如果待查找数据范围已不存在,则可以确定线性表中无相应元素,返回-1。分治查找算法称为二分查找算法，主要操作是元素比较，每次二分后最多有 2 次元素比较，二分次数最多为 $\lceil \mathrm{lb} n \rceil$。因此，二分查找算法的时间复杂度为 $O(\mathrm{lb} n)$，是效率非常高的查找算法。其算法描述如下：

```
//算法 3.2 在 n 个元素的递增排序数组 A 中进行二分查找
//存在元素关键字为 key 时，返回下标；不存在时返回—1
 1   int BinarySearch (ElemType A[], int n, KeyType key)
 2   {
 3       low=0；high=n−1；
 4       while (low<=high) {
 5           middle=(low+high) / 2；//获取中间位置下标
 6           if (A[middle]. key==key)
 7               return middle；         //查找到
 8           if (A[middle]. key>key) {
 9               high=middle−1；     //继续在前半段查找
10           } else
11               low=middle+1；      //继续在后半段查找
12       }
13       return −1；                  //确定没有
14   }
```

对于二分查找算法，需要注意几点：

（1）二分查找可以使用递归实现，使用循环实际执行效率更高。

（2）算法中划分前半段或后半段查找范围不包括中间已比较元素位置，否则可能造成死循环。

（3）对于递减排序的待排序数据集，二分查找算法稍做改动后同样适用。

3.2　简单排序算法

由上述二分查找算法可以看出，排序后数据集的查找效率比较高，程序设计中经常需要对数据集进行排序。本节介绍常用的几个排序算法，在此假定待排序的 n 个数据元素连续存放在下标 0 开始的数组 A 中，排序结果递增或相等排列，在需要递减排列时，算法只要稍做改动即可。

3.2.1　冒泡排序

冒泡排序是一种基于分治法的排序方法。对于待排序的 n 个数据元素组成的序列，从前往后，每相邻两个元素组成一对进行比较，如果次序与最终要求次序不符，则交换这一对元素；经过 n−1 对比较、交换处理后，可以确定最大的元素位于序列最后；然后，继续

对前 $n-1$ 个元素组成的子序列按同样方法处理；经过 $n-1$ 遍处理后，子序列长度不超过
1，就完成了排序，这样的排序方法称为冒泡排序。

冒泡排序的算法描述如下：

```
//算法 3.3 冒泡排序。对存放 n 个元素的数组按关键字递增排序
1   void BubbleSort (ElemType A[], int n)
2   {
3       for (i=0; i<n−1;++i)                //冒泡遍数控制
4           for (j=0; j<n−i−1;++j)          //子序列范围
5           {
6               if (A[j]. key>A[j+1]. key)  //元素次序不符
7                   swap (A[j], A[j+1]);     //交换元素
8           }
9   }
```

冒泡排序算法可以进行一些变化，例如，在对每个子序列的比较、交换过程中，如果
交换没有发生，说明排序已完成，后续过程可以省略；对每个子序列的比较、交换过程也
可以从后往前进行。

冒泡排序的主要操作是元素比较和元素交换，元素交换次数小于等于元素比较次数，
因此，下面在分析冒泡排序的时间复杂度时以元素比较次数为准。n 个元素冒泡排序时间
复杂度 $T(n)$ 为

$$T(n) = \sum_{i=1}^{n}(i-1) = n\frac{n-1}{2}$$

很明显，冒泡排序的时间复杂度是 $O(n^2)$，空间复杂度是 $O(1)$。

3.2.2　简单选择排序

选择排序同样基于分治法。它从待排序的 n 个数据元素组成的序列中迭代选取最小值
元素所在位置，交换序列最前位置与最小值位置所在元素，经过这样一遍处理后，序列最
前面元素最小；继续对剩下元素组成的子序列采用同样方法排序，直到子序列长度不超过
1 为止；这样，经过 $n-1$ 遍处理后，排序完成。简单选择排序的主要操作还是元素比较，
元素比较次数与冒泡排序相同，因此，简单选择排序的时间复杂度也是 $O(n^2)$，空间复杂
度是 $O(1)$。

简单选择排序的算法描述如下：

```
//算法 3.4 简单选择排序。对存放 n 个元素的数组按关键字递增排序
1   void SelectSort (ElemType A[], int n)
2   {
3       for (i=0; i<n−1;++i)                //选择遍数控制
4       {
```

```
5          minI＝i;                  //初始最小元素位置
6          for (j＝i＋1; j＜n;＋＋j)      //选择比较范围
7          {
8              if（A[minI]. key＞A[j]. key）
9                  minI＝j;            //迭代最小元素所在位置
10         }
11         swap（A[i], A[minI]）;       //交换两个元素
12     }
13  }
```

3.2.3　直接插入排序

直接插入排序的思路是：不多于一个元素组成的子序列是有序的；在前面 i 个元素有序的基础上，再从后往前寻找合适的位置，插入一个新元素 x，在此过程中，插入位置后每一个元素后移一个位置，经过这样一遍插入处理后，有序子序列长度增加了 1；反复进行这样的插入处理，经过 $n-1$ 遍后，整个序列排序完成。

直接插入排序的算法描述如下：

```
//算法 3.4 直接插入排序。对存放 n 个元素的数组按关键字递增排序
1   void InsertionSort（ElemType A[], int n）
2   {
3       for (i＝1; i＜n;＋＋i)          //插入遍数控制
4       {
5           x＝A[i];                  //取出待插入元素，便于前面元素后移
6           j＝i－1;                   //从子序列最后一个元素位置开始
7           while (j＞＝0 && x. key＜A[j]. key)//需要后移元素
8           {
9               A[j+1]＝A[j];          //后移一个位置
10              －－j;                 //从后往前查找插入位置
11          }
12          A[j+1]＝x;                //完成插入
13      }
14  }
```

直接插入排序的主要操作有元素比较和元素移动，元素移动次数小于等于元素比较次数，分析直接插入排序的时间复杂度时只需考虑元素比较次数。具有 $n-1$ 个元素的有序表中再插入一个元素后，具有 n 个可插入位置，比较次数分别为 $1, 2, 3, \cdots, n-1$，假设插入后位于这些位置的概率相等，具有 $n-1$ 个元素的有序表中再插入一个元素的平均比较次数为

$$\frac{1}{n}\Big(\sum_{i=1}^{n-1} i + n - 1\Big) = \frac{1}{n}\Big((n-1)\frac{1+n-1}{2} + n - 1\Big)$$

$$= \frac{1}{n}\Big(\frac{n^2}{2} + \frac{n}{2} - 1\Big) \leqslant \frac{n}{2} + \frac{1}{2}$$

$$= \frac{1}{2}(n+1)$$

$$T(n) \leqslant \frac{1}{2}\sum_{i=1}^{n}(i+1) = \frac{n^2 + 3n}{4}$$

因此，直接插入排序的平均时间复杂度是 $O(n^2)$，其空间复杂度是 $O(1)$。在最好情况下，原序列基本有序，插入某个元素时只需要比较一次，直接插入排序最好的时间复杂度是 $O(n)$。可以使用二分查找法优化在有序子序列中查找插入位置的操作，但元素移动操作没有优化；也可以使用链表存储待排序序列，优化元素移动操作，但查找插入位置所需的元素比较操作没有优化。分别采用这两种优化措施，算法的时间复杂度不变。

3.3 归并排序算法

上一节讨论的几种简单排序算法比较简单，时间复杂度都是 $O(n^2)$，适用于问题规模不太大的情况。它们都是稳定的排序方法，即：可以保证，两个关键字相同的元素，原序列中排在前面的，结果序列中也排在前面，保持相对次序不变。

归并排序和
快速排序

归并排序同样基于分治法。当问题规模较小且待排序序列长度不超过 1 时，不需要排序；当问题规模较大时，将较大规模待排序的序列一分为二，先后分别对前后两段问题规模减半子序列使用归并排序进行排序，并将排序完成后前后两段子序列归并成一段有序序列，归并后的有序序列存放在辅助数组中，最后，将辅助数组中有序序列复制至原数组空间。排序递归进行，最终划分后的子序列长度为 1，如图 3 - 1 所示。

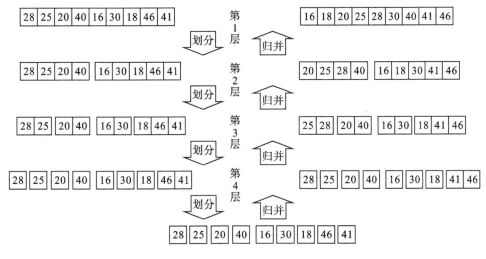

图 3 - 1 归并排序示意图

图 3-1 体现了自顶向下、待排序序列的划分过程和最后自底向上有序段的合并过程。归并排序的算法描述为：A 是存放待排序元素的数组，数组元素下标范围为 [low，high]，Aux 是与原数组 A 大小相同的辅助数组；Merge 是将下标为 [low，m] 段有序子序列和下标为 [m+1，high] 段有序子序列合并至辅助数组的子算法。需要注意的是，合并时为避免原数组中存放的元素被覆盖，必须使用辅助数组。

```
//算法 3.5 归并排序。对存放 n 个元素的数组按关键字递增排序
1    void MergeSort (ElemType A[], int low, int high, ElemType Aux[])
2    {
3        if (low>=high)
4            return;                              //规模不超过 1，不需要排序
5        m=(low+high) div 2;                      //二分法划分
6        MergeSort (A, low, m, Aux);              //前一半子序列排序
7        MergeSort (A, m+1, high, Aux);           //后一半子序列排序
8        Merge (A, low, m, high, Aux);            //归并两段有序子序列
9        for (i=low; i<=high;++i)
10           A[i]=Aux[i];                         //移动回原数组
11   }
12
13   void Merge (ElemType A[], int low, int m, int high, ElemType Aux[])
14   {
15       i=low;                                   //前段有序子序列起点
16       j=m+1;                                   //后段有序子序列起点
17       k=i;                                     //归并结果起始下标
18       while (i<=m && j<=high)
19       {                                        //较小元素先转移至结果缓冲区
20           if (A[i].key<=A[j].key)
21               Aux[k++]=A[i++];
22           else
23               Aux[k++]=A[j++];
24       }
25       while (i<=m)                             //前段剩余元素转移至结果缓冲区
26           Aux[k++]=A[i++];
27       while (j<=high)                          //后段剩余元素转移至结果缓冲区
28           Aux[k++]=A[j++];
29   }
```

从图 3-1 看，最后划分后的子序列长度为 1。这样从自底向上角度出发，归并排序可以用循环递推实现。

归并排序的主要操作是元素比较和元素移动，元素移动包括归并时移动到辅助数组和

辅助数组移动回原数组，元素移动次数多于元素比较次数，所以，我们下面考虑算法时间复杂度时只需考虑元素移动次数。

假设 $T(n)$ 是 n 个元素归并排序的时间复杂度，N 是大于等于 n 且符合 $N=2^k$ 的最小正整数，k 为正整数，$k=\text{lb}N$，$N<2n$。N 个元素的归并排序包括 2 个 $N/2$ 子序列的归并排序和 $2N$ 次元素的移动，即

$$T(N)=2T\left(\frac{N}{2}\right)+2N$$

继续展开，可得

$$T(N)=2\left(2T\left(\frac{N}{2^2}\right)+2\,\frac{N}{2}\right)+2N=2^2T\left(\frac{N}{2^2}\right)+2(2N)$$

$$=2^2\left[2T\left(\frac{N}{2^3}\right)+2\,\frac{N}{2^2}\right]+2(2N)=2^3T\left(\frac{N}{2^3}\right)+3(2N)$$

$$\cdots$$

$$=2^kT\left(\frac{N}{2^k}\right)+k(2N)=NT(1)+2N\text{lb}N$$

显然，$T(N)$ 是 $n\text{lb}n$ 数量级的，$T(n)$ 也一样。在任何情况下，归并排序的时间复杂度都是 $O(n\text{lb}n)$。另外，归并排序需要使用与原数组空间相同大小的辅助数组空间，空间复杂度是 $O(n)$。

3.4 快速排序算法

快速排序同样使用了分治查找算法。当问题规模较小，待排序序列长度不超过 1 时，不需要排序；当问题规模较大时，快速排序先将较大规模待排序的序列划分为三个部分：中间部分只有一个元素，称为枢轴元素，前面部分所有元素小于等于枢轴元素，后面部分所有元素大于等于枢轴元素；这样，只要分别对前面部分元素子序列和后面部分元素子序列完成排序即可，前后两部分问题规模大幅度减小后，子序列的排序同样可以使用快速排序进行。

图 3-2 是快速排序示意图。在快速排序中，一般可选待排序序列中第一个元素作为枢轴元素，[low, high] 代表待排序子序列范围，图中画出了各层快速划分后结果。由此可以看出，最后一层划分完成后整个序列排序已经完成。

所以，我们不难给出如下快速排序的递归算法，其中的快速划分子算法在稍后进行介绍。

```
//算法 3.6a 快速排序递归部分。对存放 n 个元素的数组按关键字递增排序
1    void QuickSort (ElemType A[], int low, int high)
2    {
3        if (low>=high)
4            return;                          //规模不超过 1 的子序列无需排序
5        pivot=QuickPass (A, low, high);      //快速划分，返回划分后枢轴元素所在位置
```

```
6        QuickSort (A, low, pivot-1);        //对前一段子序列快速排序
7        QuickSort (A, pivot+1, high);       //对后一段子序列快速排序
8    }
```

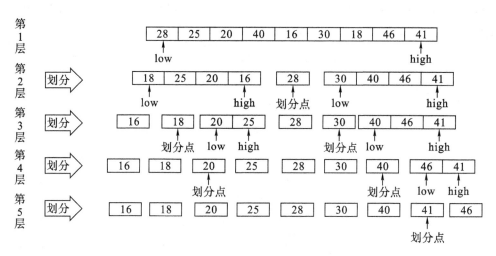

图 3-2　快速排序示意图

快速排序算法难点在于快速划分部分。图 3-3 是上图中样例第 1 层快速划分过程示意图。[low, high]代表待排序子序列范围，选取子序列中第一个元素作为枢轴元素，存放在辅助变量 x 中，空出元素原位置，先对子序列从右往左扫描，保留大于等于枢轴元素 x 的所有元素位置不变，直到所有元素扫描处理完或遇到小于枢轴元素 x 的元素为止；此时，如果没有处理完，将右边小于枢轴元素 x 的元素移动至左边已空出位置，空出右边移出元素位置，扫描改为从移动目标位置右边的下一个位置开始，从左往右进行，保留小于

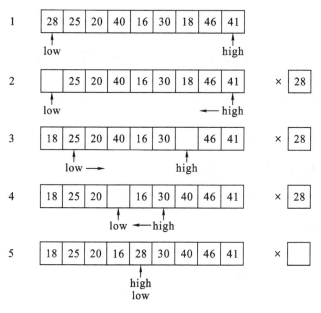

图 3-3　快速排序中快速划分示意图

等于枢轴元素 x 的所有元素位置不变，直到所有元素扫描处理完或遇到大于枢轴元素 x 的元素为止；此时，如果没有处理完，将左边大于枢轴元素 x 的元素移动至右边已空出位置，空出左边移出元素位置，扫描又改为从移动目标位置的左边下一个位置开始，从右往左扫描；这样交替进行，直到左、右扫描位置重叠，再将枢轴元素 x 移至重叠位置，重叠位置就是这次划分的枢轴位置，左边子序列所有元素小于等于枢轴元素，右边子序列所有元素大于等于枢轴元素，划分算法每个元素扫描处理一遍，快速划分子算法的时间复杂度为 $O(n)$。

　　快速划分子算法的描述如下：

```
//算法 3.6b 快速排序划分部分
10    int QuickPass (ElemType A[], int low, int high)
11    {
12        ElemType x＝A[low];              //枢轴元素
13        while (low＜high)
14        {
15            while (low＜high && x. key＜＝A[high]. key)
16                ——high；//从右往左，保留右边大于等于枢轴元素的所有元素位置不变
17            if (low＝＝high)
18                break;
19            A[low++]＝A[high];           //较小元素从右边移至左边空余位置
20            while (low＜high && x. key＞＝A[low]. key)
21                ++low；//从左往右，保留左边小于等于枢轴元素的所有元素位置不变
22            if (low＝＝high)
23                break;
24            A[high——]＝A[low];           //较大元素从左边移至右边空余位置
25        }
26        A[low]＝x;                       //枢轴元素放回空余位置
27        return low;                      //返回枢轴元素所在位置
28    }
```

　　下面分析快速排序的时间复杂度。快速排序的主要操作为元素比较和元素移动，元素移动次数不多于元素比较次数，下面在考虑算法时间复杂度时只考虑元素比较次数。

　　假设 $T(n)$ 为 n 个元素快速排序时的平均时间复杂度，$T(0)=0$，$T(1)=0$，当 $N>1$ 时，P_i 为划分时有 i 个元素位于枢轴元素左边段的概率，n 个元素划分一次的比较次数为 $n-1$，可得

$$T(n) = (n-1) + \sum_{i=0}^{n-1} [P_i T(i) + P_i T(n-1-i)]$$

　　为了不失一般性，假设所有 P_i 相等，$P_i=1/n$，即

$$T(n) = (n-1) + \frac{2}{n} \sum_{i=0}^{n-1} T(i)$$

展开，得到

$$T(n-1) = (n-2) + \frac{2}{n-1}\sum_{i=0}^{n-2}T(i)$$

消除分母后两边相减，得到

$$nT(n) - (n-1)T(n-1) = 2(n-1) + 2T(n-1)$$

等价于

$$nT(n) - (n+1)T(n-1) = 2(n-1)$$

等价于

$$\frac{T(n)}{n+1} - \frac{T(n-1)}{n} = 2\frac{n-1}{n(n+1)} \leqslant \frac{2}{n+1}$$

继续展开后累加求和，得到

$$\sum_{i=2}^{n}\left[\frac{T(i)}{i+1} - \frac{T(i-1)}{i}\right] \leqslant 2\sum_{i=2}^{n}\frac{1}{i+1}$$

从如图 3-4 所示的矩形面积累计与定积分的关系可以看到

$$\sum_{i=2}^{n}\frac{1}{i+1} \leqslant \int_{2}^{n+1}\frac{1}{x}\mathrm{d}x$$

$$\sum_{i=2}^{n}\left[\frac{T(i)}{i+1} - \frac{T(i-1)}{i}\right] \leqslant 2\int_{2}^{n+1}\frac{1}{x}\mathrm{d}x = 2[\ln(n+1) - \ln 2]$$

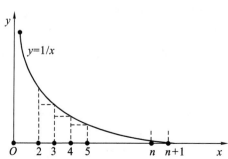

图 3-4　矩形面积累计与定积分的关系示意图

展开后化简得到

$$\frac{T(n)}{n+1} - \frac{T(1)}{2} \leqslant 2\ln(n+1) - 2\ln 2$$

因此

$$T(n) \leqslant (n+1)\left[\frac{T(1)}{2} - 2\ln 2\right] + 2(n+1)\ln(n+1)$$

因此，在平均情况下，快速排序的平均时间复杂度是 $O(n\mathrm{lb}n)$。当原始序列几乎有序时，快速划分结果段长度不太均衡，退化为冒泡排序效率，因此，在最坏情况下，快速排序的时间复杂度退化为 $O(n^2)$。另外，快速排序递归所需工作栈辅助空间，平均情况下为 $O(\mathrm{lb}n)$，最坏情况下为 $O(n)$。

借助于栈，快速排序算法可改写为非递归算法。

3.5 其他特殊排序算法

n 个数存在 $n!$ 种排列，描述比较排序过程的二叉树具有 $n!$ 个叶子结点，高度至少为 $\text{lb}(n!)$，已有证明，基于比较的排序算法时间复杂度下限是 $O(n\text{lb}n)$。前面算法中的归并排序、平均情况下的快速排序，它们的时间复杂度已达基于比较的排序算法时间复杂度下限。本节讲述几个特定应用场合使用的特殊排序算法，具有非常高的效率，但需要注意适用性。

其他特殊
排序方法

3.5.1 计数排序

假设待排序序列元素的关键字是整型，它们的分布范围是 $[0, \text{maxKey}]$，当 maxKey 不太大时，可以采用计数排序高效完成排序。计数排序的思路是：统计出每个关键字在序列内出现次数，进而计算出每个关键字在结果序列中存放的开始下标，再顺序扫描原序列，从每个元素的关键字获取目标存放位置，存放后调整下一个相同关键字元素的存放位置。

计数排序是稳定的排序方法，关键字相同的两个元素可以保留它们原来的相对次序。如按学生成绩排序时，成绩相同的两名同学，原相对次序保持不变。

计数排序的算法描述如下：

```
//算法 3.7 计数排序。对存放 n 个元素的数组按关键字递增排序
//数组 A 中存放有 n 个元素，排序后存放至数组 sortedA 中
//正整数 maxKey 为关键字最大值，iCountA 为辅助计数数组，大小为 maxKey+1
 1   void CounterSort (DataElem A[], int n, int iCountA[], int maxKey, DataElem sortedA[])
 2   {
 3       for (key=0; key<=maxKey;++key)
 4           iCountA[key]=0;                      //辅助计数数组清零
 5       for (i=0; i<n;++i)
 6           ++iCountA [A[i]. key];               //相同关键字计数
 7       iStartPos=0;                             //下标 0 开始存放
 8       for (key=0; key<=maxKey;++key){
 9           iNextPos=iStartPos+iCountA[key];     //计算出下一个 key 起始下标
10           iCountA[key]=iStartPos;              //设置存放 key 起始下标
11           iStartPos=iNextPos;                  //调整下一个关键字起始下标
12       }
13       assert (iStartPos==n);                   //结果是数组肯定正好存满
14       for (i=0; i<n;++i)                       //从前往后顺序存放原序列元素
15           sortedA[iCountA[A[i]. key]++]=A[i];  //存入后调整位置
16   }
```

计数排序的时间复杂度为 $O(n+\text{maxKey})$，它需要使用可存放 maxKey+1 整数的辅助计数数组 iCountA 和同样个数的存放结果数组，空间复杂度也是 $O(n+\text{maxKey})$。当待排序序列元素的关键字范围不从 0 开始时，可以对算法稍做改进，对元素中关键字调整一个公共固定值，实现范围平移后，再完成计数排序。

当待排序序列中元素关键字分布范围不大时，计数排序性能优良。计数排序算法的局限性在于待排序序列元素的关键字必须是整数，并且分布范围不能太大；否则，既需要较大的辅助计数数组，也需要花费较多统计时间。

3.5.2 桶排序

桶排序是一个特殊的排序方法，它适用于关键字分布均匀，类型为实型，分布范围在 $[0\sim1)$ 的特殊待排序序列。桶排序的思路是：设立 M 个空桶，将关键字范围在 $[0，1/M)$、$[1/M，2/M)$、$[2/M，3/M)$、…、$[(M-2)/M，(M-1)/M)$、$[(M-1)/M，1)$ 元素放入对应桶内，前面桶内元素关键字小于后面桶内关键字，再对所有桶内元素进行排序，顺序收集所有桶内元素，即可完成排序。

在桶排序中，当 M 足够大时，每个桶内元素个数相对较小，排序效率较高。桶排序的算法描述如下：

```
//算法 3.8 桶排序。对存放 n 个元素的数组按关键字递增排序
//数组 A 中存放有 n 个元素，关键字分布均匀，类型为实型，分布范围在[0~1)，M 为桶数
 1    void BucketSort (ElemType A[], int n, int M)
 2    {
 3        设立 M 个空桶，编号为 1~M;
 4        for (i=0; i<n;++i) {
 5          根据 A[i]. key 计算出桶号 k;
 6          将 A[i]放入 k 号桶;
 7        }
 8        for (k=1; k<=M;++k) {
 9          对 k 号桶内数据排序;
10          将排序好的 k 号桶内数据移动至数组 A 内已排序序列末尾;
11        }
12    }
```

待排序序列关键字分布均匀时，桶内元素个数为 n/M，桶排序的时间复杂度为 $O(n+M*T(n/M))$；其中，$T(n/M)$ 是元素个数为 n/M 的桶内元素排序时间。当桶数量 M 很大，接近 n 时，桶排序的时间复杂度为 $O(n)$。桶内排序是稳定排序时，桶排序也是稳定排序。当待排序序列关键字均匀分布，可缩放至 $[0\sim1)$ 范围时，可采用桶排序。桶排序的局限性在于待排序序列元素的关键字必须均匀分布。桶排序中的桶可以采用单链表表示，在程序设计时不难实现。

3.5.3 基数排序

基数排序可以看成是一种多关键字排序，它将原关键字中的每一位单独作为关键字，这里假设基数为 Base，最多 M 位关键字。要对待排序序列进行排序，可以从高位关键字开始，按高位关键字将序列分解成 Base 个子序列，待 Base 个子序列全部排序完成后，再按关键字将这些子序列按顺序收集在一起就完成了排序；子序列的排序也可用同样方法进行。

基数排序也可以从最低位开始到最高位次序进行排序，依次按每位关键字排序时，对待排序数据集按该位数据进行分配和收集。在按某位关键字排序时，分配过程采用稳定的排序方法，即当某位关键字相同的两个数据排序时，原先排在前面的数据，排序后结果依然在前面。经过 M 次分配、收集过程后，低位排序先进行，高位排序后进行，当两个数高位不同时，两个数的高位决定了两个数的最终排序次序；当高位相同时，低位次序决定了两个数的最终排序次序。

当基数排序实现每位关键字排序时，一般可以设立 Base 个空桶，桶中元素采用单链表管理。在分配元素时，只需将元素添加在相应桶的尾部，收集时只需依次将所有链表元素收集起来即可。

基数排序的算法描述如下：

```
//算法 3.9 基数排序。对存放 n 个元素的数组按关键字递增排序
//数组 A 中存放有 n 个元素，关键字的任一位基数为 Base，最大关键字位数为 M
 1   void RadixSort (ElemType A[], int n, int Base, int M)
 2   {
 3       for (j=1; j<=M;++j)
 4       {
 5           //分配过程
 6           设立 Base 个空桶(可用链表实现)，编号为 0~Base-1；
 7           for (i=0; i<n;++n)
 8           {
 9             取出 A[i]的最低第 j 位，设为 k；
10             将 A[i]添加至 k 号桶的尾部；
11           }
12           //收集过程
13           清空数组 A 内元素；
14           for (k=0; k<Base;++k)
15           {
16             顺序收集 k 号桶内所有元素，添加至原数组 A 内；
17           }
18       }
19   }
```

容易看出，基数排序时间复杂度为 $O[(n+\text{Base}) * M]$。

3.5.4 其他排序

前面介绍的几种特殊排序算法,虽然在满足各自特定情况下效率非常高,但并不具有普遍适用性;前面介绍的归并排序和快速排序虽然具有普遍适用性,也解决了排序和查找的效率问题,但如果在查找集中经常需要插入元素或删除元素,则它们的操作效率是 $O(n)$,这样的操作效率比较低。关于查找和排序,大家可以在"数据结构"课程中继续学习基于树的堆排序以及二叉排序树、二叉平衡树的查找、插入、删除等知识和基于空间换时间思想的散列表,在此不再赘述。

3.6 本章总结

本章介绍了顺序查找、二分查找算法的设计思路和设计要点;介绍了冒泡排序、选择排序和插入排序三种简单排序方法;重点介绍了归并排序和快速排序算法的设计思路及核心代码。最后,介绍了几种特殊的排序算法:计数排序、基数排序等,对于每种算法,均分析了时间复杂度和空间复杂度。

3.7 本章实践

本章介绍了多种排序算法,不同的排序算法在不同的情况下(例如数据量不同、数据是否基本有序等)其效率有很大差别,下面就请你通过实践来测试各种排序算法在不同情况下的效率,并总结不同情况下应该如何选择合适的排序算法,从而提升处理效率。

编写程序,实现冒泡排序、简单选择排序、简单插入排序、归并排序、快速排序函数和其他各类排序算法,并产生规模分别为 100、1000、10 000、100 000、1 000 000 的模拟数组,使用上述排序方法分别对同样的模拟数据进行排序,在验证排序结果正确性的同时,利用系统时间函数分别记录各排序开始前时间和排序完成时时间,计算出各排序所需时间。再对已排序数据稍加次序调整,模拟几乎有序数组,再重复上述排序过程。总结、分析上述程序运行结果。

3.8 课外研学实践

"条条大路通罗马"这句谚语强调了完成任务的多种可能性和灵活性。然而,不同的处理方式在效率上可能有很大的差异。因此,根据实际情况不断尝试、追求效率、追求完美和极致,是计算机从业人员不懈的追求。高喜喜、崔蕴、周皓等大国工匠,他们以自己在工作中的不断探索、创新和实践,证明了在平凡的岗位上也能创造出非凡的成就。具有不断尝试、勇于创新、追求卓越品质的程序开发人员,才能在激烈的竞争中立于不败之地,创造出更多的价值。

请自主学习大国工匠高喜喜、崔蕴、周皓在工作中精益求精、追求卓越的事迹,撰写课外研学实践报告,谈谈你的学习收获。

人工智能篇

第4章 简单房价预测项目

4.1 问 题 描 述

房价问题事关国计民生，对国家经济发展和社会稳定有重大影响，因此，它是各国政府关注的焦点。近年来随着我国房价的不断飙升，房价问题已经成为全民关注的焦点议题之一，预测房价也成为人们最为关注的问题。

预测房价，必先要了解影响房价的主要因素。例如，房屋的面积、朝向、楼层、布局、结构、质量、地理位置、周边环境等，都是影响房价的因素。预测时，考虑的因素越多，预测的结果就会越准确。在本章的房价预测

问题描述与
解题思路

问题上，已有数据集有两个维度，即房屋面积与房屋价格。其中，房屋面积为输入数据，房屋价格为目标数据。因此本章仅仅考虑房屋面积这一因素对房价的影响。

需要求解的问题：根据已知的房屋面积和价格进行机器学习并构建房价预测模型，从而可以根据求得的房价预测模型，通过输入房屋面积预测房屋价格。

4.2 解 题 思 路

4.2.1 问 题 分 析

输入数据只有一个维度：房屋面积。目标数据也只有一个维度：房屋价格。根据已知房屋面积和房屋价格进行机器学习，构建预测模型。使得模型可以根据房屋面积预测房屋价格。

4.2.2 数 据 分 析

打开房价预测数据集，每一行包含一组输入数据和目标数据，如第一行的 210 和 3 999 000 分别表示房屋面积和房屋价格，如图 4-1 所示。从该数据集来看，我们无法直观地看出数据的内在规律。

为了快速地观察到数据之间的关系，可以使用图表。因此，绘制一张横坐标为房屋面积，纵坐标为房屋价格的二维坐标图，如图 4-2 所示。

由图 4-2 可见，房屋价格与房屋面积基本满足线性关系，可以近似用一条直线表示。因此，可以利用线性回归方法构造出一条直线，近似地描述房屋价格和房屋面积的关系。

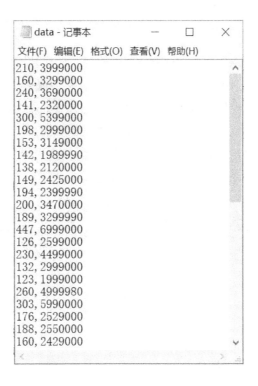

图 4-1　房价预测数据集

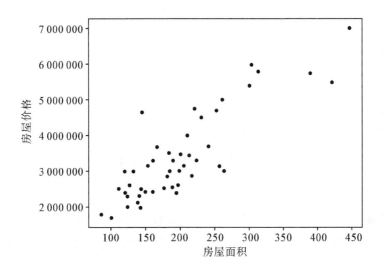

图 4-2　房屋面积与房屋价格的二维坐标图

4.2.3　线性回归方法

利用数理统计中回归分析来确定两种或两种以上变量间相互依赖的定量关系，这种统计分析方法应用十分广泛。在回归分析中，$y = a + bx$ 表示一个自变量 x 和一个因变量 y 之间的关系可用一条直线近似表示，这就可以建立一元线性回归方程，由自变量 x 的值来

预测因变量 y 的值，这就是一元线性回归预测。如果回归分析中包括两个或两个以上的自变量，并且因变量和自变量之间是线性关系，则称为多元线性回归分析。本章的房价预测问题主要考虑房屋面积这一个自变量，所以可以使用一元线性回归分析来求解。

如何确定 $y = a + bx$ 中的两个系数 a 和 b 呢？人们总是希望寻求一定的规则和方法，使得所估计的样本回归方程是总体回归方程最理想的代表。最理想的回归直线应该尽可能从整体来看最接近各实际观察点，即散点图中各点到回归直线的垂直距离之和最短，因变量的实际值与相应的回归估计值的离差（即误差）从整体来说为最小。图 4-3 表示了实际房价和预测房价的误差示意图。其中每一条小竖线就代表一个实际房价和预测房价的误差。

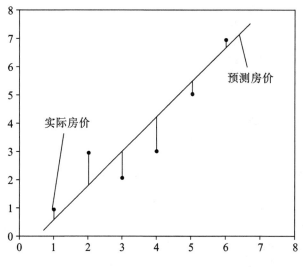

图 4-3　实际房价和预测房价的误差示意图

由于离差有正有负，正、负会相互抵消，通常采用观测值与对应估计值之间的离差平方总和来衡量全部数据总的误差大小。因此，回归直线应满足的条件是：全部观测值与对应的回归估计值的离差平方的总和为最小，即总误差 J 为

$$J = \sum_{i=1}^{m} (y_i - \hat{y}_i)^2 \tag{4.1}$$

其中，y_i 表示实际房价；$\hat{y}_i$ 表示预测房价；m 表示样本总数。

因此，求解的目标就是寻找 $y = a + bx$ 这个线性方程中合适的参数 a 和 b，使得总误差 J 最小。

4.2.4　最小二乘法

要求解参数 a 和 b 的值，使得总误差 J 最小，可以通过最小二乘法求解。其过程如下：

将 x_i 代入预测函数 $y = a + bx$，可得到预测房价 $\hat{y}_i$ 为

$$\hat{y}_i = a + bx_i \tag{4.2}$$

将式(4.2)代入式(4.1)中，可得

$$J(a, b) = \sum_{i=1}^{m} [y_i - (a + bx_i)]^2 = \sum_{i=1}^{m} (y_i^2 - 2ay_i - 2bx_i y_i + a^2 + 2abx_i + b^2 x_i^2)$$

$$(4.3)$$

对 $J(a, b)$ 分别求 a 和 b 的偏导，当偏导等于 0 时，得到 J 的最小值，由此可以求出 a 和 b 的值。

首先对 $J(a, b)$ 求 a 的偏导，可得

$$\frac{\partial J(a, b)}{\partial a} = (-2) \sum_{i=1}^{m} (y_i - a - bx_i)$$

令其等于 0，可得

$$(-2) \sum_{i=1}^{m} (y_i - a - bx_i) = 0$$

$$\sum_{i=1}^{m} y_i - \sum_{i=1}^{m} a - \sum_{i=1}^{m} bx_i = 0$$

$$\sum_{i=1}^{m} y_i - b \sum_{i=1}^{m} x_i = ma$$

$$\frac{1}{m} \sum_{i=1}^{m} y_i - \frac{b}{m} \sum_{i=1}^{m} x_i = a$$

其中

$$\bar{y} = \frac{1}{m} \sum_{i=1}^{m} y_i , \ \bar{x} = \frac{1}{m} \sum_{i=1}^{m} x_i$$

因此可得

$$\bar{y} - b\bar{x} = a$$

再对 $J(a, b)$ 求 b 的偏导，可得

$$\frac{\partial J(a, b)}{\partial b} = (-2) \sum_{i=1}^{m} [y_i - (a + bx_i)](x_i)$$

令其等于 0，并将 $a = \bar{y} - b\bar{x}$ 代入，可得

$$(-2) \sum_{i=1}^{m} [y_i - (bx_i + \bar{y} - b\bar{x})](x_i) = 0$$

$$\sum_{i=1}^{m} (y_i x_i - x_i \bar{y}) - b \sum_{i=1}^{m} (x_i^2 - \bar{x} x_i) = 0$$

$$b = \frac{\sum_{i=1}^{m} (y_i x_i - x_i \bar{y})}{\sum_{i=1}^{m} (x_i^2 - \bar{x} x_i)} = \frac{\sum_{i=1}^{m} y_i x_i - m\bar{x}\bar{y}}{\sum_{i=1}^{m} x_i^2 - m\bar{x}^2} = \frac{\frac{1}{m} \sum_{i=1}^{m} x_i y_i - \bar{x}\bar{y}}{\frac{1}{m} \sum_{i=1}^{m} x_i^2 - \bar{x}^2}$$

最终求得 a 和 b 的值分别为

$$a = \bar{y} - b\bar{x}$$

$$(4.4)$$

$$b = \frac{\frac{1}{m} \sum_{i=1}^{m} x_i y_i - \bar{x}\bar{y}}{\frac{1}{m} \sum_{i=1}^{m} x_i^2 - \bar{x}^2}$$

$$(4.5)$$

将求得的 a 和 b 代入预测函数 $y = a + bx$ 中，便得到所需的一元线性回归预测模型。

运用这个预测模型就可以根据房屋面积预测房屋价格了。

4.3 项目实现

4.3.1 创建项目

项目实现

在第 4 章至第 8 章的项目案例中,将使用 Microsoft Visual Studio 2017 或 2019 作为开发工具。打开 Visual Studio 开发工具,在菜单栏中选择"文件→新建→项目"菜单项,出现如图 4-4 所示的"新建项目"对话框。在左侧栏中选择"Visual C++",然后在中间栏中选择"空项目",并将项目命名为"SimpleHousePrediction",修改项目保存位置。点击"确定"按钮,项目创建完成,此时进入简单房价预测项目开发主界面,如图 4-5 所示。

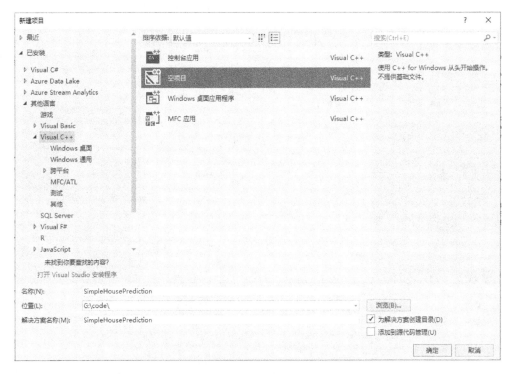

图 4-4 "新建项目"对话框

用鼠标右键单击如图 4-5 所示的"解决方案资源管理器"栏中的"源文件",在弹出的菜单中选择"添加→新建项"菜单项,此时出现如图 4-6 所示的"添加新项"对话框。接着在该对话框的左侧栏中选择"代码",在中间栏中选择"C++文件(.cpp)",并将文件命名为"main.c",点击"添加"按钮,便创建了一个 main.c 源代码文件,并在如图 4-5 所示的"解决方案资源管理器"栏中的"源文件"下可以查看该文件。

在如图 4-5 所示的"解决方案资源管理器"栏中,用鼠标右键单击"main.c",在弹出的菜单中选择"属性",出现如图 4-7 所示的"main.c 属性页"对话框,选择"C/C++",将"SDL 检查"设置为"否",点击"确定"按钮后便可开始编写代码了。

图 4-5　简单房价预测项目开发主界面

图 4-6　"添加新项"对话框

图 4 - 7 "main. c 属性页"对话框

4.3.2 全局变量

打开 main. c 文件，首先输入必要的 stdio. h 头文件。因为 C 语言没有 bool 类型，所以需要定义 bool 类型及 false、true 的值，其中 false 等于 0，true 等于 1。

接下来，定义一个存储房价数据的结构体 Data，然后在结构体中定义两个 double 类型的变量 x(房屋面积)、y(房屋价格)。

同时，定义一些全局变量：定义结构体 Data 类型的数组 data，用于记录房价数据集，该数组包含 50 个元素；定义 int 类型的变量 dataNum 用于存储数据集中的样本总数；定义 double 类型的变量 a 和 b 用于存储预测模型两个参数的值；定义 double 类型的变量 sumXY 用于记录 $x*y$ 的求和值，变量 sum$X$ 用于记录 x 的求和值，变量 sum$Y$ 用于记录 y 的求和值，变量 sumXX 用于记录 $x*x$ 的求和值。具体代码如下：

```
1  # include <stdio. h>
2  # define bool int
3  # define false 0
4  # define true 1
5  //存储房价数据的结构体
6  struct Data{
7      double x;              //房屋面积
8      double y;              //房屋价格
9  };
10 struct Data data[50];      //存储房价数据集
11 int dataNum;               //样本数目
```

12	double a，b；	//存放 y＝a＋bx 方程的两个参数
13	double sumXY；	//x * y 的求和
14	double sumX；	//x 的求和
15	double sumY；	//y 的求和
16	double sumXX；	//x * x 的求和

4.3.3　程序整体框架

构建算法的主体框架结构是：定义一个返回值为 bool 的函数 Inputs()，用来从文件中读入数据集；定义初始化函数 Init()，用于将相关参数初始化为 0；定义线性回归函数 LineReg()，用于实现线性回归算法；最后定义输出函数 Outputs()，用于根据输入的房屋面积预测房屋价格。

在主函数中，构建代码的整体流程是：首先，判断 Inputs() 函数返回值是否为 false，如果为 false，表示数据样本读入失败，则 return 0，程序结束，否则程序继续；然后，调用初始化函数 Init()，将相关参数初始化为 0；接下来，调用线性回归函数 LineReg()，根据式(4.4)和式(4.5)计算参数 a 和 b 的值；最后，调用 Outputs() 函数，完成房价预测任务。具体流程的伪代码描述如下：

```
主函数 main{
   if(读取样本数据 Inputs()==false){
      return 0;
   }
   数据初始化 Init(){
      将各相关参数初始化为 0，a=b=sumXY=sumX=sumY=sumXX=0;
   }
   线性回归函数 LineReg(){
      根据 a 和 b 的求解公式，参见式(4.4)和式(4.5)，计算 a 和 b 的值;
   }
   预测输出函数 Outputs(){
      根据输入的面积，利用线性回归模型预测房价并输出;
   }
   return 0;
}
```

主函数代码实现如下：

```
1  //数据读入
2  bool Inputs(){
3     return true;
4  }
5  //将相关参数初始化为 0
6  void Init() {
7  }
```

```
8   //实现线性回归算法
9   void LineReg() {
10  }
11  //根据输入的房屋面积预测房屋价格
12  void Outputs() {
13  }
14  int main() {
15     if (Inputs()==false) {        //判断数据样本读入是否成功
16        return 0;
17     }
18     Init();
19     LineReg();
20     Outputs();
21     system("pause");
22     return 0;
23  }
```

4.3.4 数据读入

首先将房价数据集文件 data.txt 与 main.c 文件放在同一个目录下,然后开始编写 Inputs()函数,具体代码如下:

```
1   //数据读入
2   bool Inputs() {
3      char fname[256];                      //存储文件名
4      printf("请输入存放数据的文件名:");
5      scanf("%s", fname);
6      printf("\n 样本数目:\n");
7      scanf("%d", &dataNum);
8      FILE * fp=fopen(fname, "rb");
9      if (fp==NULL) {
10        printf("不能打开输入的文件\n");
11        return false;
12     }
13     for (int i=0; i<dataNum; i++) {
14        fscanf(fp, "%lf, %lf", &data[i].x, &data[i].y);
15     }
16     fclose(fp);
17     return true;
18  }
```

在 Inputs()函数中,首先定义一个字符数组 fname,用来记录文件名;使用 printf 语句提示用户"请输入存放数据的文件名:",并使用 scanf 语句将用户输入的文件名保持到字符数组 fname 中；使用 printf 语句提示用户输入"样本数目"，并使用 scanf 语句将用户输入的样本数目保存到 dataNum 变量中。

接下来，读取文件。使用 fopen() 函数读取文件，输入两个参数，分别是存储文件名的变量 fname 和字符串常量"rb"，其中"rb"代表只读。判断 fp 是否为空，如果 fp 为空，则输出"不能打开输入的文件"，并返回 false。如果 fp 不为空，则使用 for 循环逐行读入文件中的数据。

在 for 循环中，使用 fscanf() 函数读入每一行数据，并将数据依次存到结构体数组 data 中。文件中的数据读入完毕后，使用 fclose() 函数关闭文件，并返回 true。

为了测试数据读入是否正确，可以在 main() 函数中写一段测试代码：使用一个 for 循环，将数组 data 中的数据逐个输出。如果测试读入正确，则删除这段测试代码。测试代码参考如下：

```
1   for (int i=0; i<dataNum; i++){
2       printf("%lf, %lf\n", data[i].x, data[i].y);
3   }
```

4.3.5　初始化

编写 Init() 函数。在函数体内，将变量 a、b、sumXY、sumX、sumY、sumXX 的值都初始化为 0。具体代码如下：

```
1   //初始化
2   void Init() {
3       a=b=sumXY=sumX=sumY=sumXX=0;
4   }
```

4.3.6　线性回归

数据读入和初始化功能完成后，就可以开始编写线性回归函数 LineReg()。在函数体内，根据最小二乘法计算出参数 a 和 b，最后输出得到的一元线性回归方程。具体代码如下：

```
1   //线性回归
2   void LineReg() {
3       for (int i=0; i<dataNum; i++) {
4           sumXY+=data[i].x * data[i].y;
5           sumX+=data[i].x;
6           sumY+=data[i].y;
7           sumXX+=data[i].x * data[i].x;
8       }
9       b=(sumXY * dataNum-sumX * sumY) / (sumXX * dataNum-sumX * sumX);
10      a=sumY / dataNum-b * sumX / dataNum;
```

```
11      printf("Y=%.2lfX+%.2lf\n", b, a);
12  }
```

4.3.7 预测房价

一元线性回归方程的参数求解出来后，就可以使用该方程预测房价了。编写 Outputs() 函数，在函数体内提示用户"请输入房屋的面积（单位：平方米）："，然后将用户输入的房屋面积保存到 double 类型的变量 x 中，根据所得的预测方程 $y=a+bx$ 计算房屋价格，最后输出房屋价格。具体代码如下：

```
1   //输出
2   void Outputs() {
3       double x;
4       double y;
5       printf("请输入房屋的面积（单位：平方米）：");
6       scanf("%lf", &x);
7       y=a+b*x;
8       printf("预计房价为：%.2lf 元\n", y);
9   }
```

至此，项目代码编写完成。

4.4 运 行 结 果

运行程序，其结果如图 4-8 所示。

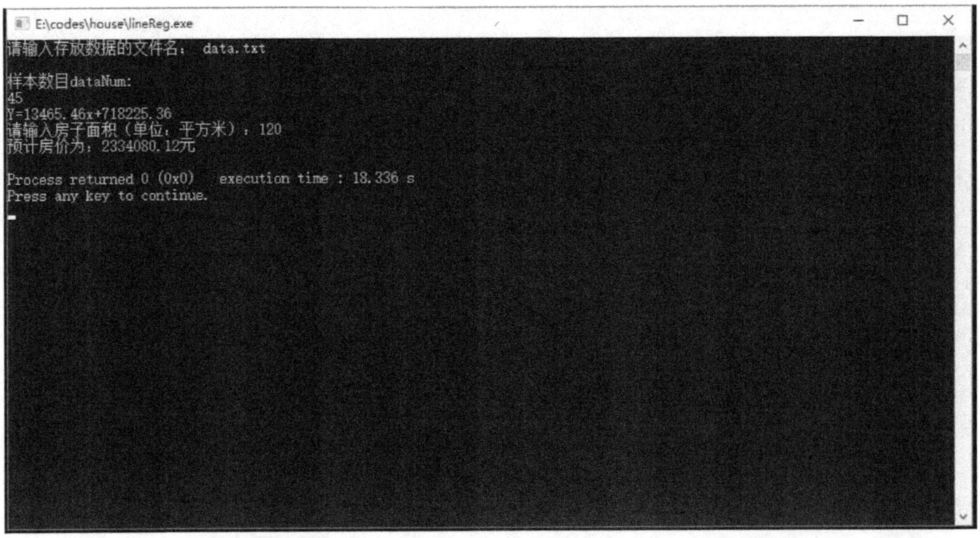

图 4-8 程序运行结果

4.5　本 章 总 结

本章房价预测问题较为简单，数据集只包含房屋面积和房屋价格两个维度的数据，因此可以采用一元线性回归方法预测房价。使用线性回归方法具有以下优点：

（1）思想简单，实现容易；建模迅速，对于小数据量、简单的关系很有效。

（2）它是许多强大的非线性模型的基础。

（3）线性回归模型十分容易理解，结果具有很好的可解释性，有利于决策分析。

4.6　项 目 拓 展

求解波士顿房价预测问题。波士顿房价数据集共有 506 个数据，涵盖了波士顿不同郊区房屋 14 种特征的信息。通过多元线性回归方法利用波士顿房价数据集构建一个波士顿房价预测模型，并对模型的预测准确度进行评估。

第 5 章　鸢尾花分类项目

5.1　问题描述

鸢尾花大而美丽，叶片青翠碧绿，观赏价值很高，英文名为 Iris，源于希腊语，是希腊神话中彩虹女神伊里斯的名字。鸢尾花有很多种类，供庭园观赏用，在园林中可用于布置花坛，其栽植于水湿畦地或池边湖畔，是一种重要的庭园植物。

问题描述与
解题思路

鸢尾花有 3 种不同类型：山鸢尾花（Iris Setosa）、变色鸢尾花（Iris Versicolor）和维尔吉尼卡鸢尾花（Iris Virginica），如图 5-1 所示。

(a) 山鸢尾花(Iris Setosa)　　(b) 变色鸢尾花(Iris Versicolor)　　(c) 维尔吉尼卡鸢尾花
(Iris Virginica)

图 5-1　鸢尾花种类

那如何来鉴别鸢尾花的类别呢？主要是依据鸢尾花的花萼长度、花萼宽度、花瓣长度和花瓣宽度四个特征。

鸢尾花数据集是 20 世纪 30 年代的一个经典数据集。三种不同类型的鸢尾花依据鸢尾花的花萼长度、花萼宽度、花瓣长度和花瓣宽度进行分类。植物学家已经收集到 150 朵不同鸢尾花的数据，对每一朵鸢尾花进行准确测量得到花萼花瓣的数据。数据集中每个样本有 4 个数值型特征及其所属的类别，分别是花萼长度、花萼宽度、花瓣长度、花瓣宽度及其种类。鸢尾花数据集的样本数据（部分）如表 5-1 所示。

表 5 - 1　鸢尾花数据集的样本数据(部分)　　　　　　(单位：cm)

花萼长度	花萼宽度	花瓣长度	花瓣宽度	种　　类
5.1	3.5	1.4	0.2	山鸢尾花(Iris Setosa)
4.9	3.0	1.4	0.2	山鸢尾花(Iris Setosa)
6.1	2.8	4.0	1.3	变色鸢尾花(Iris Versicolor)
6.3	2.5	4.9	1.5	变色鸢尾花(Iris Versicolor)
6.3	3.4	5.6	2.4	维尔吉尼卡鸢尾花(Iris Virginica)
6.4	3.1	5.5	1.8	维尔吉尼卡鸢尾花(Iris Virginica)

　　需求解的问题：已知鸢尾花的花萼长度、花萼宽度、花瓣长度和花瓣宽度这 4 个参数，设计一种算法能快速将这 150 朵鸢尾花的数据进行分类。

5.2　解 题 思 路

5.2.1　问题分析

　　在已知鸢尾花的花萼长度、花萼宽度、花瓣长度和花瓣宽度这 4 个参数的情况下(在这个项目中，种类这一维度参数没有使用)，通过对样本的训练学习来揭示数据的内在性质及规律，利用这些规律和性质对样本进行分类。解决这种分类问题，聚类算法是一种很好的选择。聚类即根据相似性原则，将具有较高相似度的数据对象划分至同一类簇，将具有较高相异度的数据对象划分至不同类簇。在聚类算法中，K-Means 算法(K-Means Clustering Algorithm)就是一种简单高效的聚类算法。本项目将采用 K-Means 算法实现问题的求解。

5.2.2　K-Means 算法

　　K-Means 算法是一种迭代求解的聚类算法，其求解步骤是：首先随机选取 K 个样本点作为初始的聚类中心(质心)；然后计算每个样本点与 K 个质心之间的距离，并把每个样本点划分给距离最近的质心。质心和划分给它的所有样本就代表一个簇群。每一次划分后，簇群的质心会根据当前簇群中的样本被重新计算。这个过程将不断重复直到满足某个终止条件。终止条件的设置如下：

　　(1) 没有样本被重新划分给不同的簇群。

　　(2) 所有质心不再发生变化。

　　(3) 迭代次数达到一个特定的阈值。

　　根据以上的描述，我们可以分析得到 K-Means 算法最核心的 3 个步骤：

　　(1) 簇的数目 K 的选择。K 的选择一般是按照实际需求决定的，或在实现算法时直接给定 K 的值。在鸢尾花分类问题中，K 选择 3，因为有三类鸢尾花。

　　(2) 计算样本点到质心的距离。欧几里得度量(也称为欧氏距离)是指 n 维空间中两个点之间的距离。在二维或三维空间中，欧氏距离就是两点之间的实际距离计算公式。

　　在二维空间中，$a(x_{11}, x_{12})$ 和 $b(x_{21}, x_{22})$ 两点的欧氏距离计算公式如下：

$$d(a, b) = \sqrt{(x_{11} - x_{21})^2 + (x_{12} - x_{22})^2}$$

在三维空间中，$a(x_{11}, x_{12}, x_{13})$ 和 $b(x_{21}, x_{22}, x_{23})$ 两点的欧氏距离计算公式如下：

$$d(a, b) = \sqrt{(x_{11} - x_{21})^2 + (x_{12} - x_{22})^2 + (x_{13} - x_{23})^2}$$

以此类推，两个 n 维向量 $\boldsymbol{a}(x_{11}, x_{12}, \cdots, x_{1n})$ 与 $\boldsymbol{b}(x_{21}, x_{22}, \cdots, x_{2n})$ 之间的欧氏距离计算公式如下：

$$d(a, b) = \sqrt{(x_{11} - x_{21})^2 + (x_{12} - x_{22})^2 + \cdots + (x_{1n} - x_{2n})^2} = \sqrt{\sum_{i=1}^{n} (x_{1i} - x_{2i})^2}$$

针对每一个样本点，需要分别计算该点与 K 个质心的欧式距离，然后根据距离最近的质心确定该样本点所属的簇群，并将该样本点划入相应的簇群。

（3）根据新划分的簇群，重新计算质心。对于新划分好的各个簇群，需要计算各个簇群中所有样本的均值，并将其均值作为新质心。如果簇群中有 m 个向量：

$$\boldsymbol{a}_1(x_{11}, x_{12}, \cdots, x_{1n}), \boldsymbol{a}_2(x_{21}, x_{22}, \cdots, x_{2n}), \cdots, \boldsymbol{a}_m(x_{m1}, x_{m2}, \cdots, x_{mn})$$

则质心向量 $\boldsymbol{\mu}(y_1, y_2, \cdots, y_n)$ 中 y_j 的计算公式如下：

$$y_j = \frac{\sum_{i=1}^{m} x_{ij}}{m}, (j = 1, 2, \cdots, n)$$

如果计算出的新质心与原质心不同，则表示需要按新质心重新划分簇群，也就是需要再重复步骤（2）和步骤（3），直到满足终止条件，也就是质心不再发生变化，则算法结束，簇群划分完毕。

K-Means 算法聚类过程示意图如图 5-2 所示。

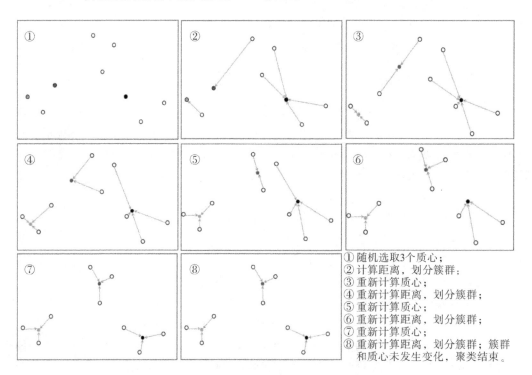

① 随机选取3个质心；
② 计算距离，划分簇群；
③ 重新计算质心；
④ 重新计算距离，划分簇群；
⑤ 重新计算质心；
⑥ 重新计算距离，划分簇群；
⑦ 重新计算质心；
⑧ 重新计算距离，划分簇群；簇群和质心未发生变化，聚类结束。

图 5-2 K-Means 算法聚类过程示意图

5.2.3　算法流程

K-Means 算法的流程如图 5-3 所示，其步骤如下：

（1）数据输入。输入数据集 $D = \{a_1, a_2, \cdots, a_m\}$ 中的样本总数 m 和簇的数目 K。

（2）初始化簇群。将簇群集 $C_i(1 \leqslant i \leqslant K)$ 设为空集，再从 D 中随机选择 K 个不同的样本作为初始质心：$\mu_1, \mu_2, \cdots, \mu_K$。

（3）计算所有点到质心的距离。首先将簇群集 $C_i(1 \leqslant i \leqslant K)$ 设为空集，再计算各样本 a_j 与各质心 μ_i 间的欧氏距离 d_{ji}。

（4）确定每个点所属的簇群。根据距离最近原则，确定样本所属的簇群，并将其划入相应的簇群。

（5）计算各个簇群的新质心。当所有样本归入不同簇群后，根据当前簇群中的样本重新计算质心，即计算各个簇群中所有样本的均值，将其均值作为新的质心向量。

（6）判断是否需要继续迭代。当所有质心不再变化或超过最大迭代次数时，停止迭代；否则跳转到步骤(3)。

（7）数据输出。将簇群集 $C = \{C_1, C_2, \cdots, C_K\}$ 的 K 个簇群依次输出。

需要注意的是，迭代终止条件是指所有质心不再发生变化或迭代次数达到上限。

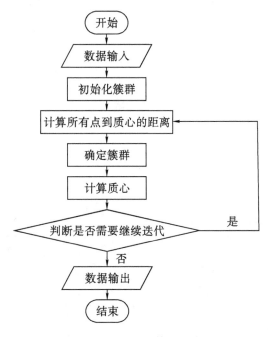

图 5-3　K-Means 算法的流程

5.3　项　目　实　现

5.3.1　创建项目

打开 Visual Studio 开发工具，在菜单栏中选择"文件→新建→项目"菜单项，出现如图 5-4 所示的"新建项目"对话框。在左侧栏中选择"Visual C++"，然后在中间栏中选择"空项目"，并将项目命名为"LysClassification"，修改项目保存位置。点击"确定"按钮，项目创建完成，此时进入鸢尾花分类项目开发主界面，如图 5-5 所示。

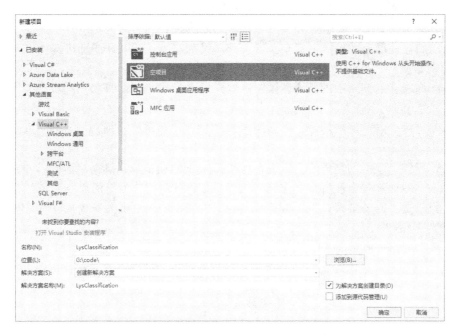

图 5-4　"新建项目"对话框

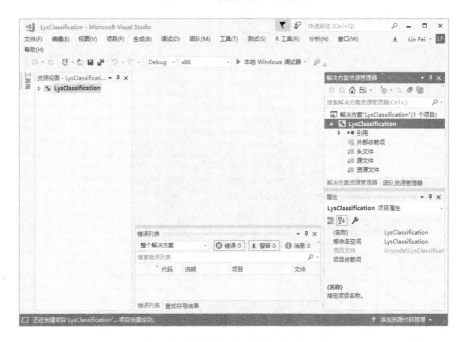

图 5-5　鸢尾花分类项目开发主界面

用鼠标右键单击图 5-5 所示的"解决方案资源管理"栏中的"源文件"，在弹出的菜单中选择"添加→新建项"菜单项，此时出现如图 5-6 所示的"添加新项"对话框。接着在该对话框的左侧栏中选择"代码"，在中间栏中选择"C++文件(.cpp)"，并将文件命名为

"main.c",点击"添加"按钮,便创建了一个 main.c 源代码文件,并在如图 5-5 所示的"解决方案资源管理器"栏中的"源文件"下可以查看该文件。

图 5-6 "添加新项"对话框

在如图 5-5 所示的"解决方案资源管理"栏中,用鼠标右键单击"main.c",在弹出的菜单中选择"属性",出现如图 5-7 所示的"main.c 属性页"对话框,选择"C/C++",将"SDL 检查"设置为"否",点击"确定"按钮后便可开始编写代码了。

图 5-7 "main.c 属性页"对话框

5.3.2　全局变量

打开 main. c 文件，首先输入必要的头文件，包括 stdio. h、stdlib. h、string. h 和 math. h。因为 C 语言没有 bool 类型，所以需要定义 bool 类型及 false、true 的值，其中 false 等于 0，true 等于 1。定义簇的数目 K 为 3，数据的维数为 4，最大允许的迭代次数为 100。

全局变量和
代码整体框架

接下来，定义一个存储鸢尾花样本点的结构体 Iris，在结构体中定义 4 个 double 类型的变量 sepalLength（花萼长度）、sepalWidth（花萼宽度）、petalLength（花瓣长度）、petalWidth（花瓣宽度），以及一个整型变量 clusterID（用于存放该点所属的簇群编号）。

同时，需要定义一些全局变量：判断是否继续聚类的整型变量 isContinue；记录鸢尾花数据集的 Iris 结构体数组 iris，包含 150 个元素；存储质心的 Iris 结构体数组 clusterCenter，包含 K 个元素；存储计算的新质心的 Iris 结构体数组 centerCalc，包含 K 个元素；存储数据集中的数据记录总数的变量 dataNum；记录每个质心最初使用的数据点的编号的整型数组 clusterCenterInitIndex，包含 K 个元素；记录一个点到所有质心距离的实型数组 distanceFromCenter，包含 K 个元素；记录每个簇群的样本总数的整型数组 dataSizePerCluster，包含 K 个元素。具体代码如下：

```
1    #include <stdio. h>
2    #include <stdlib. h>
3    #include <string. h>
4    #include <math. h>
5    #define bool int
6    #define false 0
7    #define true 1
8    #define K 3                      //簇的数目
9    #define dimNum 4                 //维数
10   #define MAX_ROUNDS 100           //最大允许的迭代次数
11
12   //存储鸢尾花数据的结构体
13   struct Iris{
14       double sepalLength;          //花萼长度
15       double sepalWidth;           //花萼宽度
16       double petalLength;          //花瓣长度
17       double petalWidth;           //花瓣宽度
18       int clusterID;               //用于存放该点所属的簇群编号
19   };
20
21   int isContinue;                  //判断是否继续聚类
22   struct Iris iris[150];           //记录鸢尾花数据集
23   struct Iris clusterCenter[K];    //存储质心
```

```
24    struct Iris centerCalc[K];          //存储计算的新质心
25    int dataNum;                        //存储数据集中的数据记录总数
26    int clusterCenterInitIndex[K];      //记录每个质心最初使用的数据点的编号
27    double distanceFromCenter[K];       //记录一个点到所有质心的距离
28    int dataSizePerCluster[K];          //记录每个簇群的样本总数
```

5.3.3　程序整体框架

构建算法的主体框架结构是：定义一个返回值为 bool 的函数 Inputs()，用来读入数据集；定义初始化簇群函数 InitialCluster()，用于初始化质心；定义聚类算法的核心函数 KMeans()，用于实现 K-Means 算法。

在主函数中，构建代码的整体流程是：首先，判断 Inputs() 函数返回值是否为 true，如果为 false，表示数据样本读入失败，则有 return 0，程序结束，否则程序继续；然后，调用初始化簇群函数 InitialCluster()；最后调用 KMeans() 函数，完成样本点聚类任务。主函数的具体代码如下：

```
1    //数据读入
2    bool Inputs() {
3        return true;
4    }
5
6    //初始化簇群
7    void InitialCluster() {
8    }
9
10   //K-Means 算法核心代码
11   void KMeans() {
12   }
13
14   int main() {
15       if (Inputs() == false) {        //判断数据样本读入是否成功
16           return 0;
17       }
18       InitialCluster();
19       KMeans();
20       system("pause");
21       return 0;
22   }
```

5.3.4　数据读入

首先将鸢尾花数据集文件 data.txt 与 main.c 文件放在同一个目录下。开始编写 Inputs() 函数，具体代码如下：

```
1    //数据读入
2    bool Inputs() {
3        char fname[256];                //文件名
4        char name[20];                  //存储鸢尾花的名字
5        printf("请输入存放数据的文件名：");
6        scanf("%s", fname);
7        printf("\n 样本数目：\n");
8        scanf("%d", &dataNum);
9        FILE * fp=fopen(fname, "rb");
10       if(fp==NULL) {
11           printf("不能打开输入的文件\n");
12           return false;
13       }
14       for (int i=0; i<dataNum; i++) {
15           fscanf(fp, "%lf, %lf, %lf, %lf, %s", &iris[i].sepalLength, &iris[i].sepalWidth,
                     &iris[i].petalLength, &iris[i].petalWidth, name);
16           iris[i].clusterID=-1;          //cluster id 初值为-1
17       }
18       fclose(fp);
19       return true;
20   }
```

在函数体内，首先定义一个字符数组 fname，用来记录文件名；再定义一个字符数组 name，用来存储鸢尾花的名字。使用 printf 语句提示用户"请输入存放数据的文件名"，使用 scanf 语句将用户输入的文件名保存到字符数组 fname 中；再使用 printf 语句提示用户输入"样本数目"，使用 scanf 语句将用户输入的样本数目保存到 dataNum 变量中。

然后，进行数据文件读取。使用 fopen()函数读取文件，输入两个参数，分别是存储文件名的变量 fname 和字符串常量"rb"，其中"rb"代表只读。判断 fp 是否为空，如果为空，则输出"不能打开输入的文件"，并返回 false。不为空，则使用 for 循环逐行读入文件中的数据。在 for 循环中，使用 fscanf()函数读入每一行数据，将数据存到结构体数组 iris 中，将鸢尾花名字存入 name 中，并将 clusterID 的初始值设为-1。文件中的数据读入完毕后，使用 fclose()函数关闭文件，并返回 true。

为了测试数据读入是否正确，可以在 main()函数中写一段测试代码：使用一个 for 循环，将数组 iris 中的数据逐个输出。如果测试结果正确，则删除这段测试代码。测试代码参考如下：

```
1    for (int i=0; i<dataNum; i++){
2        printf("%lf, %lf, %lf, %lf\n", iris[i].sepalLength, iris[i].sepalWidth, iris[i].
3        petalLength, iris[i].petalWidth);
4    }
```

5.3.5　初始化簇群

在数据读入后，接着需要初始化簇群，主要完成初始化质心的功能。定义一个整型变量 random，用于记录随机数。使用一个 for 循环，将 clusterCenterInitIndex 数组中 K 个质心的编号初始化为−1。

使用随机函数随机产生 K 个质心编号，质心编号不能重复。如果重复，则重新随机选择质心编号。确定 K 个质心编号后，将样本数组 iris 中对应编号的数据赋值给质心结构体数组 clusterCenter。具体代码如下：

```
1   //初始化簇群
2   void InitialCluster() {
3     int random;                              //存放随机数的变量
4     //将 K 个质心的编号初始化为−1
5     for (int i=0; i<K; i++) {
6         clusterCenterInitIndex[i]=−1;
7     }
8     //随机产生 K 个质心编号(不能重复)
9     for (int i=0; i<K; i++) {
10        random=rand() % (dataNum−1);        //随机产生 0 到 dataNum−1 之间的随机整数
11        int j=0;
12        //与前 i 个质心编号进行比对，判断是否有重复
13        while (j<i) {
14            if (random==clusterCenterInitIndex[j]) {
15                random=rand() % (dataNum−1);
16                j=0;
17            }
18            else {
19                j++;
20            }
21        }
22        clusterCenterInitIndex[i]=random;    //设置第 i 个质心编号
23    }
24    //确定 K 个质心编号后，将样本数组 iris 中对应编号的数据赋值给质心结构体数组 clusterCenter
25    for (int i=0; i<K; i++) {
26        clusterCenter[i].sepalLength=iris[clusterCenterInitIndex[i]].sepalLength;
27        clusterCenter[i].sepalWidth=iris[clusterCenterInitIndex[i]].sepalWidth;
28        clusterCenter[i].petalLength=iris[clusterCenterInitIndex[i]].petalLength;
29        clusterCenter[i].petalWidth=iris[clusterCenterInitIndex[i]].petalWidth;
30        clusterCenter[i].clusterID=i;         //将该类的编号设置为 i
31        //将 iris 中该质心的类编号设置为 i
32        iris[clusterCenterInitIndex[i]].clusterID=i;
33    }
```

```
34  }
```

同样,我们可以编写一段测试代码来观察上述代码的正确性。使用一个 for 循环,输出随机产生的质心的 4 个参数。

5.3.6 KMeans( )函数

初始化簇群后,就可以开始聚类了。编写 KMeans( )函数完成聚类功能。具体代码如下:

```
1   //K-Means算法核心代码
2   void KMeans() {
3       int rounds;
4       for (rounds=0; rounds<MAX_ROUNDS; rounds++) {
5           printf("\nRounds:%d\n", rounds+1);             //显示聚类次数
6           Partition4AllPointOneCluster();                 //将每个点划分到距离最近的簇群
7           CalClusterCenter();                             //重新计算新质心
8           if (isContinue==0) {                            //判断是否继续聚类
9               printf("\n经过 %d 次聚类,聚类完成!\n", rounds+1);
10              break;                                      //结束聚类
11          }
12      }
13  }
```

KMeans 核心
算法实现

首先,定义一个整型变量 rounds,记录迭代的次数;然后,使用 for 循环不断聚类,循环次数为最大允许的迭代次数 MAX_ROUNDS。

在循环体内,首先输出当前聚类次数。对于每次聚类,需要使用 Partition4AllPointOneCluster( )函数将每个点划分到距离最近的簇群,再使用 CalClusterCenter( )函数重新计算新质心。最后,使用 isContinue 标记变量判断是否需要继续聚类。如果不需要继续聚类,则输出经过 rounds 次聚类后,聚类完成,并使用 break 语句结束聚类。

5.3.7 计算点到质心的距离

在 KMeans( )函数中调用了 Partition4AllPointOneCluster( )函数,用于将每个点划分到距离最近的簇群。因此,在 Partition4AllPointOneCluster( )函数体内就需要计算点到质心的距离。

因此,需要编写 CalDistance2OneCenters( )函数计算一个点到一个质心的距离,参数为 pointID 和 centerID,其中 pointID 是当前点的编号,centerID 是质心编号。使用四维空间的欧式距离计算公式计算点到质心的距离。定义 4 个 double 类型的参数 $x1$、$x2$、$x3$、$x4$,用来记录两个点之间每个维度数据的差的平方;再将 $x1+x2+x3+x4$ 的值开平方后,赋值给 distanceFromCenter[centerID]。具体代码如下:

```
1   //计算一个点到一个质心的距离
2   void CalDistance2OneCenters(int pointID, int centerID) {
```

```
3    double x1＝pow((iris[pointID]. sepalLength－clusterCenter[centerID]. sepalLength)，2.0)；
4    double x2＝pow((iris[pointID]. sepalWidth－clusterCenter[centerID]. sepalWidth)，2.0)；
5    double x3＝pow((iris[pointID]. petalLength－clusterCenter[centerID]. petalLength)，2.0)；
6    double x4＝pow((iris[pointID]. petalWidth－clusterCenter[centerID]. petalWidth)，2.0)；
7    distanceFromCenter[centerID]＝sqrt(x1＋x2＋x3＋x4)；
8  }
```

接下来，编写 CalDistance2AllCenters()函数，用于计算一个点到所有质心的距离，参数 pointID 表示当前点的编号。使用 for 循环依次计算该点到 K 个质心的距离。在循环体内，通过调用 CalDistance2OneCenters()函数计算当前点到第 i 个质心的距离。具体代码如下：

```
1  //计算一个点到所有质心的距离
2  void CalDistance2AllCenters(int pointID) {
3    for (int i＝0; i＜K; i＋＋) {
4      CalDistance2OneCenters(pointID，i)；    //计算一个点到一个质心的距离
5    }
6  }
```

5.3.8　确定簇群

要实现 Partition4AllPointOneCluster()函数，需要创建 Partition4OnePoint()函数，用于将点划分到距离最近的簇群，参数 pointID 表示当前点的编号。在函数体内，首先定义一个整型变量 minIndex，用于记录距离最近的质心编号，初始值为 0。定义一个 double 型变量 minValue，用来记录最短距离。使用一个 for 循环，找出距离最近的质心，更新 minIndex 和 minValue。循环结束后，将 minIndex 对应质心的 clusterID 赋值给该点的 clusterID。这样就实现了将一个点划分到距离最近的簇群的目的。具体代码如下：

```
1   //将一个点划分到距离最近的簇群
2   void Partition4OnePoint(int pointID) {
3     int minIndex＝0; //记录距离最近的质心编号
4     //求解最短距离，并更新距离最近的质心编号
5     double minValue＝distanceFromCenter[0]；
6     for (int i＝0; i＜K; i＋＋) {
7       if (distanceFromCenter[i]＜minValue) {
8         minValue＝distanceFromCenter[i]；
9         minIndex＝i；
10      }
11    }
12    //将点的类标号设置为最近质心所在的类标号
13    iris[pointID]. clusterID＝clusterCenter[minIndex]. clusterID；
14  }
```

至此，我们可以开始创建 Partition4AllPointOneCluster()函数，用于将所有点都划分

到距离最近的簇群中。在函数体内，使用一个 for 循环，将所有点划分到距离最近的簇群中。针对每一个点，都需要判断该点是否为质心。如果这个点是质心，则不需要划分；如果不是质心，则调用 CalDistance2AllCenters() 函数计算该点到所有质心的距离，然后调用 Partition4OnePoint() 函数将该点划分到距离最近的簇群中。具体代码如下：

```
1    //每一轮聚类，需要将所有点都划分到距离最近的簇群中
2    void Partition4AllPointOneCluster() {
3        for (int i=0; i<dataNum; i++) {
4            if (iris[i]. clusterID !=-1) {
5                continue;                    //这个点就是质心，不需要划分簇群
6            }
7            else {
8                CalDistance2AllCenters(i);   //计算第 i 个点到所有质心的距离
9                Partition4OnePoint(i);       //将第 i 个点划分到距离最近的簇群
10           }
11       }
12   }
```

5.3.9　计算新质心

确定簇群后，就需要计算新质心了。创建 CalClusterCenter() 函数，用于计算新质心。具体代码如下：

```
1    //重新计算新质心
2    void CalClusterCenter() {
3        //初始化所需的数组，使数组中的各元素值为 0
4        memset(centerCalc, 0, sizeof(centerCalc));
5        memset(dataSizePerCluster, 0, sizeof(dataSizePerCluster));
6        //分别对每个簇群内的每个点的 4 个特征值求和，并计算每个簇群内点的个数
7        for (int i=0; i<dataNum; i++) {
8            centerCalc[iris[i]. clusterID]. sepalLength+=iris[i]. sepalLength;
9            centerCalc[iris[i]. clusterID]. sepalWidth+=iris[i]. sepalWidth;
10           centerCalc[iris[i]. clusterID]. petalLength+=iris[i]. petalLength;
11           centerCalc[iris[i]. clusterID]. petalWidth+=iris[i]. petalWidth;
12           dataSizePerCluster[iris[i]. clusterID]++;
13       }
14       //计算每个簇群内点的 4 个特征值的均值，作为新质心
15       for (int i=0; i<K; i++) {
16           if (dataSizePerCluster[i] !=0) {
17               centerCalc[i]. sepalLength=centerCalc[i]. sepalLength/ (double)dataSizePerCluster[i];
18               centerCalc[i]. sepalWidth=centerCalc[i]. sepalWidth/ (double)dataSizePerCluster[i];
19               centerCalc[i]. petalLength=centerCalc[i]. petalLength/ (double)dataSizePerCluster[i];
20               centerCalc[i]. petalWidth=centerCalc[i]. petalWidth/ (double)dataSizePerCluster[i];
```

```
21            printf("cluster %d point cnt：%d\n", i, dataSizePerCluster[i])；//输出每个簇群的总数
22            printf("cluster %d center：sepalLength：%.2lf, sepalwidth：%.2lf, petalLength：
         %.2lf, petalWidth：%.2lf\n", i, centerCalc[i].sepalLength, centerCalc[i].sepalWidth,
         centerCalc[i].petalLength, centerCalc[i].petalWidth)；
23          }
24          else {
25            printf(" cluster %d count is zero\n", i)；
26          }
27        }
28
29        //比较新质心与原质心的值的差别，如果是相等的，则停止迭代聚类
30        CompareNewOldClusterCenter()；
31
32        //将新质心的值放入质心结构体中
33        for (int i＝0；i＜K；i＋＋) {
34            clusterCenter[i].sepalLength＝centerCalc[i].sepalLength；
35            clusterCenter[i].sepalWidth＝centerCalc[i].sepalWidth；
36            clusterCenter[i].petalLength＝centerCalc[i].petalLength；
37            clusterCenter[i].petalWidth＝centerCalc[i].petalWidth；
38            clusterCenter[i].clusterID＝i；
39        }
40
41        //重新计算新质心后，要重新为每一个点进行聚类，所以数据集中所有点的 clusterID 都要
             重置为－1
42        for (int i＝0；i＜dataNum；i＋＋) {
43            iris[i].clusterID＝－1；
44        }
45      }
```

在函数体内，首先使用 memset()函数将 centerCalc 数组和 dataSizePerCluster 数组中的元素值都初始化为 0；然后使用一个 for 循环分别对每个簇群内所有点的 4 个特征分别求和，同时计算每个簇群内点的个数；接着使用一个 for 循环计算每个簇群内所有点的 4 个特征值的均值作为新质心。比较所有新质心与原质心的值的差别，如果相同，则停止迭代聚类。如果不同，则使用一个 for 循环将新质心 centerCalc 的值依次放入质心结构体 clusterCenter 中。最后，使用一个 for 循环对数据集 iris 中所有点的 clusterID 都重置为－1，以便开始新一轮聚类。

5.3.10　判断是否需要继续迭代

创建一个 CompareNewOldClusterCenter()函数，用于比较新质心与原质心的值的差别。具体代码如下：

```
1   //比较新质心与原质心的值的差别，如果是相等的，则停止迭代聚类
```

```
2   void CompareNewOldClusterCenter() {
3       isContinue=0;              //初始化标记变量 isContinue 的值为 0,其中 0 表示停止聚类,1 表
                                   示继续聚类
4       for (int i=0;i<K;i++) {
5           if (centerCalc[i]. sepalLength !=clusterCenter[i]. sepalLength || centerCalc[i].
        sepalWidth !=clusterCenter[i]. sepalWidth || centerCalc[i]. petalLength !=
        clusterCenter[i]. petalLength || centerCalc[i]. petalWidth !=clusterCenter[i]. petalWidth){
6               isContinue=1; //如果有一个质心的值不同,就将 isContinue 的值设置为 1,表示需
                              要继续聚类
7               break;         //跳出循环
8           }
9       }
10  }
```

在函数体内,首先初始化标记变量 isContinue 的值为 0,其中,0 表示停止聚类,1 表示继续聚类。然后,使用一个 for 循环,比较每个簇群新质心与原质心的值是否相同,如果都相同,则视为同一个点;否则将 isContinue 的值设置为 1,表示需要继续聚类,并跳出循环。

至此,项目代码全部编写完成。

5.4 运 行 结 果

运行程序可见:经过 4 轮迭代聚类,质心不再发生变化,聚类完成。150 朵鸢尾花已经分成了三大类。运行结果如图 5-8 所示。

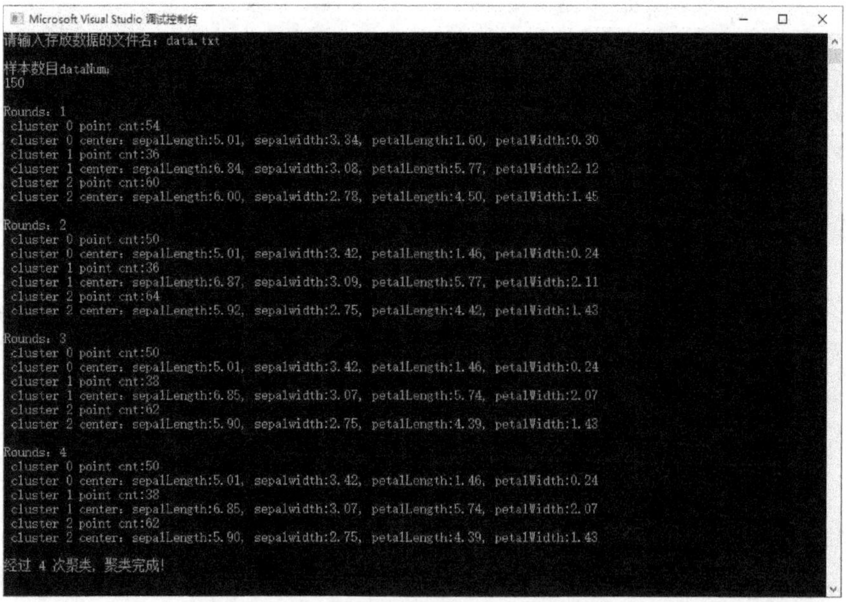

图 5-8 运行结果

通过书写输出代码，可以把聚类结果输出到一个文本文件中。通过一定的工具，将聚类后的簇群和实际簇群在二维坐标中进行比对，分别如图 5-9 和图 5-10 所示。

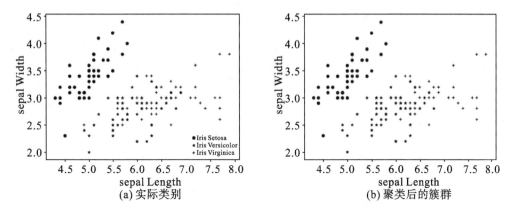

图 5-9　以花瓣长度为 x 轴和花瓣宽度为 y 轴的二维坐标图

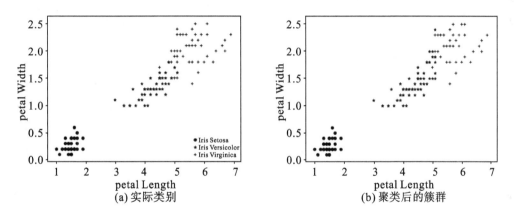

图 5-10　以花萼长度为 x 轴和花萼宽度为 y 轴的二维坐标图

从图 5-9 和图 5-10 中可以看出，通过 K-Means 算法聚类后的簇群和实际簇群还是较为吻合的，聚类效果较好。

5.5　本 章 总 结

聚类算法是一种无监督学习算法。无监督学习是指训练样本的类别信息是未知的（不提供），目标是通过对未标记类别的训练样本的学习来揭示数据的内在性质及规律，为进一步的数据分析提供基础。聚类问题是指给定一堆数据，尝试将数据样本进行分组，使得组内的样本之间相似度高于组间的样本。因此，在本项目中，没有使用鸢尾花类别的标注数据。只是通过 K-Means 算法分析了数据内部的规律，将数据样本根据相似度进行了分组。

K-Means 算法简单易实现，具有简单高效、时间复杂度和空间复杂度低的特点。但是需要用户事先指定簇的数目，聚类结果对初始类簇中心的选取较为敏感，容易陷入局部最优，还有待进一步的优化。

5.6 项目拓展

构建一个鸢尾花分类模型，要求从这些已知特征和类别的鸢尾花测量数据中进行分类学习，从而能够根据一朵鸢尾花的 4 个特征预测这朵花所属的类别。

第 6 章 波士顿房价预测项目

6.1 问 题 描 述

第 4 章介绍了使用线性回归的方法预测房价，但房价除与面积有关外，还与很多因素有关。在本章中，我们使用波士顿房价数据集构建波士顿房价预测模型。

波士顿房价数据集包含美国人口普查局收集的美国马萨诸塞州波士顿地区与住房价格的有关信息，该数据集共有 13 个特征，包括了城镇人均犯罪率 (CRIM)、占地面积超过 25 000 平方英尺的住宅用地比例 (ZN)、城镇中非商

问题描述与
分析

业用地所占比例 (INDUS)、查理斯河虚拟变量 (CHAS，如果边界是河流，则为 1，否则为 0)、一氧化氮浓度 (NOX)、每栋住宅的平均房间数 (RM)、到波士顿五个就业中心的加权距离 (DIS)、距离高速公路的便利指数 (RAD)、每一万美元的不动产税率 (TAX)、城镇中学生与教师比例 (PTRATIO)、城镇中黑人比例 (B)、人口中低收入阶层的比例 (LSTAT)、自住房的平均房价 (MEDV，单位为千美元)。波士顿房价数据集的部分数据如表 6-1 所示。

表 6-1 波士顿房价数据集(部分)

CRIM	ZN	INDUS	CHAS	NOX	RM	DIS	RAD	TAX	PTRATIO	B	LSTAT	MEDV
0.259 15	0.00	21.890	0	0.6240	5.6930	1.7883	4	437.0	21.20	392.11	17.19	16.20
0.111 32	0.00	27.740	0	0.6090	5.9830	2.1099	4	711.0	20.10	396.90	13.35	20.10
0.050 83	0.00	5.190	0	0.5150	6.3160	6.4584	5	224.0	20.20	389.71	5.68	22.20
0.056 02	0.00	2.460	0	0.4880	7.8310	3.1992	3	193.0	17.80	392.63	4.45	50.00
2.733 97	0.00	19.580	0	0.8710	5.5970	1.5257	5	403.0	14.70	351.85	21.45	15.40
0.253 56	0.00	9.900	0	0.5440	5.7050	3.9450	4	304.0	18.40	396.42	11.50	16.20
0.162 11	20.00	6.960	0	0.4640	6.2400	4.4290	3	223.0	18.60	396.90	6.59	25.20

需求解的问题：已知波士顿房价数据集有 506 个数据，包括城镇人均犯罪率 (CRIM)、占地面积超过 25 000 平方英尺的住宅用地比例 (ZN)、城镇中非商业用地所占比例 (INDUS) 和自住房的平均房价 (MEDV) 等 13 个特征。设计一种算法构建波士顿房价预测模型，能根据 13 个与房价相关的特征预测自住房的平均价格。

6.2 解 题 思 路

6.2.1 问题分析

从波士顿房价数据集中可以看出，影响房价的特征有很多，如城镇人均犯罪率、占地

面积超过 25 000 平方英尺的住宅用地比例、城镇中非商业用地所占比例等。但是每个特征的影响程度却有很大的不同，确定不同特征对房价影响的权值是解决问题的关键。第 4 章我们介绍了如何用线性回归方法构建房价预测模型，除可以使用线性回归方法外，本章主要介绍如何使用 BP 神经网络构建波士顿房价预测模型。BP 神经网络可以利用已有数据集找出输入与输出之间的权值关系（近似），然后利用这些权值关系进行仿真预测。本章的数据维数和数量都不是很大，故将采用标准三层 BP 神经网络实现问题的求解。

6.2.2　三层 BP 神经网络模型

BP(Back Propagation)神经网络是 1986 年由 Rumelhart 和 McClelland 为首的科学家提出的，它是一种按误差逆传播算法训练的多层前馈网络，是目前应用最广泛的神经网络模型之一。BP 神经网络能学习和存储大量的输入-输出模式映射关系，但不需要事前揭示描述这种映射关系的数学方程。它通过反向传播来不断调整网络的权值和阈值，使网络的误差最小。三

三层 BP 神经网络模型与神经元模型

层 BP 神经网络模型包括输入层（Input Layer）、隐含层（Hide Layer）和输出层（Output Layer），如图 6-1 所示。

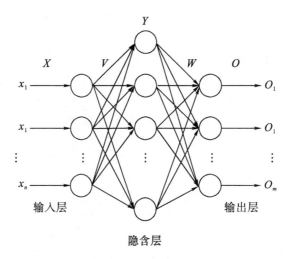

图 6-1　三层 BP 神经网络模型

标准 BP 神经网络算法包括前向传播和误差的反向传播两个过程。在前向传播时，输入数据通过隐含层作用于输出节点，若实际输出与期望输出不相符，则转入误差的反向传播过程。误差的反向传播是将输出误差通过隐含层向输入层逐层反传，并将误差分摊给各层的所有单元，从而获得各层单元的误差信号，此误差信号即为修正各单元连接权值的依据。权值不断调整的过程，也就是网络的学习训练过程。此过程一直进行到网络输出的误差减少到可接受的程度，或进行到预先设定的学习次数为止。

6.2.3　M-P 神经元模型

神经网络是由具有适应性的简单单元组成的广泛相互并行连接的网络，它能够模拟生物神经系统对真实世界物体所做出的交互反应。神经网络的基本单元是神经元。图 6-2 是按照生物神经元建立的 M-P 神经元模型。图中圆圈表示一个神经元，一个神经元接收相邻

的神经元传来的刺激，神经元对这些刺激以不同的权值进行累加，到一定的时候，其自己产生的刺激将其传递给与它相邻的神经元。这样工作的无数个相互连接的神经元便构成了人脑对外界的感官神经网络。而人脑对世界的学习机制就是通过调节这些相邻连接的神经元刺激的权值来实现的。

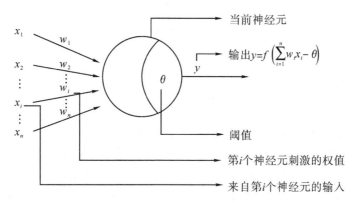

图 6 - 2　M-P 神经元模型

在图 6 - 2 所示的这个模型中，某神经元接收到来自 n 个其他神经元传递过来的输入信号，这些输入信号通过带权值的连接进行传递，神经元接收到的总输入值将与神经元的阈值进行比较，然后通过激活函数处理以产生神经元的输出。

在图 6 - 2 中，周围神经元传过来的刺激表示为 x_i，权值表示为 w_i，神经元接收到的总输入值 s 是所有传过来的刺激 x_i 按照权值 w_i 累加的结果，即

$$s = \sum_{i=1}^{n} w_i x_i \tag{6.1}$$

这个神经元作为网络的一个单元，也像其他神经元一样需要向外传播刺激信号，但并不是直接把 s 传播出去，而是把神经元接收到的总输入值 s 与神经元的阈值 θ 进行比较，再通过激活函数（Activation Function）处理以产生神经元的输出。当神经元的总输入值 s 超过阈值 θ 时，就会做出反应，向与其连接的其他神经元传递信号，这称为点火；当不超过阈值 θ 时，就不点火。典型的神经元激活函数如图 6 - 3 所示。本项目我们采用 Sigmoid() 函数。

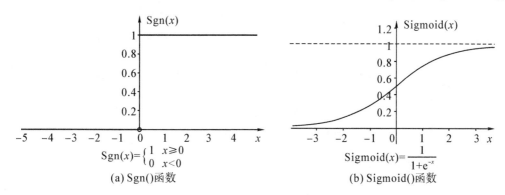

图 6 - 3　典型的神经元激活函数

为什么要使用激活函数呢？如果不用激活函数，每一层输出都是上层输入的线性函数，无论神经网络有多少层，输出都是输入的线性组合，这种情况就是最原始的感知机。

激活函数给神经元引入了非线性因素，使得神经网络可以逼近任意非线性函数。这样神经网络就可以应用到众多的非线性模型中。由此可以看出，使用非线性激活函数是为了增加神经网络模型的非线性因素，以便使网络更加强大，增加它的能力，使它可以学习复杂的事物以及表示输入与输出之间复杂的非线性的任意函数映射。因此，最终经过激活函数后神经元的输出可以表示为

$$y = f\left(\sum_{i=1}^{n} w_i x_i - \theta\right) \tag{6.2}$$

6.2.4 前向传播

神经网络前向与反向传播的计算过程

三层 BP 神经网络结构由一个输入层、一个隐含层和一个输出层组成，如图 6-4 所示。输入层有 n 个神经元，隐含层有 m 个神经元，输出层有 r 个神经元。输入层向量 $\boldsymbol{X} = (x_1, x_2, \cdots, x_n)$；隐含层向量 $\boldsymbol{Y} = (y_1, y_2, \cdots, y_m)$；输出层向量 $\boldsymbol{O} = (o_1, o_2, \cdots, o_r)$；输入层到隐含层的权值 $\boldsymbol{V} = (V_1, V_2, \cdots, V_m)$，$\boldsymbol{V}_j$ 是一个列向量，$\boldsymbol{V}_j = (v_{1j}, v_{2j}, \cdots, v_{nj})^T$，表示输入层所有神经元通过 $\boldsymbol{V}_j$ 加权，得到隐含层的第 j 个神经元的输入；隐含层到输出层的权值 $\boldsymbol{W} = (W_1, W_2, \cdots, W_r)$，$\boldsymbol{W}_k$ 是一个列向量，$\boldsymbol{W}_k = (w_{1k}, w_{2k}, \cdots, w_{mk})^T$，表示隐含层的所有神经元通过 $\boldsymbol{W}_k$ 加权，得到输出层的第 k 个神经元输入。

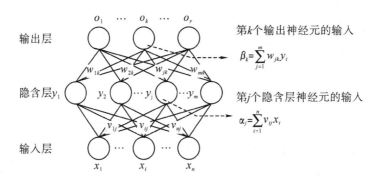

图 6-4 BP 网络及算法中的变量符号

根据上述单个神经元的刺激传入和刺激输出，可以得出前向传播各层之间的关系：

$$y_j = f\left(\sum_{i=1}^{n} v_{ij} x_i\right) \quad , \quad j = 1, 2, 3, \cdots, m \tag{6.3}$$

$$o_k = f\left(\sum_{j=1}^{m} w_{jk} y_j\right) \quad , \quad k = 1, 2, 3, \cdots, r \tag{6.4}$$

说明：在本项目中不考虑阈值。

6.2.5 反向传播算法的数学推导

输出层的期望输出：$\boldsymbol{D} = (d_1, d_2, \cdots, d_r)$，输出层的实际输出：$\boldsymbol{O} = (o_1, o_2, \cdots, o_r)$。假设实际输出和期望输出之间的误差是 E，则对于单个样本所产生的误差损失为

$$E = \frac{1}{2} \sum_{i=1}^{r} (d_i - o_i)^2$$

则 E 是一个关于输入 X、权值 W 和 V、输出 O 的函数。要修正 W，则需要求解具体的修正增量 ΔW，可得

$$\Delta w_{jk} = -\frac{\partial E}{\partial w_{jk}} = -\frac{\partial E}{\partial o_k}\frac{\partial o_k}{\partial w_{jk}}$$

其中，$\dfrac{\partial E}{\partial o_k}$ 是输出的增量，因此有

$$\frac{\partial E}{\partial o_k} = o_k - d_k$$

暂时记 $\beta_k = \sum_{j=1}^{m} w_{jk} y_j$，$o_k = f(\beta_k)$，故

$$\frac{\partial o_k}{\partial w_{jk}} = \frac{\partial o_k}{\partial \beta_k}\frac{\partial \beta_k}{\partial w_{jk}}$$

其中

$$\frac{\partial o_k}{\partial \beta_k} = \frac{\partial f(\beta_k)}{\partial \beta_k} = -\left(\frac{1}{1+\mathrm{e}^{-\beta_k}}\right)^2 (-\mathrm{e}^{-\beta_k}) = o_k(1-o_k)$$

$$\frac{\partial \beta_k}{\partial w_{jk}} = \frac{\partial\left(\sum\limits_{j=1}^{m} w_{jk} y_j\right)}{\partial w_{jk}} = y_j$$

可以得到

$$\frac{\partial o_k}{\partial w_{jk}} = \frac{\partial o_k}{\partial \beta_k}\frac{\partial \beta_k}{\partial w_{jk}} = o_k(1-o_k)y_j$$

至此，可以得到

$$\Delta w_{jk} = -\frac{\partial E}{\partial w_{jk}} = -\frac{\partial E}{\partial o_k}\frac{\partial o_k}{\partial w_{jk}} = (d_k - o_k)o_k(1-o_k)y_j$$

因此，可以相应地调整权值 W。另一个权值 V 的调整同理可得

$$\Delta v_{ij} = -\frac{\partial E}{\partial v_{ij}} = \left(\sum_{k=1}^{r}((d_k - o_k)o_k(1-o_k)w_{jk})\right)y_j(1-y_j)x_i$$

所以，调整后的新权值公式为

$$w_{jk}' = w_{jk} + \eta_1 \Delta w_{jk}$$
$$v_{ij}' = v_{ij} + \eta_2 \Delta v_{ij}$$

即

$$w_{jk}' = w_{jk} + \eta_1(d_k - o_k)o_k(1-o_k)y_j \tag{6.5}$$

$$v_{ij}' = v_{ij} + \eta_2\left(\sum_{k=1}^{r}((d_k - o_k)o_k(1-o_k)w_{jk})\right)y_j(1-y_j)x_i \tag{6.6}$$

其中，w_{jk}' 和 v_{ij}' 为调整后的新权值；w_{jk} 和 v_{ij} 为调整前的权值；Δw_{jk} 和 Δv_{ij} 为权值修正量；η_1 和 η_2 是学习率。

η_1 和 η_2 控制着每一轮迭代中的更新步长，值越大，则调节越快，容易振荡；值越小，则调节越慢，收敛就越慢。训练时，可以根据实际情况调节学习率。

神经网络就是通过输入样本训练后计算误差来不断迭代调整权值 W 和 V 的。当误差达到预设的阈值或学习次数大于预设的最大次数时，训练结束。本项目我们使用训练数据集上的全局均方误差衡量训练质量，假设训练数据集的样本数目（训练样本数目）为 data，

则均方误差表示为

$$\text{mse} = \frac{1}{r\text{Data}} \sum_{l=1}^{\text{Data}} \sum_{k=1}^{r} (d_{lk} - o_{lk})^2 \tag{6.7}$$

此外，使用均方根误差评估模型来得出预测精度，假设预测数据集的样本数目（预测样本数目）为 TestData，则均方根误差表示为

$$\text{rmse} = \sqrt{\frac{1}{r\text{TestData}} \sum_{l=1}^{\text{TestData}} \sum_{k=1}^{r} (d_{lk} - o_{lk})^2} \tag{6.8}$$

6.2.6 算法流程

BP 神经网络算法的步骤如下：

（1）数据输入。输入数据集为 $\boldsymbol{X}$，期望输出为 $\boldsymbol{D}$。输入层神经元个数为 n，隐含层神经元个数为 m，输出层神经元个数为 r，样本数目为 Data，学习率为 η_1 和 η_2。

BP 神经网络
算法流程

（2）数据归一化，并初始化神经元各连接权值。使用最大最小归一化方法处理输入数据和期望输出数据，即 $x_{i\text{norm}} = \dfrac{x_i - x_{\min}}{x_{\max} - x_{\min}}$，$d_{k\text{norm}} = \dfrac{d_k - d_{\min}}{d_{\max} - d_{\min}}$，将数据转换到 $[0,1]$ 之间。给各连接权值 $\boldsymbol{W}$ 和 $\boldsymbol{V}$ 初始化为 $[-1,1]$ 的随机值。

（3）前向传播。依据式(6.3)和式(6.4)计算每一个样本在神经网络中的输出 $\boldsymbol{O}$。在这个项目中我们不考虑阈值，假定各神经元的阈值均为 0。

（4）反向传播调整权值。反向调节 BP 神经网络中的神经元，修正权值 $\boldsymbol{W}$ 和 $\boldsymbol{V}$。依据式(6.5)和式(6.6)分别计算 w'_{jk} 和 v'_{ij} 的新权值。

（5）依据式(6.7)计算全局均方误差。

（6）判断是否达到训练次数或误差达到预设精度。当满足条件时，训练结束，进入下一步。若不满足，则返回步骤(3)，选取下一个训练样本及对应的期望值，进入下一轮训练。

（7）使用预测数据集评估模型。输入预测数据，经过训练好的神经网络模型计算，输出预测结果，并依据式(6.8)计算全局均方根误差，最终输出预测精度。

算法执行过程用伪代码来表示如下：

```
主函数 main{
    读取样本数据 ReadData();
    初始化 BP 神经网络 InitBPNetwork(){
        包括数据的归一，神经元连接权值初始化 w[Neuron][In]，v[Out][Neuron]等；
    }
    BP 神经网络训练 TrainNetwork(){
        do{
            for(i 小于样本容量 Data){
                计算按照第 i 个样本输入，产生的 BP 神经网络的输出，即 ComputO(i);
                反馈调节 BP 神经网络中的神经元，完成第 i 个样本的学习，即 BackUpdate(i);
                累计误差精度；
            }
            计算全局均方误差；
```

　　　　}while(未达到训练次数或未符合误差精度);

　　　}

　　用预测数据评估训练好的神经网络模型 TestNetwork();

　　return 0;

}

6.3　项目实现

6.3.1　创建项目

　　打开 Visual Studio 开发工具，在菜单栏中选择"文件→新建→项目"菜单项，出现如图 6-5 所示的"新建项目"对话框。在左侧栏中选择"Visual C++"，然后在中间栏中选择"空项目"，并将项目命名为"HousePrediction"，修改项目保存位置。点击"确定"按钮，项目创建完成，此时进入波士顿房价预测项目开发主界面，如图 6-6 所示。

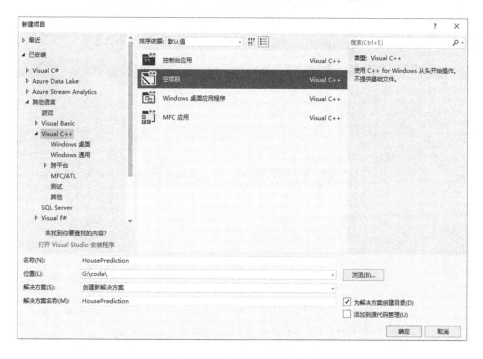

图 6-5　"新建项目"对话框

　　用鼠标右键单击如图 6-6 所示的"解决方案资源管理"栏中的"源文件"，在弹出的菜单中选择"添加→新建项"菜单项，此时出现如图 6-7 所示的"添加新项"对话框。接着在该对话框的左侧栏中选择"代码"，在中间栏中选择"C++文件(.cpp)"，并将文件命名为"main.c"，点击"添加"按钮，便创建了一个 main.c 源代码文件，并在如图 6-6 所示的"解决方案资源管理器"栏中的"源文件"下可以查看该文件。

　　在如图 6-6 所示的"解决方案资源管理器"栏中，用鼠标右键单击"main.c"，在弹出的菜单中选择"属性"，出现如图 6-8 所示的"main.c 属性页"对话框，选择"C/C++"，将

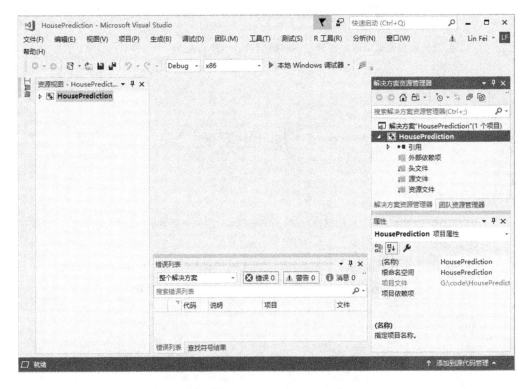

图 6-6   波士顿房价预测项目开发主界面

图 6-7   "添加新项"对话框

"SDL 检查"设置为"否"，点击"确定"按钮后便可开始编写代码了。

图 6 - 8　"main. c 属性页"对话框

6.3.2　全局变量

打开 main. c 文件。首先，输入必要的头文件，包括 stdio. h、math. h、time. h、stdlib. h。然后，预定义一些常数。具体代码如下：

全局变量与
代码整体框架

```
1    #include <stdio. h>
2    #include <math. h>
3    #include <time. h>
4    #include <stdlib. h>
5    #define Data 380                //训练样本数目
6    #define TestData 126            //预测样本数目
7    #define In 13                   //输入层神经元个数
8    #define Out 1                   //输出层神经元个数
9    #define Neuron 40               //隐含层神经元个数
10   #define TrainC 40000            //训练次数
11   #define WAlta 0. 1              //权值 w 的学习率
12   #define VAlta 0. 2              //权值 v 的学习率
13   double d_in[Data][In];          //存储 Data 个样本，每个样本的 In 个输入、Out 个输出
14   double d_out[Data][Out];
15   double t_in[TestData][In];      //存储 TestData 个样本，每个样本的 In 个输入、Out 个输出
16   double t_out[TestData][Out];
```

```
17    double pre[TestData][Out];    //存储预测样本的实际输出
18    double v[Neuron][In];          //存储输入层到隐含层的权值
19    double y[Neuron];              //存储隐含层的输出
20    double w[Out][Neuron];        //存储隐含层到输出层的权值
21    double Maxin[In], Minin[In];            //存储样本输入的最大和最小值
22    double Maxout[Out], Minout[Out];        //存储样本输出的最大和最小值
23    double OutputData[Out];                 //存储神经网络的输出
24    double dw[Out][Neuron], dv[Neuron][In]; //存储权值 w 和 v 的修正量
25    double mse;                             //存储均方误差
26    double rmse;                            //存储均方根误差
```

在上述代码中，首先定义一些常量：训练样本数目 Data 为 380，预测样本数目 TestData 为 126，输入层神经元个数 In 为 13，输出层神经元个数 Out 为 1，隐含层神经元个数 Neuron 为 40，训练次数 TrainC 为 40 000，权值 w 的学习率 WAlta 为 0.1，权值 v 的学习率 VAlta 为 0.2。

然后定义一些全局变量：d_in[Data][In]存储 Data 个样本，每个样本有 In 个输入；d_out[Data][Out]存储 Data 个样本，每个样本有 Out 个输出；t_in[TestData][In]存储 TestData 个样本，每个样本有 In 个输入；t_out[TestData][Out]存储 TestData 个样本，每个样本有 Out 个输出；pre[TestData][Out]存储预测样本的实际输出；v[Neuron][In]存储输入层到隐含层的权值，w[Out][Neuron]存储隐含层到输出层的权值，与之对应的保存它们两个修正量的数组 dv[Neuron][In]和 dw[Out][Neuron]；数组 y[Neuron]存储隐含层输出；Maxin[In]、Minin[In]和 Maxout[Out]、Minout[Out]分别存储样本输入/输出的最大值和最小值；OutputData[Out]存储神经网络的输出；mse 存储均方误差；rmse 存储均方根误差。

6.3.3　代码整体流程的构建

构建算法的主体框架结构是：定义一个 ReadData()函数，读入训练数据；定义初始化 BP 神经网络函数 InitBPNetwork()，用于初始化神经元各连接权值；定义神经网络训练函数 TrainNetwork()，使用训练数据集实现神经网络各连接权值的训练学习；定义测试函数 TestNetwork()评估神经网络模型效果。

在主函数中，构建代码的整体流程是：首先调用 ReadData()函数读入数据；然后调用初始化神经网络函数 InitBPNetwork()；接着调用神经网络训练函数 TrainNetwork()；最后调用 TestNetwork()函数评估神经网络模型的预测效果和精度。主函数代码具体如下：

```
1    int main(int argc, char const * argw[]) {
2        ReadData();          //输入训练数据集
3        InitBPNetwork();     //数据归一化处理，神经网络各连接权值的初始化
4        TrainNetwork();      //训练神经网络
5        TestNetwork();       //神经网络模型评估
6        return 0;
7    }
```

6.3.4　训练数据读入

将波士顿房价预测的数据文件 in. txt、out. txt 与 main. c 文件放在同一个目录下。本项目的训练数据分别存放在 in. txt 和 out. txt 两个数据文件中。in. txt 存放输入数据，包含影响房价的 13 个特征数据；out. txt 存放输出数据，包含对应的期望房价。训练数据集共包含 380 组数据。编写 ReadData()函数。具体代码如下：

训练数据读
入与神经网
络初始化

```
1   //训练数据读入
2   void ReadData() {
3     FILE * fp1, * fp2;
4     char ch;          //每个数据之间有','相隔,用一个字符变量来存储','
5     if ((fp1 = fopen("in. txt", "rb")) == NULL) {
6       printf("不能打开 in. txt 文件\n");
7       exit(0);
8     }
9     //读取训练数据集,并存放在数组中
10    for (int i = 0; i < Data; i++) {
11      for (int j = 0; j < In; j++) {
12        if (j != 0) {
13          fscanf(fp1, "%c", &ch);
14        }
15        fscanf(fp1, "%lf", &d_in[i][j]);
16      }
17    }
18    fclose(fp1);
19    if ((fp2 = fopen("out. txt", "rb")) == NULL) {
20      printf("不能打开 out. txt 文件\n");
21      exit(0);
22    }
23    for (int i = 0; i < Data; i++) {
24      for (int j = 0; j < Out; j++) {
25        fscanf(fp2, "%lf", &d_out[i][j]);
26      }
27    }
28    fclose(fp2);
29  }
```

在 ReadData()函数中，定义两个 FILE 指针 fp1 和 fp2 用来读取文件，定义一个字符变量 ch 用来存储每个数据之间的“，”。然后，依次进行 in. txt 和 out. txt 两个数据文件的读取。使用 fopen()函数读取文件，输入两个参数，文件名称和字符串常量"rb"，其中"rb"代表只读。判断 fp1 是否为空，如果为空，则输出"不能打开 in. txt 数据文件"，并退出程

序。不为空，则使用两个 for 循环，逐行读取数据。在 for 循环中，使用 fscanf()函数将文件中的每一行数据逐行读入数组中。因为第一个数据前没有"，"，所以需要先判断是不是第 0 个数据，不是则先用 ch 存储一个字符，再将数据存入 d_in 数组中。文件中的数据读入完毕后，使用 fclose()函数关闭文件。

　　使用相同的方法读入 out.txt 数据文件，并将其数据存入 d_out 数组中。因为输出只有一个数据，所以不需要用 ch 变量去存储字符。最后使用 fclose()函数关闭文件。至此，两个数据集的数据都读入完成。

6.3.5　神经网络的初始化

　　读入训练数据集后，接着需要对神经网络进行初始化工作。初始化主要涉及两方面功能：一方面是对读取的训练数据进行归一化处理，归一化处理就是将数据转换成[0，1]之间的数据。在 BP 神经网络理论中，并没有对这个进行要求，但在实践过程中，归一化处理是不可或缺的。归一化处理后，能显著提高训练效率，提升模型精度。这里我们采用最大最小归一化方法。另一方面是对神经元的连接权值进行初始化。将各连接权值初始化为[−1，1]之间的数据，并将权值修正量赋值为 0。编写 InitBPNetwork()函数，具体代码如下：

```
1    /* 数据归一化处理，初始化神经网络 */
2    void InitBPNetwork() {
3      //以当前时间对应的 int 值为随机序列起点
4      srand((int)time(0));
5      //找到每一维度数据的最大值和最小值
6      for (int i=0; i<In; i++) {
7        Minin[i]=Maxin[i]=d_in[0][i];
8        for (int j=0; j<Data; j++) {
9          Maxin[i]=Maxin[i]>d_in[j][i] ? Maxin[i]: d_in[j][i];
10         Minin[i]=Minin[i]<d_in[j][i] ? Minin[i]: d_in[j][i];
11       }
12     }
13     //找到输出数据房价的最大值和最小值
14     for (int i=0; i<Out; i++) {
15       Minout[i]=Maxout[i]=d_out[0][i];
16       for (int j=0; j<Data; j++) {
17         Maxout[i]=Maxout[i]>d_out[j][i] ? Maxout[i]: d_out[j][i];
18         Minout[i]=Minout[i]<d_out[j][i] ? Minout[i]: d_out[j][i];
19       }
20     }
21     //使用最大最小归一化方法处理输入数据
22     for (int i=0; i<In; i++) {
23       for (int j=0; j<Data; j++) {
24         d_in[j][i]=(d_in[j][i]−Minin[i]) / (Maxin[i]−Minin[i]);
25       }
26     }
```

```
27      //使用最大最小归一化方法处理期望输出数据
28      for (int i＝0；i＜Out；i＋＋) {
29        for (int j＝0；j＜Data；j＋＋) {
30          d_out[j][i]＝(d_out[j][i]－Minout[i]) / (Maxout[i]－Minout[i])；
31        }
32      }
33      //使用随机值初始化神经网络的各权值(输入层到隐含层的权值)
34      for (int i＝0；i＜Neuron；i＋＋) {
35        for (int j＝0；j＜In；j＋＋) {
36          v[i][j]＝rand() ＊ 2.0 / RAND_MAX－1；    //权值取[－1，1]之间
37          dv[i][j]＝0；                          //权值修正量赋值为 0
38        }
39      }
40      //使用随机值初始化神经网络的各权值(隐含层到输出层的权值)
41      for (int i＝0；i＜Out；i＋＋) {
42        for (int j＝0；j＜Neuron；j＋＋) {
43          w[i][j]＝rand() ＊ 2.0 / RAND_MAX－1；   //权值取[－1，1]之间
44          dw[j][i]＝0；                          //权值修正量赋值为 0
45        }
46      }
47    }
```

在 InitBPNetwork() 函数中，首先使用两个 for 循环，找到输入数据中每个维度的最大值和最小值。使用相同方法找出期望输出数据中的最大值和最小值。然后，使用最大最小归一化方法处理输入数据和期望输出数据。接着，使用两个 for 循环初始化输入层到隐含层的各权值，随机产生[－1，1]之间的数赋值给 v 数组，初始化权值修正量 dv 为 0。最后，用相同的方法初始化权值数组 w 和权值修正量 dw。

6.3.6　神经网络的训练

神经网络初始化完成后，就需要开始使用训练数据训练神经网络的各连接权值。训练算法在 6.2 节中已详细介绍，这一节主要关注代码实现方法。

神经网络训练函数 TrainNetwork() 的具体实现代码如下：

神经网络训练
与模型评估

```
1    //神经网络的训练
2    void TrainNetwork() {
3      int count＝1;          //记录训练次数
4      do{
5        mse＝0;              //均方误差的值设置为 0
6        //完成所有训练样本的一轮训练
7        for (int i＝0；i＜Data；i＋＋) {
8          ComputO(i);   //前向传播
9          BackUpdate(i); //反向传播，调整各连接权值
```

```
10              //计算单个样本的误差
11              for (int j=0; j<Out; j++) {
12                double tmp1=OutputData[j] * (Maxout[0]−Minout[0])+Minout[0];
13                double tmp2=d_out[i][j] * (Maxout[0]−Minout[0])+Minout[0];
14                mse+=(tmp1−tmp2) * (tmp1−tmp2);      //累计均方误差
15              }
16      }
17      mse=mse / Data * Out;                          //计算均方误差
18      //每隔 1000 次训练,显示一次训练误差,以便观察
19      if (count % 1000==0) {
20        printf("%d   %lf\n", count, mse);
21      }
22      count++;                                        //累计训练次数
23    } while (count<=TrainC && mse>=1);   //超出训练次数或精度达到要求,则训练结束
24    printf("训练结束\n");
25  }
```

在函数体中,首先定义变量 count,用来记录训练次数,初始均方误差 mse 为 0。然后,使用 do ... while 循环,当训练次数大于 TrainC 或均方误差小于 1 时,跳出循环,训练完成。每次循环,都需要遍历每一个样本,进行前向传播,然后通过反向传播修正权值,接着累加每个样本的实际输出和期望输出的差值平方。累加之前先将数据反归一化还原,再计算误差。这样完成一次训练,如果没有达到训练结束条件,则接着下一次训练,累计训练次数。如果达到训练结束条件,则跳出 do ... while 循环,并使用 printf() 函数输出"训练结束"提醒字样。

在神经网络训练中,需要调用两个函数,前向传播函数 ComputO() 和反向传播函数 BackUpdate()。这两个函数的实现方法在接下来的两节内容中介绍。

6.3.7 前向传播函数的实现

在前向传播函数 ComputO() 中,首先定义一个 double 类型的变量 sum,用来临时存储累加值。使用双层 for 循环,计算隐含层每一个神经元的输出 y,累加权值 v 和 d_in 输入的乘积,再通过激活函数得到输出 y。使用相同方法可以得到输出层每一个神经元的实际输出,并存放在 OutputData 数组中。

前向传播函数 ComputO() 的具体实现代码如下:

```
1  //前向传播函数
2  void ComputO(int var) {
3    double sum;    //存放累加和
4    //计算隐含层每个神经元的输出
5    for (int i=0; i<Neuron; i++) {
6      sum=0;
7      for (int j=0; j<In; j++) {
8        sum+=v[i][j] * d_in[var][j];
```

```
9          }
10         y[i]=1 / (1+exp(-1 * sum));
11       }
12       //计算输出层每个神经元的输出
13       for (int i=0; i<Out; i++) {
14         sum=0;
15         for (int j=0; j<Neuron; j++) {
16           sum+=w[i][j] * y[j];
17         }
18         OutputData[i]=1 / (1+exp(-1 * sum));
19       }
20     }
```

6.3.8　反向传播的权值修正

根据式(6.5)和式(6.6)修正 w 和 v 的权值。首先定义一个 double 类型的变量 t，用来临时存储累加值。遍历隐含层每一个神经元，修正隐含层与输出层之间的各权值，根据式(6.5)计算 dw，并对权值 w 进行修正，同时在 t 中累加 $\sum_{k=1}^{r}\left[(d_k-o_k)o_k(1-o_k)w_{jk}\right]$ 的值。然后根据式(6.6)修正隐含层与输入层之间的各权值，将 t 代入，计算 dv，修正权值 v。具体代码如下：

```
1    //反向传播的权值修正
2    void BackUpdate(int var) {
3      double t;
4      //遍历隐含层的每个神经元
5      for (int i=0; i<Neuron; i++) {
6        t=0;
7        //修正隐含层与输出层之间的各权值
8        for (int j=0; j<Out; j++) {
9          dw[j][i]=
10         WAlta * (d_out[var][j]-OutputData[j]) * OutputData[j] * (1-OutputData[j]) * y[i];
11         w[j][i]+=dw[j][i];
12         t+=(d_out[var][j]-OutputData[j]) * OutputData[j] * (1-OutputData[j]) * w[j][i];
13       }
14       //修正隐含层与输入层之间的各权值
15       for (int j=0; j<In; j++) {
16         dv[i][j]=VAlta * t * y[i] * (1-y[i]) * d_in[var][j];
17         v[i][j]+=dv[i][j];
18       }
19     }
20   }
```

6.3.9 评估神经网络模型

将 test. txt 文件与 main. c 文件放在同一目录下。test. txt 文件包含了 126 组数据，输入和期望输出数据均放在一个文件中。

在 TestNetwork() 函数中，test. txt 文件的读取方法与 6.3.4 节中介绍的训练数据集的读取方法相同。在 for 循环中，使用 fscanf() 函数逐行读入文件中的数据，并将输入的特征数据存入数组 t_in 中，输出的期望数据存入 d_out 数组中。文件中的数据读入完毕后，使用 fclose() 函数关闭文件。

然后，使用最大最小归一化方法处理输入数据。接着定义一个 double 类型的变量 sum，用来临时存储传入数据按照权值累加的结果，计算每一个隐含层的输出 y，再计算输出层的预测输出，并使用 printf() 函数输出预测值和实际期望值。最后，计算并输出模型评价指标均方根误差。具体代码如下：

```
1    //神经网络模型评估
2    void TestNetwork() {
3      FILE * fp;
4      char ch;
5      //打开保存预测数据集的文件
6      if ((fp=fopen("test. txt", "rb"))===NULL) {
7        printf("不能打开 test. txt 文件\n");
8        exit(0);
9      }
10     //输入预测数据集
11     for (int i=0; i<TestData; i++) {
12       for (int j=0; j<In+Out; j++) {
13         if (j !=0) {
14           fscanf(fp, "%c", &ch);
15         }
16         if (j<In) {
17           fscanf(fp, "%lf", &t_in[i][j]);
18         }
19         else {
20           fscanf(fp, "%lf", &t_out[i][j-In]);
21         }
22       }
23     }
24     fclose(fp); //关闭文件
25     double sum;
26     //预测数据归一化处理
27     for (int i=0; i<In; i++) {
28       for (int j=0; j<TestData; j++) {
29         t_in[j][i]=(t_in[j][i]-Minin[i]) / (Maxin[i]-Minin[i]);
```

```
30        }
31      }
32      //计算每一个测试样本的预测结果
33      for (int k=0; k<TestData; k++) {
34        //计算隐含层输出
35        for (int i=0; i<Neuron; i++) {
36          sum=0;
37          for (int j=0; j<In; j++) {
38            sum+=v[i][j] * t_in[k][j];
39          }
40          y[i]=1 / (1+exp(-1 * sum));
41        }
42        //计算输出层的预测结果
43        sum=0;
44        for (int j=0; j<Neuron; j++) {
45          sum+=w[0][j] * y[j];
46        }
47        //预测结果反归一化还原
48        pre[k][0]=1 / (1+exp(-1 * sum)) * (Maxout[0]-Minout[0])+Minout[0];
49        //输出预测值和实际值
50        printf("编号：%d 预测值：%.2lf 实际值：%.2lf\n", k+1, pre[k][0], t_out[k][0]);
51      }
52      //计算均方根误差
53      rmse=0.0;
54      for (int k=0; k<TestData; k++) {
55          rmse+=(pre[k][0]-t_out[k][0]) * (pre[k][0]-t_out[k][0]);
56      }
57      rmse=sqrt(rmse / TestData);
58      //输出均分根误差，查看测试精度
59      printf("rmse：%.4lf\n", rmse);
60    }
```

6.4　运 行 结 果

运行程序可见：经过 40 000 次训练，误差值不断减小，训练结束，并完成模型评估。部分运行结果如图 6-9 所示。

最后，得到的评估结果，rmse 为 2.9480，如图 6-10 所示。从该评价指标看，模型具有较好的预测效果。读者也可以使用多元线性回归等其他方法构建波士顿房价预测模型，并与本章的神经网络模型的精度进行比较，看看哪个方法更适合本问题的求解。

图 6-9　部分运行结果　　　　　　　　　　图 6-10　rmse 结果图

6.5　本　章　总　结

BP 神经网络是一种有监督学习算法。有监督学习是指在学习中，每一个样本都由一组输入值和一组期望的输出值(也被称为监督信号)构成，产生一个推断。因此，BP 神经网络实现了一个从输入到输出的映射功能，数学理论也已证明了它具有实现任何复杂非线性映射的功能。这使得 BP 神经网络特别适合于求解内部机制复杂的问题，能通过学习带正确答案的实例集自动提取"合理的"求解规则，即具有自学习能力。

6.6　项　目　拓　展

尝试使用深度神经网络构建波士顿房价预测模型，并将其预测精确度与三层 BP 神经网络模型、多元线性回归模型进行比对。

6.7　课外研学实践

党的二十大报告指出：当前，世界百年未有之大变局加速演进，新一轮科技革命和产业变革深入发展，国际力量对比深刻调整，我国发展面临新的战略机遇。报告还指出：到二○三五年，实现高水平科技自立自强，进入创新型国家前列，建成科技强国。因此，如何树立科技报国的理想和信念，践行科技自立自强，为建设科技强国贡献自己的一份力量值得每一位当代大学生深入思考。

众所周知，在新一轮科技革命和产业变革中，人工智能作为最重要的驱动力量，受到了各国的普遍关注，近年来人工智能技术发展方兴未艾，计算机视觉、自然语言处理、大模型、AIGC 等技术不断成熟，落地应用，为我们的工作和生活带来了极大便利。

要实现科技自立自强，实现科技报国的远大志向就需要了解科技发展前沿的新动向，知国情、懂国策，了解我国在人工智能领域取得的新进展、新突破，辩证看待相较于国外先进技术的优势与不足。

请完成课外研学实践：结合 2017 年国务院印发的《新一代人工智能发展规划》，调研 AIGC 技术、国内外大模型的现状和发展趋势，撰写调研报告，分析各技术和模型的特点及产业应用前景，并谈谈你对这些技术发展趋势的见解。

游戏开发篇

第7章　基于控制台的贪吃蛇游戏

贪吃蛇游戏作为一款经典的小游戏，其设计简单、实用、娱乐性高，是90后乃至80后童年的美好回忆。贪吃蛇游戏的玩法为：玩家通过控制上、下、左、右这4个方向来控制蛇的前进方向；每当贪吃蛇吃到一个果实，积分就会增加1分，蛇的身子就会变长1节；贪吃蛇吃的果实越多，蛇身就会越长，游戏的难度就越大；当积累到一定分数就可以获胜；如果贪吃蛇咬到自己的身体或碰到墙壁，则游戏结束。本章将采用C语言开发基于控制台的贪吃蛇游戏，提高大家对C语言的理解。

功能及业务流程介绍

7.1　系统功能结构

贪吃蛇游戏的主要功能结构包括游戏主菜单、开始游戏、帮助信息和关于信息。在开始游戏中，包含初始化地图和蛇移动功能。初始化地图包含显示蛇的初始位置、显示地图边界和生成食物功能。蛇移动包括蛇身向前移动一步、蛇头移动方向检测、吃食物检测、分数统计、死亡判定和移动速度调整功能。贪吃蛇游戏的系统功能结构如图7-1所示。

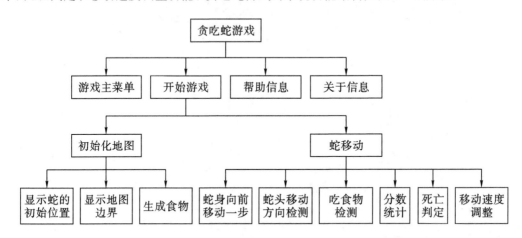

图7-1　贪吃蛇游戏的系统功能结构图

7.2　系统业务流程

游戏启动后，首先进入游戏主菜单界面，输入数字"1"进入开始游戏界面，在此界面中会显示地图边界、蛇、食物和分数等。如果游戏失败，则返回游戏主菜单界面。在游戏主菜单界面中输入数字"2"，进入帮助信息界面。在此界面中输入任意键会回到游戏主菜单界面。在游戏主菜单界面中输入数字"3"，进入关于信息界面。在此界面中输入任意键会回到游戏主菜单界面。在游戏主菜单界面中输入数字"0"，会退出贪吃蛇游戏程序。贪吃蛇游戏的业务流程如图 7－2 所示。

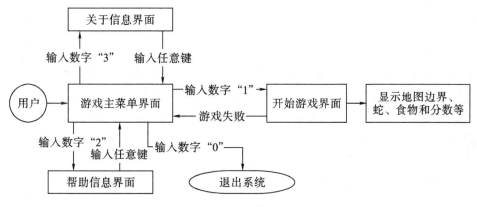

图 7－2　贪吃蛇游戏的业务流程图

7.3　系统功能实现

7.3.1　创建项目

打开 Visual Studio 开发工具，在 Visual C＋＋中创建一个新项目，项目命名为"Snake_console"，修改项目保存位置，如图 7－3 所示。点击"确定"按钮，项目创建完成。

图 7－3　创建新项目

在 Snake_console 项目中，首先新建两个 C 程序的源文件，即 snake_main.c 和 snake.c，再新建一个头文件，即 snake.h。然后，分别右击"snake_main.c"和"snake.c"，选择"属性"，选择"C/C＋＋"，将"SDL 检查"选择为"否"，点击"确定"按钮。

7.3.2 头文件代码实现

打开 snake.h 头文件，添加必要的头文件、宏定义、结构体定义和函数声明代码。

头文件与
主程序文件
代码实现

1. 头文件

引入 4 个头文件，包括 stdio.h、Windows.h、conio.h 和 time.h。其中，stdio.h 是标准输入输出头文件，包含标准输入与输出函数；Windows.h 是一个最重要的头文件，包含用户界面函数、Kernel()函数(内核函数)、基本数据类型定义等，本游戏需要使用到系统休眠、清屏等功能；conio.h 是控制台输入与输出函数头文件，包含 getch() 和 kbhit() 等函数；time.h 是日期和时间头文件，主要提供对时间操作的一些函数。具体代码如下：

```
1   #include <stdio.h>
2   #include <Windows.h>
3   #include <conio.h>
4   #include <time.h>
```

2. 宏定义

使用 #define 定义一些标识符来表示一些常量。这里主要定义了 MAP_HEIGHT 表示地图高度，MAP_WIDTH 表示地图宽度，UP、DOWN、LEFT 和 RIGHT 表示上移键、下移键、左移键、右移键。具体代码如下：

```
1   #define MAP_HEIGHT 20        //定义地图高度
2   #define MAP_WIDTH 40         //定义地图宽度
3   #define UP 'w'               //定义上移键
4   #define DOWN 's'             //定义下移键
5   #define LEFT 'a'             //定义左移键
6   #define RIGHT 'd'            //定义右移键
```

3. 结构体定义

定义表示食物的结构体 Food、表示单个蛇身节点的结构体 Snakenode 和表示蛇的结构体 Snake。结构体 Food 和 Snakenode 的结构体类型相同，包含 x 和 y 的坐标属性。结构体 Snake 用以表示一条蛇所拥有的属性，除定义蛇身长度(蛇长)最大为 1000 节外，还拥有蛇长及蛇的移动速度两个属性。具体代码如下：

```
1   typedef struct{              //定义表示食物和单个蛇身节点的结构体
2     int x;                     //x 坐标
3     int y;                     //y 坐标
4   }Food, Snakenode;
5
6   typedef struct{              //定义表示蛇的结构体
```

```
 7    Snakenode snakeNode[1000];        //蛇身长度最大为 1000 节
 8      int length;                     //蛇长
 9      int speed;                      //蛇的移动速度
10    }Snake;
```

4. 函数声明

在头文件中对函数进行声明，而在之后的源代码文件中对头文件中所声明的函数进行实现，可以方便函数之间的调用。本项目主要包含光标定位函数、隐藏光标函数、主菜单函数、帮助信息函数、关于信息函数、地图初始化函数、生成食物函数、蛇移动函数、自撞或撞墙检测函数、速度控制函数等。具体函数声明代码如下：

```
 1    void GotoXY(int, int);           //光标定位函数
 2    void Hide();                     //隐藏光标函数
 3    int Menu();                      //主菜单函数
 4    void Help();                     //帮助信息函数
 5    void About();                    //关于信息函数
 6    void InitMap();                  //地图初始化函数
 7    void PrintFood();                //生成食物函数
 8    int MoveSnake();                 //蛇移动函数
 9    int IsCorrect();                 //自撞或撞墙检测函数
10    void SpeedControl();             //速度控制函数
```

7.3.3　主程序文件代码实现

打开 snake_main. c 源文件，添加如下代码：

```
 1    #include "snake. h"
 2    int main(){
 3      srand((unsigned int)time(0));      //生成随机数种子
 4      int end=1, result;
 5      while (end){
 6        result=Menu();        //显示主菜单，并根据用户选择的菜单选项决定游戏的执行
 7        switch (result){
 8        case 1：               //选择 1，开始贪吃蛇游戏
 9            InitMap();         //初始化地图、蛇和食物
10            while (MoveSnake());   //如果返回 0，则蛇停止移动；如果返回 1，则蛇继续移动
11            break;
12        case 2：                    //选择 2，显示帮助信息
13            Help();
14            break;
15        case 3：                    //选择 3，显示关于信息
16            About();
17            break;
```

```
18          case 0:                    //选择 0,表示结束程序
19              end=0; break;
20          }
21      }
22      return 0;
23  }
```

在上述代码中,首先使用♯include 引入 snake.h 头文件;然后编写 main()函数,在该函数中定义 end 和 result 变量。end 是用来记录程序是否继续的变量,值为 1 表示继续,为 0 表示结束程序。接下来,通过一个 while 循环重复游戏的运行。在循环体内,通过调用 Menu()函数显示主菜单界面,并根据用户选择的菜单选项决定游戏的执行。如果用户选择 1,则开始贪吃蛇游戏;如果用户选择 2,则显示帮助信息界面;如果用户选择 3,则显示关于信息界面;如果用户选择 0,则结束程序运行。

当用户选择 1 时,开始贪吃蛇游戏。在贪吃蛇游戏中,首先调用 InitMap()函数初始化地图、蛇和食物;然后通过 while 循环不断地调用 MoveSnake()函数,让蛇不断地向规定的方向移动。在移动过程中需要做各种检测,均在 MoveSnake()函数中完成。根据 MoveSnake()函数的返回值决定蛇是否继续移动。如果返回 0,则蛇停止移动;如果返回 1,则蛇继续移动。

7.3.4　游戏主菜单界面实现

主菜单界面是通过调用 Menu()函数实现的。Menu()函数主要实现显示和菜单相关字符的功能,并根据用户选择的菜单项调用各相关函数。

打开 snake.c 源文件,首先引入 snake.h 头文件,然后定义 4 个全局变量,包括蛇的结构体变量 snake、食物的结构体变量 food、当前蛇头方向变量 now_Dir、预期蛇头方向变量 direction。游戏开始时,当前蛇头方向和预期蛇头方向都设置为向右。具体代码实现如下:

游戏各菜单
界面实现

```
1   ♯include "snake.h"
2   /*全局变量定义*/
3   Snake snake;              //定义蛇的结构体变量
4   Food food;               //定义食物的结构体变量
5   char now_Dir=RIGHT;       //当前蛇头方向变量
6   char direction=RIGHT;     //预期蛇头方向变量
```

然后,编写 Menu()函数。在该函数中,主要是在界面指定的位置显示菜单内容。因此,程序中会用到定位光标位置的 GotoXY()函数和显示菜单内容的 printf()函数。具体代码实现如下(此处程序中的游戏名称为贪吃蛇小游戏):

```
1   /*主菜单实现*/
2   int Menu() {
3       GotoXY(40,12);           //定位光标位置
4       printf("欢迎来到贪吃蛇小游戏");
```

```
5       GotoXY(43, 14);
6       printf("1. 开始游戏");
7       GotoXY(43, 16);
8       printf("2. 帮助");
9       GotoXY(43, 18);
10      printf("3. 关于");
11      GotoXY(43, 20);
12      printf("其他任意键退出游戏");
13      Hide();                        //隐藏光标
14      char ch;
15      int result=0;
16      ch=_getch();                   //接收用户输入的菜单选项
17      switch (ch) {                  //根据选项设置返回结果值
18          case '1': result=1; break;
19          case '2': result=2; break;
20          case '3': result=3; break;
21      }
22      system("cls");                 //调用系统命令 cls 完成清屏操作
23      return result;
24  }
```

在 Menu()函数中，调用 GotoXY()函数，用来定位光标，其实现过程如下：

```
1   //光标定位函数，将光标定位到(x, y)坐标位置
2   void GotoXY(int x, int y){
3       HANDLE hout;
4       COORD cor;
5       hout=GetStdHandle(STD_OUTPUT_HANDLE);
6       cor. X=x;
7       cor. Y=y;
8       SetConsoleCursorPosition(hout, cor);
9   }
```

在 Menu()函数中，还调用了 Hide()函数，用来隐藏光标，其实现过程如下：

```
1   /* 隐藏光标 */
2   void Hide(){
3       HANDLE hout=GetStdHandle(STD_OUTPUT_HANDLE);
4       CONSOLE_CURSOR_INFO cor_info={1, 0};
5       SetConsoleCursorInfo(hout, &cor_info);
6   }
```

7.3.5　帮助和关于菜单选项实现

主菜单函数中调用了关于函数 About()、帮助函数 Help()。这两个函数都需要在屏幕上显

示相应的文字内容。因此，实现方式类似于菜单界面。打开 snake.c 源文件，编写代码如下：

```
1   /*关于菜单实现*/
2   void About(){
3       GotoXY(30，12)；
4       printf("杭州电子科技大学――程序设计综合实践案例")；
5       GotoXY(43，14)；
6       printf("贪吃蛇游戏")；
7       GotoXY(43，16)；
8       printf("按任意键返回上级菜单")；
9       Hide()；//隐藏光标
10      char ch=_getch()；
11      system("cls")；
12  }
13
14  /*帮助菜单实现*/
15  void Help(){
16      GotoXY(40，12)；
17      printf("w 上")；
18      GotoXY(40，14)；
19      printf("s 下")；
20      GotoXY(40，16)；
21      printf("a 左")；
22      GotoXY(40，18)；
23      printf("d 右")；
24      GotoXY(40，20)；
25      printf("当蛇撞到自身或撞墙时游戏结束")；
26      GotoXY(45，22)；
27      printf("按任意键返回上级菜单")；
28      Hide()；//隐藏光标
29      char ch=_getch()；
30      system("cls")；
31  }
```

7.3.6　初始化地图

由于蛇、地图边界及食物本身都是由字符构成的，所以绘制它们的本质就是将字符在指定位置输出。

打开 snake.c 源文件，编写初始化地图函数 InitMap()，具体代码如下：

初始化地图
与食物生成
功能实现

```
1   /*初始化地图函数*/
2   void InitMap(){
3       Hide()；   //隐藏光标
```

```
4         //设置蛇头位置在地图中心
5         snake. snakeNode[0]. x=MAP_WIDTH / 2-1;
6         snake. snakeNode[0]. y=MAP_HEIGHT / 2-1;
7         GotoXY(snake. snakeNode[0]. x, snake. snakeNode[0]. y);   //将光标移动到蛇头位置
8         printf("@");              //输出蛇头
9         snake. length=3;          //设置蛇长的初始值为 3 节
10        snake. speed=250;         //设置蛇的移动速度为 250
11        now_Dir=RIGHT;            //当前蛇头方向
12                                  //显示蛇身
13        for (int i=1; i<snake. length; i++){
14            //设置蛇身的纵坐标位置和蛇头位置相同
15            snake. snakeNode[i]. y=snake. snakeNode[i-1]. y;
16            //设置蛇身的横坐标位置，蛇身在蛇头的左边，所以横坐标依次减 1
17            snake. snakeNode[i]. x=snake. snakeNode[i-1]. x-1;
18            GotoXY(snake. snakeNode[i]. x, snake. snakeNode[i]. y);  //移动光标到蛇身位置
19            printf("o");          //输出蛇身
20        }
21        //生成地图上、下边界
22        for (int i=0; i<MAP_WIDTH; i++){
23            GotoXY(0, i);
24            printf("-");
25            GotoXY(MAP_HEIGHT-1, i);
26            printf("-");
27        }
28        //生成地图左、右边界
29        for (int i=1; i<MAP_HEIGHT-1; i++){
30            GotoXY(i, 0);
31            printf("|");
32            GotoXY(i, MAP_WIDTH-1);
33            printf("|");
34        }
35        //生成食物
36        PrintFood();
37        //得分说明
38        GotoXY(5, 50);
39        printf("当前得分：0");
40    }
```

7.3.7　生成食物

生成食物需要注意两个条件：一是食物不能生成在蛇身上；二是食物需生成在地图中。因而，先随机产生一个食物坐标，再判断该坐标是否满足条件，若满足，则输出；若不满足，则重新生成坐标，直至满足条件为止。

打开 snake.c 源文件，编写生成食物函数 PrintFood()的代码如下：

```
1   /＊生成食物函数＊/
2   void PrintFood(){
3     int flag＝1;
4     while (flag)
5     {
6       flag＝0;
7       //设置随机的食物坐标位置
8       food.x＝rand()％(MAP_WIDTH－2)＋1;
9       food.y＝rand()％(MAP_HEIGHT－2)＋1;
10      //循环判断食物位置是否和蛇的位置重叠，如果重叠，则需要重新设置食物位置
11      for (int k＝0; k＜＝snake.length－1; k＋＋){
12        if (snake.snakeNode[k].x＝＝food.x＆＆snake.snakeNode[k].y＝＝food.y){
13          flag＝1;    //位置有重叠，需要继续循环
14          break;
15        }
16      }
17    }
18    GotoXY(food.x, food.y);
19    printf("＄");
20  }
```

7.3.8 蛇移动

蛇每次都只移动一个位置。因此，蛇移动的程序实现本质上是修改头节点和尾节点。头节点的修改是向着运动方向前进一步，此时需要判断运动方向与当前的方向是否冲突。例如，当前的方向是向右运动，而从键盘输入的方向是向左运动，那么，蛇不应该响应当前的键盘输入，应当继续向右运动。此外，蛇每移动一步，都需要判断蛇是否吃到了食物以及是否死亡。若吃到了食物，则需重新生成食物且判断是否需要调整移动速度；若死亡，也就是自撞或撞墙，则需要结束此次游戏。

蛇移动等
功能实现

打开 snake.c 源文件，编写蛇移动函数 MoveSnake()的代码如下：

```
1   /＊蛇移动函数的实现，返回值为1表示蛇继续移动，为0表示蛇停止移动＊/
2   intMoveSnake(){
3     Snakenode temp;
4     int flag＝0;
5     temp＝snake.snakeNode[snake.length－1];   //记录蛇尾
6     for (int i＝snake.length－1; i＞＝1; i－－)
7       snake.snakeNode[i]＝snake.snakeNode[i－1];   //将所有蛇身向前移动一个位置
8     GotoXY(snake.snakeNode[1].x, snake.snakeNode[1].y);
9     printf("o");          //在原来蛇头的位置打印一个蛇身节点o,其他蛇身不需要显示
```

```
10
11    //非阻塞地响应键盘输入事件
12    if (_kbhit()){        //检查当前是否有键盘输入,若有,则返回一个非 0 的值,否则返回 0
13       direction＝_getch();
14       switch (direction){
15          case UP:                //按下 w 键
16             if (now_Dir !＝DOWN)//如果蛇头向下,按向上移动的 w 键时不起作用
17                now_Dir＝direction;
18             break;
19          case DOWN:              //按下 s 键
20             if (now_Dir !＝UP)    //如果蛇头向上,按向下移动的 s 键时不起作用
21                now_Dir＝direction;
22             break;
23          case LEFT:              //按下 a 键
24             if (now_Dir !＝RIGHT)//如果蛇头向右,按向左移动的 a 键时不起作用
25                now_Dir＝direction;
26             break;
27          case RIGHT:             //按下 d 键
28             if (now_Dir !＝LEFT) //如果蛇头向左,按向右移动的 d 键时不起作用
29                now_Dir＝direction;
30             break;
31       }
32    }
33    switch (now_Dir){       //根据现在的方向修改蛇头的位置
34       case UP:snake.snakeNode[0].y－－;break;          //向上移动
35       case DOWN:snake.snakeNode[0].y＋＋;break;        //向下移动
36       case LEFT:snake.snakeNode[0].x－－;break;        //向左移动
37       case RIGHT:snake.snakeNode[0].x＋＋;break;       //向右移动
38    }
39
40    //显示蛇头
41    GotoXY(snake.snakeNode[0].x, snake.snakeNode[0].y);
42    printf("@");
43
44    //判断是否吃到了食物,如果蛇头的位置和食物的位置相同表示吃到了食物
45    if (snake.snakeNode[0].x＝＝food.x ＆＆ snake.snakeNode[0].y＝＝food.y){
46       snake.length＋＋;      //吃到食物,蛇长加 1 节
47       flag＝1;               //flag 为 1,表示吃到食物;为 0,表示没有吃到食物
48       snake.snakeNode[snake.length－1]＝temp;          //吃到食物,蛇尾加 1 节
49    }
50
51    //若没吃到食物,则在原来的蛇尾显示一个空格,去掉原来的蛇尾
52    if (!flag){
```

```
53        GotoXY(temp. x, temp. y);
54        printf(" ");
55    }
56    else{      //吃到了食物,则需要在地图上重新更新一个食物
57        printFood();
58        GotoXY(50, 5);
59        printf("当前得分:%d", snake. length-3);    //显示得分,得分为蛇长减去初始值3
60    }
61
62    //判断是否死亡
63    if (!IsCorrect()){    //如果自撞或撞墙,则清除屏幕,显示最终得分,游戏结束
64        system("cls");
65        GotoXY(45, 14);
66        printf("最终得分:%d", snake. length-3);
67        GotoXY(45, 16);
68        printf("你输了!");
69        GotoXY(45, 18);
70        printf("按任意键返回主菜单");
71        char c=_getch();
72        system("cls");
73        return 0;
74    }
75
76    //调整速度
77    SpeedControl();
78    Sleep(snake. speed);    //将进程挂起一段时间,用于控制蛇的移动速度
79    return 1;
80 }
```

7.3.9　死亡判定

蛇死亡的条件有两个:一是蛇头撞到自身身体;二是蛇头超出了地图边界。因此,只需判定这两个条件即可。

打开 snake. c 源文件,编写死亡判定函数 IsCorrect() 的代码如下:

```
1  /*判断是否自撞或撞墙,返回值为0表示自撞或撞墙,否则为1*/
2  int IsCorrect(){
3      if (snake. snakeNode[0]. x==0 || snake. snakeNode[0]. y==0 || snake. snakeNode[0].
4      x==MAP_WIDTH-1 || snake. snakeNode[0]. y==MAP_HEIGHT-1)
       //判断蛇头是否撞墙
5          return 0;
6      for (int i=1; i<snake. length; i++){    //判断蛇头是否和蛇身重叠,重叠表示自撞
7          if (snake. snakeNode[0]. x==snake. snakeNode[i]. x && snake. snakeNode[0]. y
```

```
8              ==snake. snakeNode[i]. y)
9                return 0;
10      }
11      return 1;
12  }
```

7.3.10　移动速度的调整

为增加游戏的趣味性，需要对蛇的移动速度进行调整。本游戏通过得分来调整蛇的移动速度。得分越高，蛇的移动速度越快，游戏难度也就越大。

打开 snake. c 源文件，编写移动速度调整函数 SpeedControl()的代码如下：

```
1  /*移动速度调整函数*/
2  void SpeedControl(){
3      switch (snake. length){   //根据蛇长调整蛇的移动速度
4          case 6：snake. speed=200；break；
5          case 9：snake. speed=180；break；
6          case 12：snake. speed=160；break；
7          case 15：snake. speed=140；break；
8          case 18：snake. speed=120；break；
9          case 21：snake. speed=100；break；
10          case 24：snake. speed=80；break；
11          case 27：snake. speed=60；break；
12          case 30：snake. speed=40；break；
13          default：break；
14      }
15  }
```

7.4　游戏运行效果

项目编译生成后，贪吃蛇小游戏的运行效果如图 7-4 所示。

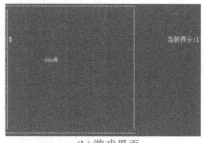

(a)游戏主菜单界面　　　　　　(b)游戏界面

图 7-4　贪吃蛇小游戏运行效果

7.5   本 章 总 结

本章完成了一个简单的控制台操控的贪吃蛇游戏。在该过程中，涉及 C 语言的许多知识。其中，实现的关键在于如何非阻塞地控制键盘响应，该过程可以通过一个函数来实现，即_kbhit()函数。游戏本质是在指定位置进行字符绘制，并随着时间和键盘输入不断地修改蛇的位置，检测各种可能发生的情况，并根据实际情况做出响应。

7.6   项 目 拓 展

请在本项目基础上完善以下功能：

（1）如果蛇移动时自撞不是停止游戏的条件，而是改为自撞后，蛇会把自己的尾巴给截掉，也就是蛇变短了。

（2）在地图内增加障碍物，如果碰到障碍物，蛇也会死亡。

（3）增加多种食物选项，蛇的生长速度取决于吃到的食物。

（4）增加积分排行榜功能，按历次游戏积分排名。

此外，请大家充分发挥创意，增添更多有趣的功能。

第 8 章　基于 MFC 的俄罗斯方块游戏

　　俄罗斯方块是一款非常经典的小游戏。俄罗斯方块游戏的规则为：一个随机形状的方块组合体从游戏界面顶端以一定的速率落下；玩家通过向上键可以对这个随机形状的方块组合体进行旋转变换，得到玩家想要的形状；玩家可以通过向下键来加速方块的下落速度；每当游戏界面上的方块填满一行，这一行会被消除，游戏的分数也会增加，累积到一定的分数后下降速率将会变快；如果方块堆积到了游戏界面的顶部，则游戏结束。本章介绍如何基于微软基础类库（Microsoft Foundation Classes，MFC）开发窗体式俄罗斯方块游戏。

8.1　系统功能结构

　　俄罗斯方块游戏的主要功能包括游戏界面绘制、方块基本操作、游戏控制功能。游戏界面绘制包括游戏主界面绘制、下一个方块界面绘制、其他控件绘制功能。方块基本操作主要包括方块绘制、方块移动、方块消除功能。在方块移动功能中需要实现方块旋转、正常下落、加速下落、左右移动功能。游戏控制主要包括开始游戏、暂停游戏、继续游戏和游戏帮助功能。俄罗斯方块的系统功能结构图如图 8-1 所示。

建立框架

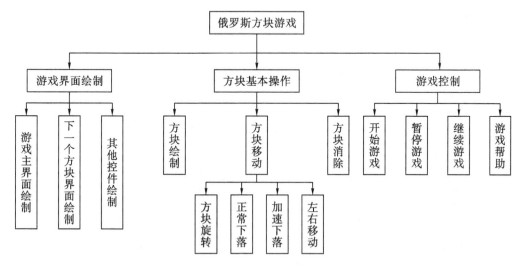

图 8-1　俄罗斯方块的系统功能结构图

8.2　系统业务流程

　　游戏启动后，直接进入游戏主界面，游戏主界面包含 3 个按钮：点击"游戏帮助"按钮，可以进入游戏帮助界面，点击"开始游戏"按钮，可以开始游戏；点击"暂停/继续"按钮，可以暂停游戏或在暂停后继续游戏；点击"关闭"按钮，可以退出游戏帮助界面或游戏界面。同时可以使用空格键来控制暂停与继续游戏。俄罗斯方块游戏的业务流程图如图8-2所示。

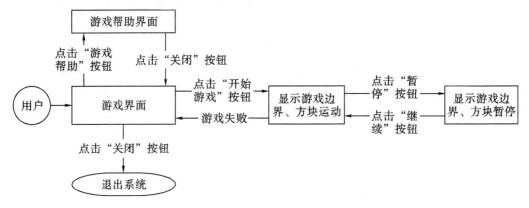

图8-2　俄罗斯方块游戏的业务流程图

8.3　系统功能实现

8.3.1　创建项目

打开 Visual Studio 开发工具，选择"文件→新建→项目"菜单项，创建 Visual C++的 MFC 应用项目，并命名为"MyBox"，点击"浏览"按钮修改项目保存位置，如图8-3所示。点击"确定"按钮，进入下一选择界面。

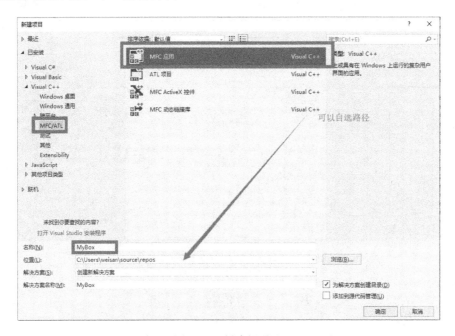

图8-3　创建新项目

接下来，在应用程序类型中选择"基于对话框"，然后在生成的类中选择"Dlg"，操作分别如图 8 - 4 和图 8 - 5 所示。最后，点击"完成"按钮，项目就创建成功了。

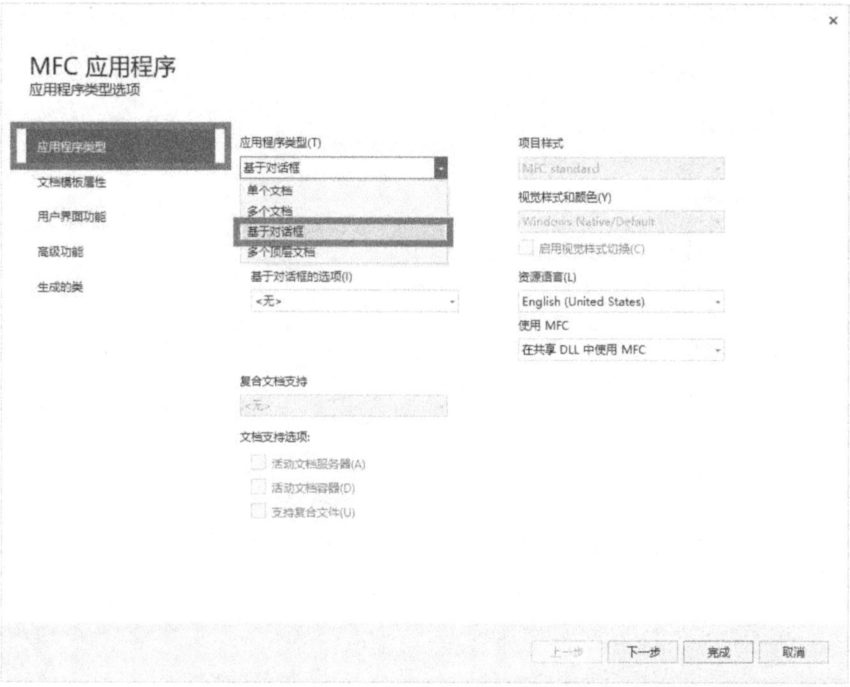

图 8 - 4　修改应用程序类型的对话框

图 8 - 5　修改生成的类为 Dlg

创建完成后，进入开发主界面。首先需要设计游戏界面，展开"解决方案资源管理器"栏中的资源文件，然后双击打开 MyBox.rc 文件，打开资源视图，找到"IDD_MYBOX_DIALOG"即游戏主对话框设计界面。资源视图及游戏主对话框设计界面如图 8-6 所示。

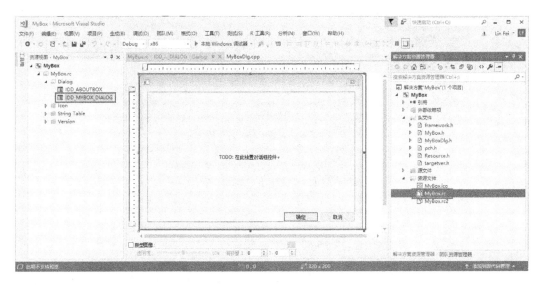

图 8-6　资源视图及游戏主对话框设计界面

选择"视图"→"属性"菜单项打开属性窗口，选择"视图"→"工具箱"菜单项打开工具箱窗口。如果鼠标选中对话框，则在属性窗口中就可以设置对话框的属性。在属性窗中修改对话框"Caption"属性的值，可以使图 8-7 中箭头标注位置出现想要显示的文字信息，也就是对话框的标题信息；如果将"Border"属性设置为"None"，则对话框的外边框会去掉。

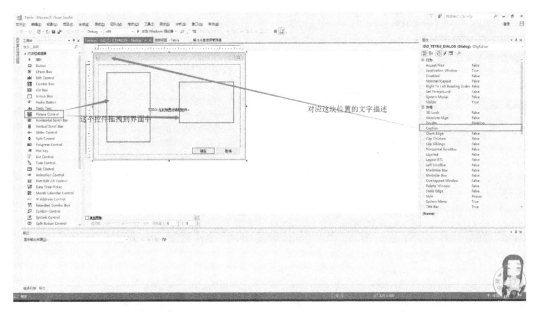

图 8-7　修改对话框标题并添加控件

如果希望把俄罗斯方块的界面设计为如图 8-8 所示，则需要从工具箱中拖进 2 个"Picture Control"控件放到如图 8-7 所示的对话框中。2 个"Picture Control"控件分别用于展示游戏主界面和下一个俄罗斯方块的形状。同样，从工具箱中拖动 1 个"Static Text"
控件、5 个"Button"控件到对话框中，用于修改各控件的"Name""Caption"等属性的值。

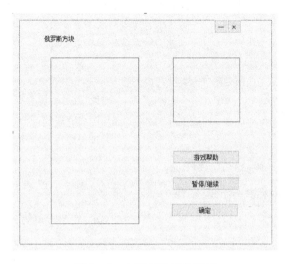

图 8-8　主界面设计效果图

8.3.2　方块基本操作

在"解决方案资源管理器"栏中选中"MyBox"项目，按鼠标右键添加
Tool 类，系统会自动新建头文件 Tool.h 和实现类 Tool.cpp。在该类中主
要完成俄罗斯方块存储、旋转变换、读取方块元素等功能。Tool 类中定义
了 5 种形状的俄罗斯方块（如图 8-9 所示），每一种方块可以通过顺时针
90°旋转进行位置变换。

添加功能模块

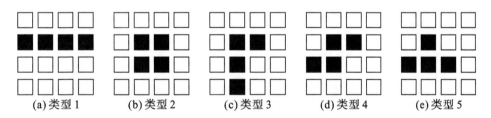

(a)类型 1　　(b)类型 2　　(c)类型 3　　(d)类型 4　　(e)类型 5

图 8-9　俄罗斯方块的 5 种形状

1. Tool.h 头文件中的变量和函数声明

打开 Tool.h 头文件，对必要的变量和函数进行声明。在对应的 Tool.cpp 文件中对头
文件中所声明的函数进行实现。变量及函数声明写在 Tool 类的头文件中，具体代码如下：

```
1   class Tool                  //俄罗斯方块
2   {
3   protected：
4     int _data[4][4];          //4 * 4 的方块数组变量
5     int _type;                //俄罗斯方块的类型变量
6   private：
```

```
7    void Make_1()；            //构造类型为 1 的俄罗斯方块
8    void Make_2()；            //构造类型为 2 的俄罗斯方块
9    void Make_3()；            //构造类型为 3 的俄罗斯方块
10   void Make_4()；            //构造类型为 4 的俄罗斯方块
11   void Make_5()；            //构造类型为 5 的俄罗斯方块
12 public：
13   Tool(int type)；//构造函数，本类没有使用动态分配，无需析构，类对象可直接复制、赋值
14   const int GetType() const；          //获取 Tool 的类型
15   const int & ElementAt (int i, int j) const；//获取小方块数值
16   Tool Roll()；                        //对方块进行形态变换
17 };
```

2. Tool.cpp 文件中相关源代码实现

Tool.h 头文件中的类和函数声明需要在 Tool.cpp 文件中进行实现，具体代码如下：

```
1    #include "Tool.h"
2    Tool：：Tool(int type)
3    {
4      _type＝type；
5      for (int i＝0；i<4；i＋＋)
6        for (int j＝0；j<4；j＋＋)
7          _data[i][j]＝0；
8      switch (_type) {
9      case 1：Make_1()；break；
10     case 2：Make_2()；break；
11     case 3：Make_3()；break；
12     case 4：Make_4()；break；
13     case 5：Make_5()；break；
14     }
15   }
16   /*
17     第 1 种形状的俄罗斯方块，按顺时针旋转 90 度 4 次，共有 2 种外观
18     □■□□ □□□□
19     □■□□ □□□□
20     □■□□ ■■■■
21     □■□□ □□□□
22   */
23   void Tool：：Make_1()
24   {
25     _data[1][0]＝_data[1][1]＝_data[1][2]＝_data[1][3]＝1；
26   }
27   /*
28     第 2 种形状的俄罗斯方块，按顺时针旋转 90 度 4 次都是自身，只有 1 种外观
```

```
29    □□□□
30    □■■□
31    □■■□
32    □□□□
33    二维数组相应有方块的位置元素设置为类型值 2,其他位置元素为 0*/
34  void Tool::Make_2()
35  {
36    _data[1][1]=_data[1][2]=_data[2][1]=_data[2][2]=2;
37  }
38  /*
39    第 3 种形状的俄罗斯方块,按顺时针旋转 90 度 4 次,共有 4 种外观
40    □□□□ □□□□ □□■□ □□□□
41    □■■□ □■■■ □□■□ □■□□
42    □■□□ □□□■ □□■■ □■■■
43    □■□□ □□□□ □□□□ □□□□
44    二维数组相应有方块的位置元素设置为类型值 3,其他位置元素为 0*/
45  void Tool::Make_3()
46  {
47    _data[1][1]=_data[1][2]=_data[2][1]=_data[3][1]=3;
48  }
49  /*
50    第 4 种形状的俄罗斯方块,按顺时针旋转 90 度 4 次,共有 4 种外观
51    □□□□ □■□□ □□□□ □□□□
52    □■■□ □■□□ □□■□ □■□□
53    ■■□□ □□■□ □■■□ □■□□
54    □□□□ □□□□ □□□□ □□■□
55    二维数组相应有方块的位置元素设置为类型值 4,其他位置元素为 0*/
56  void Tool::Make_4()
57  {
58    _data[1][0]=_data[1][1]=_data[2][1]=_data[3][1]=4;
59  }
60  /*
61    第 5 种形状的俄罗斯方块,按顺时针旋转 90 度 4 次,共有 4 种外观
62    □□□□ □■□□ □□□□ □□□□
63    □■□□ □■■□ □□■□ □□□□
64    ■■■□ □□■□ □■■□ □□■□
65    □□□□ □□□□ □□□□ □□■□
66    二维数组相应有方块的位置元素设置为类型值 5,其他位置元素为 0*/
67  void Tool::Make_5()
68  {
69    _data[1][0]=_data[1][1]=_data[2][1]=_data[2][2]=5;
70  }
71  const int & Tool::ElementAt(int i, int j) const {      //获取小方块元素数值
```

```
72      return _data[i][j]；
73   }
74   const int Tool::GetType() const {
75      return _type；
76   }
77   //返回顺时针旋转 90 度后俄罗斯方块
78   Tool Tool::Roll() {
79      Tool toolRotated (＊this)；              //复制一个俄罗斯方块
80      for (int i＝0；i＜4；i＋＋)
81        for (int j＝0；j＜4；j＋＋)
82          toolRotated._data[i][j]＝_data[3－j][i]；
83      return toolRotated；
84   }
```

在上述代码中，方块旋转是难点。把方块看成是一个 4 ＊ 4 的矩阵，要完成 90°顺时针旋转，先复制一个俄罗斯方块，将原俄罗斯方块矩阵第 i 列的元素自底向上取出，依次存放到新复制的俄罗斯方块的第 i 行从左到右的位置。

8.3.3　游戏逻辑控制

在"解决方案资源管理器"栏中选中"MyBox"项目，按鼠标右键添加 Game 类，系统会自动新建头文件 Game.h 和实现类 Game.cpp。在该类中主要实现游戏的主体功能，包括游戏开始/暂停/结束(停止)、方块下落/移动、消除一行等功能。

1. Game.h 头文件中的变量和函数声明

打开 Game.h 头文件，首先需要引入 Tool.h 头文件，因为 Game 类中的函数需要应用到 Tool 类中定义方块的产生、旋转等函数。Game 类主要对游戏的逻辑进行控制。

＃include "Tool.h"

接着，使用一个枚举类型"GAME_STATE"来更好地规范游戏实现逻辑控制，让代码更加整洁且具有较好的可读性。这里使用 3 个枚举值代表游戏状态，分别是 HALT(暂停)、GO(工作)、STOP(停止)。具体代码如下：

```
1   enum GAME_STATE {
2     HALT，    //暂停
3     GO，      //工作
4     STOP     //停止
5   };
```

最后，在 Game 类中对必要的变量及函数进行声明，具体代码如下：

```
1   class Game
2   {
3     friend class CMyBoxDlg；
4   public：
```

```
5      static const int TIME_STEP＝500;          //定义一个值为 500 的 int 常量
6      static const int NET_WIDTH＝9;            //定义一个值为 9 的 int 常量
7      static const int NET_HEIGHT＝20;          //定义一个值为 20 的 int 常量
8      Game(int height, int width);              //Game 类的构造函数
9      ～Game(void);                             //Game 类的析构函数
10     GAME_STATE GetState();                    //获取游戏状态
11     void Start();                             //开始
12     bool Go();                                //运行一步(下落一格)
13     void HaltOrContinue();                    //暂停/继续游戏的控制函数
14     void Input(UINT nChar);                   //键盘输入接收处理函数
15   private:
16     GAME_STATE _state;                        //游戏状态
17     int * _bigNet;                            //游戏主界面表示数组
18     int * _bigNetAux;                         //游戏主界面表示辅助数组
19     int  _netWidth, _netHeight;               //游戏主界面的宽度、高度
20     Tool _tool;                               //当前游戏主界面正在下落的方块
21     Tool _nextTool;                           //下一个即将出现的方块
22     int _iLocX, _iLocY;                       //方块坐标,Tool 类 4 * 4 数组左上角位置定义
23   private:
24     void AddToolToAux(int * net, int iOffsetX, int iOffsetY, const Tool & _tool);
                //将俄罗斯方块标记加入到指定主界面数组中
25     void NextTool();                          //生成下一个方块
26     bool IsDead();                            //游戏是否结束
27     bool CanMoveDown();                       //方块是否可以向下移动
28     bool CanMoveLeft();                       //方块是否可以向左移动
29     bool CanMoveRight();                      //方块是否可以向右移动
30     bool CanRoll();                           //方块是否可以变换形态
31     void MoveDown();                          //方块向下移动一格
32     void MoveLeft();                          //方块向左移动一格
33     void MoveRight();                         //方块向右移动一格
34     void Roll();                              //变换方块形态
35     int CountNoneZero(int * matrix, int Height, int Width); //计算不为 0 的元素个数
36     bool CanRemoveLine(int index);            //是否可以清除一行
37     void RemoveLine(int index);               //清除一行
38     void RemoveLines();                       //清除一行操作
39   };
```

在上述代码中,游戏主界面用一个数组来表示,其首地址存放在"_bigNet"指针变量中;设同样大小辅助数组"_bigNetAux",用于俄罗斯方块的变换和绘制;"_tool"和"_nextTool"分别表示主界面正在下落的俄罗斯方块和下一个即将出现的俄罗斯方块。"NET_WIDTH"和"NET_HEIGHT"常量分别定义了游戏主界面的宽度和高度,分别为 9 个方块的宽度和 20 个方块的高度;"_netWidth"和"_netHeight"变量用来存放游戏主界面的宽度和高度。

2. Game. cpp 头文件中相关源代码实现

Game. h 头文件中的类和函数声明需要在 Game. cpp 文件中实现。同样需要引入 Game. h 头文件。

♯include "Game. h"

1）构造和析构函数

在构造一个 Game 类的对象时，需要初始化游戏主界面的高和宽，动态分配表示主界面的数组和辅助数组。在析构时，删除动态分配的数组，具体代码如下：

```
1   Game::Game(int height，int width)：_tool(0)，_nextTool(0)
2   {
3     _netWidth=width；        //20
4     _netHeight=height；      //9
5     _bigNet=_bigNetAux=NULL；
6     _state=STOP；
7     _bigNet=new int[_netHeight * _netWidth]；       //分配游戏主界面表示数组
8     _bigNetAux=new int[_netHeight * _netWidth]；     //分配游戏主界面表示辅助数组
9     for (int i=0；i<_netHeight；i++)                //初始化游戏主界面表示数组为 0
10      for (int j=0；j<_netWidth；j++)
11        _bigNet[i * _netWidth+j]=0；
12    srand((unsigned int)time(0))；     //随机数播种，产生俄罗斯方块形状随机数使用
13  }
14  Game::~Game(void)              //析构函数
15  {
16    delete[] _bigNet；
17    delete[] _bigNetAux；
18  }
```

2）下一个方块的生成函数

用下一个俄罗斯方块代替当前俄罗斯方块，出场坐标为游戏主界面顶部正中间，生成新的俄罗斯方块。需要注意的是，坐标原点位于控件的左上角，向右为 x 轴正方向，向下为 y 轴正方向。因此，控件右下角的坐标最大。具体代码如下：

```
1   void Game::NextTool()
2   {                        //当前俄罗斯方块出场，更换新的俄罗斯方块，设置出场位置
3     _iLocY=0；              //4 * 4 方块所在的左上角 y 坐标
4     _iLocX=(_netWidth-4)/2； //4 * 4 方块所在的左上角 x 坐标
5     _tool=_nextTool；
6     _nextTool=Tool(rand() % 5+1)；    //更新下一个俄罗斯方块
7   }
```

方块随机生成可以增强游戏的趣味性。要完成此操作，需要生成一个 1~5 之间的随机

数，分别对应方块类型 1～5，然后用这个随机数作为参数构造 Tool 类的对象，便产生一个新方块，最后将这个新方块赋值给下一个方块界面表示数组，以便进行展示。

·游戏开始/暂停/继续，具体代码如下：

```
1   void Game::Start()
2   {
3       _tool=Tool (0);                              //初始化游戏主界面内的下落方块
4       _nextTool=Tool(0);                           //初始化下一个方块
5       _state=GO;                                    //初始化游戏状态为运行状态
6       for (int i=0; i<_netHeight; i++)             //初始化游戏主界面表示数组为 0
7           for (int j=0; j<_netWidth; j++)
8               _bigNet[i*_netWidth+j]=0;
9       NextTool();                                   //连续调用两次方块的产生
10      NextTool();
11  }
```

在 Start() 函数中，首先构造两个俄罗斯方块，分别为游戏主界面中俄罗斯方块和下一个备用俄罗斯方块。然后，通过两个嵌套的 for 循环对游戏主界面数组进行初始化操作，由于开始时游戏主界面中没有任何小方块，因此所有值都初始化为 0。后续如果游戏主界面上有小方块，则将游戏主界面数组相应位置的元素设置为 1，就表示该位置有小方块。接下来，连续调用两次 NextTool() 函数，生成正在下落的俄罗斯方块和下一个备用俄罗斯方块。其他逻辑控制的实现都在其他相应的函数中，Start() 函数只负责游戏的启动。

在 HaltOrContinue() 函数中，通过对 state 变量的状态判断来切换暂停和继续游戏。具体代码如下：

```
1   /* 暂停和继续游戏 */
2   void Game::HaltOrContinue()
3   {
4       if (_state==HALT)
5           _state=GO;
6       else if (_state==GO)
7           _state=HALT;
8   }
```

3）根据键盘输入移动方块

当输入"↑"键时，旋转方块；当输入"↓"键时，下移方块；当输入"←"键时，左移方块；当输入"→"键时，右移方块。具体代码如下：

```
1   /* 根据键盘输入的"↑"键，"↓"键，"←"键，"→"键执行相应的操作 */
2   void Game::Input(UINT nChar)
3   {switch (nChar) {
4       case VK_UP: if (CanRoll())       Roll(); break;
5       case VK_DOWN: if (CanMoveDown()) MoveDown(); break;
```

```
6      case VK_LEFT：if（CanMoveLeft()）MoveLeft()；break；
7      case VK_RIGHT：if（CanMoveRight()）MoveRight()；break；
8    }
9  }
```

在以上代码中，调用了 CanRoll()、CanMoveDown()、CanMoveLeft()、CanMoveRight()、Roll()、MoveDown()、MoveLeft() 和 MoveRight() 函数，这些函数的实现方法后续章节都会一一介绍。这里可以将这些函数理解为均能完成各自相应的功能。CanRoll() 函数是判断方块是否可以顺时针旋转 $90°$，如果可以旋转，则调用 Roll() 函数进行旋转操作。CanMoveDown() 函数是判断方块是否可以向下移动一格，如果可以向下移动，则调用 MoveDown() 函数向下移动一格。CanMoveLeft() 函数是判断方块是否可以向左移动一格，如果可以向左移动，则调用 MoveLeft() 函数向左移动一格。CanMoveRight() 函数是判断方块是否可以向右移动一格，如果可以向右移动，则调用 MoveRight() 函数向右移动一格。

4）判断方块向下移动是否合法

CanMoveDown() 函数用于判断方块向下移动是否合法，如果合法，则返回 true，否则返回 false。具体代码如下：

```
1   /＊判断是否可以向下移动一格＊/
2   bool Game：：CanMoveDown()
3   {
4     int cnt1＝4，cnt2＝0；
5     cnt1＋＝CountNoneZero(_bigNet，_netHeight，_netWidth)；
6     //统计变换后方块数
7     AddToolToAux(_bigNetAux，_iLocX，_iLocY＋1，_tool)；//假设发生变换
8     cnt2＝CountNoneZero(_bigNetAux，_netHeight，_netWidth)；
9     return cnt2＝＝cnt1；
10  }
```

判断方块向下移动合法的基本原理是：在下移一格动作发生前后，方块块数是否发生变化，也就是移动后是否有方块重叠。如果有方块重叠就是非法，无方块重叠则是合法。方块是否重叠映射到代码上的表现就是游戏主界面数组中不为 0 的元素个数是否发生变化，若无变化，则合法；有变化，则非法。用这种逻辑判断极为方便，还有一种方法就是坐标法，但是实现起来过于繁琐，没有此种方法便捷。

接下来，分析这个函数的实现。首先函数内部定义了两个整型变量 cnt1 和 cnt2，分别代表移动前后游戏中主界面数组和辅助数组中有方块的格子数，也就是数组中不为 0 的元素个数。为不破坏主界面数组，原俄罗斯方块下落后的状态通过调用 AddToolToAux() 函数保存在辅助数组中，原方块下落位置为纵坐标加 1。

调用 CountNoneZero() 函数，统计俄罗斯方块下落前主界面数组中不为 0 的元素个数和下落后辅助数组中不为 0 的元素个数，分别得到 cnt1 和 cnt2。需要注意的是，cnt1 需要加 4，因为在执行这个函数时，方块并未加入到游戏主界面数组中，而统计 cnt2 时方块已

经加入到辅助数组，所以差值 4 要先加上。

如果两个计数变量 cnt1 和 cnt2 的值相等，则向下移动一格合法，返回 true，否则返回 false。

在上述函数中调用了 AddToolToAux() 函数和 CountNoneZero() 函数，下面分别进行说明：

5）将方块按指定位置添加至指定数组

使用 AddToolToAux() 函数将指定俄罗斯方块按指定位置添加到游戏主界面指定数组中。如果指定的是辅助数组，则需要先将原主界面数组复制给指定数组，然后将指定俄罗斯方块的不为 0 的元素赋值给指定位置元素。具体代码如下：

```
1   /* 将指定俄罗斯方块按指定位置添加到游戏主界面指定数组中 */
2   void Game::AddToolToAux (int * net, int iOffsetX, int iOffsetY, const Tool & _tool)
3   {
4     if (net != _bigNet)        //必要时先复制主界面数组至指定数组
5       for (int i=0; i<_netHeight; i++)
6         for (int j=0; j<_netWidth; j++)
7           net[i * _netWidth+j]=_bigNet[i * _netWidth+j];
8     int iType=_tool. GetType();
9     if (iType !=0) {           //俄罗斯方块有效
10      //合并主界面范围内俄罗斯方块数据
11      for (int i=0; i<4; i++)
12        for (int j=0; j<4; j++) {
13          if (i+iOffsetY>=0 &&
14            i+iOffsetY<_netHeight   &&
15            j+iOffsetX>=0 &&
16            j+iOffsetX<_netWidth    &&
17            _tool. ElementAt(i, j) !=0)
18            net[(i+iOffsetY) * _netWidth+j+iOffsetX]=iType;
19        }
20    }
21  }
```

6）统计游戏主界面中小方块总数

要统计小方块总数就是统计俄罗斯方块主界面数组中不为 0 的元素个数。CountNoneZero() 函数比较简单，具体代码如下：

```
1   /* 统计数组中不为 0 的元素个数 */
2   int Game::CountNoneZero(int * matrix, int Height, int Width)
3   {
4     int cnt=0;
5     for (int i=0; i<Height; i++)
6       for (int j=0; j<Width; j++) {
```

```
7              if (matrix[i * Width+j] !=0)
8                  ++cnt;
9          }
10     return cnt;
11 }
```

7) 方块下移一格

MoveDown()函数主要功能是控制方块的 y 坐标位置，因此下移就是把存放方块的纵坐标的变量_iLocY 加 1。这样就完成了在下移合法的条件下，方块向下移动一格。具体代码如下：

```
1  /* 向下移动，设置 y 坐标值 */
2  void Game::MoveDown() {
3      ++_iLocY;
4  }
```

8) 判断方块左右移动是否合法

方块左右移动接收的键盘事件分别是"←"键和"→"键。是否可以左右移动也需要进行判断，CanMoveLeft()和 CanMoveRight()函数都是用来判断是否可以左右移动的函数。实现方法和 CanMoveDown()函数类似。具体代码分别如下：

```
1  /* 判断是否可以向左移动一格 */
2  bool Game::CanMoveLeft()
3  {
4      int cnt1=4, cnt2=0;
5      cnt1+=CountNoneZero(_bigNet, _netHeight, _netWidth);
6      //统计变换后方块数
7      AddToolToAux(_bigNetAux, _iLocX-1, _iLocY, _tool);    //假设发生变换
8      cnt2=CountNoneZero(_bigNetAux, _netHeight, _netWidth);
9      return cnt2==cnt1;
10 }
11  /* 判断是否可以向右移动一格 */
12 bool Game::CanMoveRight()
13 {
14     int cnt1=4, cnt2=0;
15     //统计变换后方块数
16     cnt1+=CountNoneZero(_bigNet, _netHeight, _netWidth);
17     AddToolToAux(_bigNetAux, _iLocX+1, _iLocY, _tool);    //假设发生变换
18     cnt2=CountNoneZero(_bigNetAux, _netHeight, _netWidth);
19     return cnt2==cnt1;
20 }
```

9) 方块左移或右移一格

左移和右移就是修改方块的 x 坐标。左移一格 x 坐标减 1，右移一格 x 坐标加 1。

MoveLeft()函数完成左移功能，MoveRight()函数完成右移功能。具体代码如下：

```
1   /*向左移动一格*/
2   void Game::MoveLeft()
3   {
4     --_iLocX；
5   }
6   /*向右移动一格*/
7   void Game::MoveRight()
8   {
9     ++_iLocX；
10  }
```

10) 判断方块旋转变形是否合法

俄罗斯方块旋转变形使用"↑"键，只有在合法的条件下，方块才能按照一定的规则进行旋转变形。判断旋转变形是否合法的 CanRoll()函数的实现代码如下：

```
1    /*判断旋转变形是否合法*/
2    bool Game::CanRoll()
3    {
4      int cnt1=4, cnt2=0;
5      cnt1+=CountNoneZero(_bigNet, _netHeight, _netWidth);
6      //统计变换后方块数
7      Tool   toolRotated=_tool. Roll ();            //获取旋转后俄罗斯方块
8      AddToolToAux(_bigNetAux, _iLocX, _iLocY, toolRotated)；//假设发生变换
9      cnt2=CountNoneZero(_bigNetAux, _netHeight, _netWidth)；
10     return cnt2==cnt1；
11   }
```

判断旋转变形是否合法的方法和判断移动是否合法的方法相似，但需要调用俄罗斯方块游戏的 Roll()函数，得到原俄罗斯方块旋转 90°后的新方块，再放到游戏主界面辅助数组中，判断是否有重叠方块。

11) 方块旋转操作

如果旋转合法，则调用方块的 Roll()函数旋转方块，用旋转后的俄罗斯方块代替原俄罗斯方块。具体代码如下：

```
1    /*旋转俄罗斯方块*/
2    void Game::Roll() {
3      _tool=_tool. Roll()；//用旋转后俄罗斯方块代替
4    }
```

Roll()函数执行完成后，俄罗斯方块完成了顺时针 90°旋转。

12) 方块向下移动

方块移动分为两类：一类是方块在一个休眠时间内自动下落，因为这个动作是一直在

进行的，无论有没有进行键盘操作，方块总是在下落；另一类是需要手动激活操作，如方块左右移动、方块加速下落。由键盘控制的移动前面已经介绍，这里主要介绍第一类。实现方块自动下落一格的 Go() 函数的实现代码如下：

```
1   /* 方块自动下落一格 */
2   bool Game::Go()
3   {
4     if (CanMoveDown()) {    //判断是否可以向下移动一格
5       MoveDown();           //向下移动一格
6       return true;
7     }
8     else {
9       AddToolToAux(_bigNet, _iLocX, _iLocY, _tool); //将方块固定到游戏主界面中
10      RemoveLines();        //清除满格的行
11      NextTool();           //向界面中加入下一个方块
12      if (IsDead()) {
13        _state=STOP;        //设置游戏状态为停止
14        return false;
15      }
16      return true;
17    }
18  }
```

Go() 函数的目的是让方块向下移动一格，所以要先判断向下移动一格是否合法。这里用到了 CanMoveDown() 函数进行判断，如果可以向下移动，则向下移动一格。当无法下移时，就需要调用 AddToolToAux() 函数将原俄罗斯方块固定在主界面中，调用 Remove Lines() 函数清除满格的行，调用 NextTool() 函数添加一个新俄罗斯方块，并调用 IsDead() 函数判断游戏是否死亡，如果死亡，则停止游戏；没有死亡，则继续进行游戏。

将俄罗斯方块添加至主界面的 AddToolToAux() 函数已在前面介绍，下面介绍其他函数。

13）清除多行操作

RemoveLines() 函数的具体实现代码如下：

```
1   /* 清除所有满格的行 */
2   void Game::RemoveLines()
3   {
4     for (int i=_netHeight-1; i>=0; i--)
5       while (CanRemoveLine(i)) //在可消除本行时，迭代消除本行
6         RemoveLine(i);
7   }
```

在 RemoveLines() 函数中，遍历每一行，并判断是否可以消除，如果可以则进行迭代消除。函数体内调用了 CanRemoveLine() 函数和 RemoveLine() 函数，它们分别用于判断

是否可以消除指定行和真正消除指定行操作。

14）判断是否可以消除指定行

CanRemoveLine（）函数的具体实现代码如下：

```
1    /*判断是否可以消除指定行*/
2    bool Game∷CanRemoveLine(int index)
3    {
4      int count=0;
5      for (int i=0; i<_netWidth; i++)
6        if (_bigNet[index*_netWidth+i] !=0)
7          count++;
8      return count==_netWidth; //当小方块数量等于主界面宽度时，可消除本行
9    }
```

消除指定行操作。RemoveLine（）函数的具体实现代码如下：

```
1    /*消除指定的满格的行*/
2    void Game∷RemoveLine(int index)
3    {
4      for (int i=index; i>0; i--)                 //前面所有行下移一行
5        for (int j=0; j<_netWidth; j++)
6          _bigNet[i*_netWidth+j]=_bigNet[(i-1)*_netWidth+j];
7      for (int j=0; j<_netWidth; j++)             //第1行清零
8        _bigNet[j]=0;
9    }
```

15）判断游戏是否结束

IsDead（）函数用于添加新方块后，判断游戏是否结束，具体实现代码如下：

```
1    /*判断游戏是否结束*/
2    bool Game∷IsDead()
3    {
4      int cnt1=4, cnt2=0;
5      cnt1+=CountNoneZero(_bigNet, _netHeight, _netWidth);
6      //统计加入俄罗斯方块后小方块数
7      AddToolToAux(_bigNetAux, _iLocX, _iLocY, _tool); //假设发生变换
8      cnt2=CountNoneZero(_bigNetAux, _netHeight, _netWidth);
9      return cnt2 !=cnt1; //不相等就是有重叠的情况发生，代表游戏结束
10   }
```

由此容易看出，判断游戏结束的原理和判断下移合法的原理是一样的，即通过比较在游戏主界面中添加新的俄罗斯方块前后，小方块总数的变化来判断。

16）获取游戏状态信息

获取游戏状态信息的具体代码如下：

```
1    /* 获取游戏状态值 */
2    GAME_STATE Game::GetState() {
3        return state;
4    }
```

8.3.4　游戏开始与定时器控制

消息响应和
界面绘制

1. 头文件代码引入

Game 类是游戏逻辑的实际控制者，也是游戏各种状态的存储记录者。上一节中已经介绍了它的各类变量和函数的实现。在这里需要打开主对话框类的 MyBoxDlg.h 头文件，添加必要函数声明代码。引入 Game.h 头文件，代码如下：

```
#include "Game.h"
```

2. 变量及函数声明

在 MyBoxDlg.h 头文件的 CMyBoxDlg 类中，添加必要的变量和函数声明。具体代码如下：

```
1    private:
2        Game game;                          //游戏控制类 Game 的实例
3        void DrawNet();                     //绘制游戏界面函数
4        void DrawBigNet();                  //绘制游戏主界面函数
5        void DrawSmallNet();                //绘制下一个方块界面函数
6        void OnKeyDown(UINT nChar);         //监听键盘输入函数
```

3. MyBoxDlg.cpp 文件的代码实现

打开 MyBoxDlg.cpp 文件，找到构造函数 MyBoxDlg()，在其初始化列表中添加 Game 类的对象的构造，其中宽、高就是 Game 类中定义的"NET_WIDTH"和"NET_HEIGHT"常量。具体代码如下：

```
1    CMyBoxDlg::CMyBoxDlg(CWnd* pParent /* = nullptr */)
2        : CDialogEx(IDD_MYBOX_DIALOG, pParent)
3        , game(Game::NET_HEIGHT, Game::NET_WIDTH) //初始化一个 Game 类的对象
4    {
5        m_hIcon = AfxGetApp()->LoadIcon(IDR_MAINFRAME);
6    }
```

修改"开始/重新开始"按钮的 ID 为"IDC_BUTTON_START"，然后双击该按钮，在对应点击事件函数中添加如下代码：

```
1    void CMyBoxDlg::OnBnClickedButtonStart()
2    {
3        game.Start(); //调用 game 对象的 Start()方法，开始游戏
```

```
4        SetTimer(1, game. TIME_STEP, NULL);
5    }
```

当俄罗斯方块自动下落时，需要使用到定时器。SetTimer()函数设置定时器的间隔时间为 500 ms，因为"TIME_STEP"常量的值为"500"，也就是需要每隔 500 ms 让方块下落一格。

4. 重载定时器函数

需要重载 OnTimer()函数。在 MyBoxDlg. h 头文件中加入 OnTimer()函数的声明。具体代码如下：

```
    void OnTimer(UINT_PTR nIDEvent);
```

在 MyBoxDlg. cpp 文件中，添加 OnTimer()函数的代码如下：

```
1    /* 定时器的工作具体内容 */
2    void CMyBoxDlg::OnTimer(UINT_PTR nIDEvent) {
3        if (! game->Go()) {          //判断是否可以下落一格
4            KillTimer(1);            //如果不能下落，则移除先前用 SetTimer()函数设置的定时器
5            TCHAR * msg=_T("Game Over!");
6            MessageBox(msg);         //显示"Game Over!"的消息框
7        }
8        Invalidate(true);            //如果可以下落一格，则重绘界面
9    }
```

在 OnTimer()函数中，执行一次 Go()函数，即执行一次自动下落。若在休眠间隔有其他的操作，则会在这一次下落中一并展示；若没有其他操作，下落操作也是一定会发生的。如果 GO()函数返回的是 false，也就是游戏结束，则弹出游戏结束的提示，用户可以选择重新开始或者退出游戏。

为了使定时器生效，还需要在 MyBoxDlg. cpp 文件的"BEGIN_ MESSAGE_ MAP(CmyboxDlg, CDialogEx)"中添加(注意这段代码不要添加到 aboutDlg 类的相同代码段中)如下代码：

```
    ON_WM_TIMER()
```

8.3.5　游戏界面绘制

在 MyBoxDlg. cpp 文件中，编写 DrawNet()函数用于实现游戏界面的绘制，具体代码如下：

```
1    void CMyBoxDlg::DrawNet() {
2        DrawSmallNet();           //绘制下一个方块界面
3        DrawBigNet();             //绘制游戏主界面
4    }
```

DrawNet()函数需要在 OnPaint()函数中调用，具体代码如下：

```
1    void CMyBoxDlg：：OnPaint() {
2      if (IsIconic()){
3        ...
4      }else{
5        ...
6        DrawNet();    //调用 DrawNet()函数
7      }
8    }
```

1. 游戏主界面绘制

DrawBigNet()函数用于实现游戏主界面的绘制。在编写该函数前，首先要确保向对话框中添加两个"Picture Control"控件：一个用于显示游戏主界面；另一个用于显示下一个方块界面。它们的 ID 分别设置为"IDC_PIC_MAIN"和"IDC_PIC_SMALL"。DrawBigNet()函数的具体代码如下：

```
1    void CMyBoxDlg：：DrawBigNet()
2    {
3      CRect rect；
4      //IDC_PIC_MAIN 是游戏窗口的 ID，wnd 是指向游戏窗口的一个指针
5      CWnd * wnd＝GetDlgItem(IDC_PIC_MAIN)；//若找到对应的控件
6      CPaintDC dc(wnd)；
7      wnd－＞GetClientRect(＆rect)；              //获取指定控件的大小
8      game. AddToolToAux(game. _bigNetAux, game. _iLocX, game. _iLocY, game. _tool)；
9
10     const COLORREF    colorTableA[]＝{RGB(255, 0, 0), RGB(0, 255, 0),
11             RGB(0, 0, 255), RGB(255, 255, 0), RGB(160, 32, 240)}；
12     int * pAuxBigNet＝game. _bigNetAux；
13     for (int i＝0；i＜game. NET_HEIGHT；i＋＋)
14       for (int j＝0；j＜game. NET_WIDTH；j＋＋) {
15         //画矩形，把所有不等于 0 的格子的矩形边框都画出来
16         int iType＝pAuxBigNet[i * (game. NET_WIDTH)＋j]；
17         if (iType＞0 ＆＆ iType＜＝5) {
18           CClientDC dcc(wnd)；//画无边框的矩形
19           CBrush brush(colorTableA[iType－1])；
20           dcc. FillRect(CRect(j * rect. Width() / game. NET_WIDTH,
21             i * rect. Height() / game. NET_HEIGHT,
22             (j＋1) * rect. Width() / game. NET_WIDTH,
23             (i＋1) * rect. Height() / game. NET_HEIGHT), ＆brush)；
24
25           //画中心为透明的矩形(空画刷)
26           CBrush * pBrush＝CBrush：：FromHandle((HBRUSH)
```

```
27                GetStockObject(NULL_BRUSH));
28                CBrush * pOldBrush=dc. SelectObject(pBrush);      //选入画刷
29                dc. Rectangle(
30                  j * rect. Width() / game. NET_WIDTH,
31                  i * rect. Height() / game. NET_HEIGHT,
32                  (j+1) * rect. Width() / game. NET_WIDTH,
33                  (i+1) * rect. Height() / game. NET_HEIGHT);
34                dc. SelectObject(pOldBrush);                      //恢复原先画刷
35            }
36        }
37    wnd->RedrawWindow();                                         //重新绘制窗口
38  }
```

在 DrawBigNet()函数中，首先绑定需要操作的"IDC_PIC_MAIN"控件，然后遍历存储游戏主界面辅助数组。在 if 中判断数组中的元素值，当数组中的元素值为 1～5 时，则表示相应位置需要绘制方格。接着在设置每一种基本方块的对应颜色构建画刷，完成了无边框矩形的颜色填充后，需要为这些方块再加上 4 条黑边，我们使用 Rectangle()函数完成，需要注意的是，绘制完成后需要恢复原先画刷。在这些基础的绘制全部完成后，调用重新绘制窗口函数，使其真正显示在"IDC_PIC_MAIN"控件中。

2. 下一个俄罗斯方块界面绘制

在 DrawSmallNet()函数中，实现下一个俄罗斯方块界面绘制，具体代码如下：

```
1   void CMyBoxDlg::DrawSmallNet()
2   {
3     Tool &next_tool=game._nextTool;
4     int type=next_tool. GetType();
5     if (type==0) //无有效俄罗斯方块，返回
6       return;
7     CRect rect;
8     //显示下一个方块界面
9     CWnd * wnd=GetDlgItem(IDC_PIC_SMALL);
10    CPaintDC dc(wnd);
11    wnd->GetClientRect(&rect);
12    CClientDC dcc(wnd);
13    const COLORREF   colorTableA[]={RGB(255, 0, 0), RGB(0, 255, 0),
14        RGB(0, 0, 255), RGB(255, 255, 0), RGB(160, 32, 240)};
15    CBrush brush(colorTableA[type-1]);
16    for (int i=0; i<4; i++)
17      for (int j=0; j<4; j++) {
18        if (next_tool. ElementAt (i, j) !=0) {
19          dcc. FillRect(CRect(j * rect. Width() / 4,
20            i * rect. Height() / 4,
```

```
21              (j+1) * rect. Width() / 4,
22              (i+1) * rect. Height() / 4), &brush);
23
24          CBrush * pBrush=CBrush;;FromHandle((HBRUSH)
25            GetStockObject(NULL_BRUSH));
26          CBrush * pOldBrush=dc. SelectObject(pBrush);          //选入画刷
27          dc. Rectangle(
28              j * rect. Width() / 4,
29              i * rect. Height() / 4,
30              (j+1) * rect. Width() / 4,
31              (i+1) * rect. Height() / 4);
32          dc. SelectObject(pOldBrush);                          //恢复原先画刷
33        }
34      }
35    wnd->RedrawWindow();
36  }
```

DrawSmallNet()函数的实现逻辑与主界面绘制逻辑相同,但是该函数的数组大小和画布上需要画线的位置不同。具体可参考游戏主界面绘制函数,这里不再赘述。

8.3.6 游戏帮助

点击游戏主对话框中的"游戏帮助"按钮,会打开一个新的对话框,在这个对话框中可以查看游戏帮助信息。将"游戏帮助"按钮的 ID 属性设置为"IDC_BUTTON_INSTRUC-TIONS",设置其"Caption"属性为"游戏帮助"。下面需要新建一个帮助对话框,其步骤如下:

(1) 选择"资源视图",右击"Dialog"并插入"Dialog",选中新增的"Dialog",将其 ID 属性修改为"DIALOG_INSTRUCTIONS"。

(2) 双击这个新的对话框,在该对话框上添加"Static Text"控件,修改其"Caption"属性的内容和位置。

(3) 删除新建对话框的取消按钮,这样游戏帮助界面就设计完毕了。

双击新建的帮助对话框,为其增加一个 HelpDlg 类。在 MyBoxDlg. cpp 文件中引入这个类的头文件,代码如下:

```
# include "HelpDlg. h"
```

接下来,只要让游戏帮助按钮响应相关事件就可以显示帮助对话框了。双击主界面的"游戏帮助"按钮,添加如下事件代码:

```
1  void CMyBoxDlg;;OnBnClickedButtonInstructions()
2  {
3    if (game->GetState()==GO)
4      game->HaltOrContinue();
5      KillTimer(1);
```

```
6     HelpDlg Dlg;
7     Dlg.DoModal();//调用帮助对话框的模态事件
8   }
```

此时运行程序，点击"游戏帮助"按钮，则可以查看游戏帮助。

8.3.7　游戏暂停和继续

在游戏主对话框中，游戏暂停/继续操作可以通过点击"暂停/继续"按钮实现，也可以通过敲击空格键实现。

1. 使用按钮实现

在游戏主对话框中，修改"暂停/继续"按钮的 ID 为"IDC_BUTTON_HALT"。双击"暂停/继续"按钮，编辑它的单击事件代码如下：

```
1   void CMyBoxDlg::OnBnClickedButtonHalt()
2   {
3     game->HaltOrContinue();
4     //ID 为 1 的定时器失效
5     if (game->GetState()==HALT)
6       KillTimer(1);
7     //ID 为 1 的定时器启用，时间间隔为 game->TIME_STEP
8     if (game->GetState()==GO)
9       SetTimer(1, game->TIME_STEP, NULL);
10  }
```

首先调用 Game 类的 HaltOrContinue() 函数，将 State 状态在 GO 和 HALT 两个状态之间切换。如果当前游戏是暂停状态(HALT)，则移除定时器；如果是工作状态(GO)，则设置定时器。这样就可以控制游戏的暂停和继续了。

2. 使用空格键实现

使用空格键操作，首先想到的是写在 Game 类的 Input() 函数中，毕竟这里有其他的键盘事件捕捉和处理，在这里定义既美观又符合逻辑，但是在这里这么做并不能生效。因为空格事件已经被系统拦截，所以首先要通知系统，空格事件已经被处理，不需要拦截。具体代码如下：

```
1   BOOL CMyBoxDlg::PreTranslateMessage(MSG * pMsg) {
2     if (pMsg->message==WM_KEYDOWN) {
3       OnKeyDown((UINT)pMsg->wParam);
4       if (pMsg->wParam==VK_SPACE) {
5         return true;
6       }
7     }
8     return false;
9   }
```

然后，在对应的 MyBoxDlg. h 文件中加入函数声明，代码如下：

BOOL PreTranslateMessage(MSG * pMsg);

最后，编写处理空格键的函数，直接修改键盘事件代码，具体代码如下：

```
1    void CMyBoxDlg::OnKeyDown(UINT nChar) {
2        game->Input(nChar);
3        if (nChar==VK_SPACE) {
4            OnBnClickedButtonHalt();     //如果是空格键，则调用"暂停/继续"按钮事件代码
5        }
6        Invalidate(true);                //重绘界面
7    }
```

至此，俄罗斯方块游戏的基本功能均已完成。读者可以生成解决方案后，运行游戏并查看游戏功能是否能正常运行。若发现运行错误的情况，则需要使用调试功能查找程序错误。

8.4 游戏界面优化

以上我们使用较长的篇幅介绍了游戏的功能实现，接下来对界面外观做一些简单的优化。MFC 项目提供了外观优化的功能。

8.4.1 对话框优化

对整个对话框进行设计，为了简便我们使用一张图片作为背景图片。

1. 更换对话框的背景图片

首先，将对话框属性的"Border"修改为"None"，如图 8-10 所示。

图 8-10　修改对话框属性

　　然后，我们向项目中导入背景图片，如图 8 - 11 所示。其具体操作是：选择"资源视图"，右击"添加"→"资源"，选择"Bitmap"→"导入"，然后选择所需的背景图片"Background. bmp"（自带标题栏的背景图片）。

图 8 - 11　导入背景图片

　　此时，在资源视图中会多出一个 Bitmap 文件夹，刚添加的图片资源就在其中，"IDB_BITMAP1"就是背景图片资源的 ID，可以在属性窗口中修改 ID 的值，如图 8 - 12 所示。

图 8 - 12　资源视图的 Bitmap 文件夹

接下来进行图片背景的设置，在 MyBoxDlg. cpp 文件的 OnPaint() 函数中添加如下代码，并注释系统的默认代码。以下这段代码的功能主要是进行背景图片的设置：

```
1   //CDialogEx::OnPaint();          //注释系统的默认代码
2   CPaintDC  dc(this);             //响应一个 WM_PAINT 消息时被使用
3   CRect  rect;                    //新建一个画布
4   GetClientRect(&rect);          //获得控件大小
5   CDC  dcMem;
6   dcMem.CreateCompatibleDC(&dc); //创建一个与 dc 相容的上下文环境
7   CBitmap  bmpBackground;
8   bmpBackground.LoadBitmap(IDB_BITMAP1);
9   //IDB_BITMAP1 是背景图片的 ID
10  BITMAP  bitmap;
11  bmpBackground.GetBitmap(&bitmap);
12  CBitmap  *pbmpOld=dcMem.SelectObject(&bmpBackground);
13  dc.StretchBlt（0，0，rect.Width（），rect.Height（），&dcMem，0，0，bitmap.bmWidth，
bitmap.bmHeight，SRCCOPY）；
```

此外，可以消除游戏主对话框的尖角，使整个界面看起来更加圆滑。在 MyBoxDlg. cpp 文件的 OnInitDialog() 函数中，添加如下代码：

```
1   //将游戏主对话框的尖角改为圆角
2   CRgn rgnTmp；
3   RECT rc；
4   GetClientRect(&rc)；
5   rgnTmp.CreateRoundRectRgn(rc.left+3，rc.top+3，rc.right-rc.left-3，rc.bottom
6   -rc.top-3，6，6)；
7   SetWindowRgn(rgnTmp，TRUE)；
```

在完成上述工作后，游戏主对话框的背景图片被成功设置。但由于游戏主对话框的"Boder"属性设置为"None"后，系统默认的标题栏已经消失，最小化按钮、关闭按钮以及对话框的拖动功能均无法正常使用。接下来我们来解决这几个问题。

2. 对话框的移动

首先，在 MyBoxDlg. h 头文件中添加消息映射函数 OnNcHitTest()，具体添加代码如下：

```
1   protected：
2       HICON m_hIcon；
3   ...
4   ...
5   afx_msg LRESULT OnNcHitTest(CPoint point)；//添加消息映射函数声明
6   DECLARE_MESSAGE_MAP()
```

接下来，在 MyBoxDlg. cpp 文件中的消息宏中增加 OnNcHitTest()函数。然后，在实现类内实现 OnNcHitTest()函数，具体代码如下：

```
1   LRESULT CMyBoxDlg::OnNcHitTest(CPoint point)
2   {
3       LRESULT ret=CDialogEx::OnNcHitTest(point);
4       return (ret==HTCLIENT) ? HTCAPTION: ret;
5   }
```

到此，对话框就可以和项目刚创建时一样自由拖动了。

8.4.2　标题栏优化

由于缺失了标题栏，我们需要自定义标题栏上的最小化按钮、关闭按钮和游戏标题。

1. 最小化按钮和关闭按钮

首先，向游戏主对话框的合适位置添加最小化按钮和关闭按钮，并修改它们的 ID 属性为"IDC_BUTTON_MIN"和"IDC_BUTTON_CLOSE"。设置这两个按钮的"OwnerDraw"属性为"True"。MFC 中任何自定义控件都需要将控件的"OwnerDraw"属性修改为"True"。创建一个自定义类 CMyButton，使其继承自 CButton 类。CMyButton. h 头文件中的具体代码如下：

```
1    #include<afxwin. h>
2    //包含这个头文件后可以使用 CImage 类
3    #include<atlimage. h>
4    class CMyButton: public CButton {
5      DECLARE_DYNAMIC(CMyButton)
6    public:
7      CImage m_imgButton;        //按钮背景图像
8      CString m_strImgPath;      //按钮 png 路径，包括焦点，正常，按下 3 个状态
9      CString m_strImgParentPath;//父窗口背景图片背景路径，透明 png 需要使用
10     //设置按钮背景图片路径，父窗口背景图片路径
11     void SetImagePath(CString strImgPath, CString strParentImgPath);
12     //初始化按钮，主要是调整按钮的位置，处理透明色
13     bool InitMyButton(int nX/* 左上角 x 坐标 */, int nY/* 左上角 y 坐标 */, int nW/*
14     图像宽 */, int nH/* 图像高 */, bool bIsPng/* 是否是 PNG 图片 */);
15     //自绘制函数
16     virtual void DrawItem(LPDRAWITEMSTRUCT lpDrawItemStruct);
17   protected:
18     //DECLARE_MESSAGE_MAP()
19   };
```

CMyButton. cpp 文件的具体实现代码如下：

```
1    # include "CMyButton. h"
2    # include<assert. h>
3    / * 设置按钮背景图片路径，父窗口背景图片路径 * /
4    void CMyButton::SetImagePath(CString strImgPath, CString strParentImgPath) {
5      m_strImgPath = strImgPath;
6      m_strImgParentPath = strParentImgPath;
7    }
8    / * 初始化按钮，主要是调整按钮的位置，处理透明色 * /
9    bool CMyButton::InitMyButton(int nX, int nY, int nW, int nH, bool bIsPng) {
10     HRESULT hr = 0;
11     if (m_strImgPath. IsEmpty())
12       return false;
13     hr = m_imgButton. Load(m_strImgPath);
14     if (FAILED(hr))
15       return false;
16     if (bIsPng)
17     {
18       if (m_imgButton. GetBPP() = = 32)
19       {
20         int i = 0;
21         int j = 0;
22         for (i = 0; i<m_imgButton. GetWidth(); i++)
23         {
24           for (j = 0; j<m_imgButton. GetHeight(); j++)
25           {
26             byte * pbyte = (byte * )m_imgButton. GetPixelAddress(i, j);
27             pbyte[0] = pbyte[0] * pbyte[3] / 255;
28             pbyte[1] = pbyte[1] * pbyte[3] / 255;
29             pbyte[2] = pbyte[2] * pbyte[3] / 255;
30           }
31         }
32       }
33     }
34     MoveWindow(nX, nY, nW, nH);
35     return true;
36   }
37   / * 自绘制函数 * /
38   void CMyButton::DrawItem(LPDRAWITEMSTRUCT lpDrawItemStruct) {
39     if (! lpDrawItemStruct)
40       return;
41     HDC hMemDC;
42     HBITMAP bmpMem;
43     HGDIOBJ hOldObj;
```

```
44    bmpMem＝
45      CreateCompatibleBitmap(lpDrawItemStruct－＞hDC，
46        lpDrawItemStruct－＞rcItem. right－lpDrawItemStruct－＞rcItem. left，
47        lpDrawItemStruct－＞rcItem. bottom－lpDrawItemStruct－＞rcItem. top)；
48    if (！bmpMem)
49      return；
50    hMemDC＝CreateCompatibleDC(lpDrawItemStruct－＞hDC)；
51    if (！hMemDC)
52    {
53      if (bmpMem)
54      {
55        ∷DeleteObject(bmpMem)；
56        bmpMem＝NULL；
57      }
58      return；
59    }
60    hOldObj＝∷SelectObject(hMemDC，bmpMem)；
61    RECT rectTmp＝{0}；
62    rectTmp＝lpDrawItemStruct－＞rcItem；
63    MapWindowPoints(GetParent()，&rectTmp)；
64    int nW＝lpDrawItemStruct－＞rcItem. right－lpDrawItemStruct－＞rcItem. left；
65    int nH＝lpDrawItemStruct－＞rcItem. bottom－lpDrawItemStruct－＞rcItem. top；
66    if (lpDrawItemStruct－＞itemState & ODS_SELECTED) {
67      //按钮被选择
68      m_imgButton. BitBlt(hMemDC，0，0，nW，nH，nW＊2，0，SRCCOPY)；
69    }
70    else if (lpDrawItemStruct－＞itemState & ODS_FOCUS) {
71      //焦点状态
72      m_imgButton. BitBlt(hMemDC，0，0，nW，nH，nW，0，SRCCOPY)；
73    }
74    else {
75      //默认状态
76      CImage imgParent；
77      imgParent. Load(m_strImgPath)；
78      imgParent. Draw(hMemDC，0，0，nW，nH，rectTmp. left，rectTmp. top，nW，nH)；
79      m_imgButton. AlphaBlend(hMemDC，0，0，nW，nH，0，0，nW，nH)；
80      //由于刚开始默认显示黑色，所以做一下改进，改成焦点状态
81      m_imgButton. BitBlt(hMemDC，0，0，nW，nH，nW＊2，0，SRCCOPY)；
82      imgParent. Destroy()；
83    }
84    ∷BitBlt(lpDrawItemStruct－＞hDC，0，0，nW，nH，hMemDC，0，0，SRCCOPY)；
85    SelectObject(hMemDC，hOldObj)；
86    if (bmpMem) {
```

```
87        ::DeleteObject(bmpMem);
88        bmpMem=NULL;
89      }if (hMemDC) {
90        ::DeleteDC(hMemDC);
91        hMemDC=NULL;
92      }
93      return;
94    }
95    IMPLEMENT_DYNAMIC(CMyButton, CButton)
```

在 MyBoxDlg. h 头文件中引入 CMyButton. h 头文件，并在 private 域中声明按钮变量，代码如下：

```
1    CMyButton m_btnClose;
2    CMyButton m_btnMin;
```

在 MyBoxDlg. cpp 文件中绑定变量与控件，在 DoDataExchange()函数中添加如下代码：

```
1    DDX_Control(pDX, IDC_BUTTON_MIN, m_btnMin);
2    DDX_Control(pDX, IDC_BUTTON_CLOSE, m_btnClose);
```

在 OnInitDialog()函数中编写按钮控件显示代码，设置按钮的背景图片和显示位置，代码如下：

```
1    CWnd * pWnd;
2    pWnd=GetDlgItem(IDC_BUTTON_MIN); //获取控件指针, IDC_BUTTON_MIN 为控件
                                                        ID 号
3    m_btnMin. SetImagePath(_T(". /res/btn_min. png"), _T(". /res/Background. png"));
4    m_btnMin. InitMyButton(443, 8, 27, 21, true);
5    m_btnClose. SetImagePath(_T(". /res/btn_close. png"), _T(". /res/Background. png"));
6    pWnd=GetDlgItem(IDC_BUTTON_CLOSE); //获取控件, IDC_BUTTON_CLOS 为控件
                                                        的 ID
7    m_btnClose. InitMyButton(470, 8, 27, 21, true);
```

此时，最小化按钮和关闭按钮可以在对话框上显示。最后，我们再为这两个按钮添加响应事件。代码如下：

```
1    //最小化按钮事件代码
2    void CMyBoxDlg::OnBnClickedButtonMin(){
3      PostMessage(WM_SYSCOMMAND, SC_MINIMIZE, 0);
4    }
5    //关闭按钮事件代码
6    void CMyBoxDlg::OnBnClickedButtonClose(){
7      PostQuitMessage(1);
8    }
```

2. 游戏标题

在游戏主界面添加"Static Text"控件，将 ID 属性设置为"IDC_STATIC _TOPIC"，将其"Caption"属性设置为"俄罗斯方块"。新建一个 CCaption 类，继承自 CStatic。CCaption. h头文件的代码如下：

```
1   class CCaption：public CStatic {
2   public：
3       HBRUSH CtlColor(CDC * pDC, UINT nCtlColor)；
4       void Init(int nX, int nY, int nW, int nH)；
5   protected：
6       DECLARE_MESSAGE_MAP() //这里声明了消息宏, 在 CCaption. cpp 文件中需要加入对
                               应的消息
7   };
```

CCaption. cpp 文件中的函数实现代码如下：

```
1   # include "CCaption. h"
2   BEGIN_MESSAGE_MAP(CCaption, CStatic)    //需要添加的消息宏
3     ON_WM_CTLCOLOR_REFLECT()
4   END_MESSAGE_MAP()
5
6   HBRUSH CCaption：：CtlColor(CDC * pDC, UINT nCtlColor) {
7     //TODO：在此更改 DC 的任何特性
8     CFont font；
9     LOGFONT lf；
10    if (! pDC)
11      return NULL；
12    //创建一个空画刷, 返回这个画刷可以让静态控件的背景透明
13    HBRUSH hr＝(HBRUSH)GetStockObject(NULL_BRUSH)；
14    pDC－＞SetBkMode(TRANSPARENT)；           //让文字的背景透明
15    pDC－＞SetTextColor(RGB(255, 255, 255))； //设置文字的颜色为白色
16    ：：ZeroMemory(&lf, sizeof(lf))；
17    lf. lfHeight＝14；                        //设置逻辑字体的高度
18    lf. lfWeight＝FW_BOLD；                    //设置逻辑字体为粗体字
19    ：：lstrcpy(lf. lfFaceName, _T("黑体"))；    //设置字体为黑体
20    font. CreateFontIndirect(&lf)；            //用逻辑字体创建一个 CFont 对象
21    pDC－＞SelectObject(&font)；                //应用字体
22    return hr；
23  }
24  void CCaption：：Init(int nX, int nY, int nW, int nH){
25    MoveWindow(nX, nY, nW, nH)；
26  }
```

在 MyBoxDlg. h 头文件中引入 CCaption. h 头文件，代码如下：

```
#include "CCaption. h"
```

同时，在 MyBoxDlg 类中，声明一个 private 的 CCaption 类型的变量，代码如下：

```
CCaption m_staticCap;
```

在 MyBoxDlg. cpp 文件中绑定以上这个变量和控件，代码如下：

```
DDX_Control(pDX, IDC_STATIC_TOPIC, m_staticCap);
```

在 MyBoxDlg. cpp 文件的 OnInitDialog() 函数中调用的代码如下：

```
m_staticCap. Init(15, 15, 100, 20);
```

至此，本项目标题栏的界面优化可以告一段落。我们可以将对话框的标题修改为我们想要的名称，这里我们取名为"俄罗斯方块"。

8.4.3　按钮优化

按钮的优化基于简单实用的原则，本项目不进行复杂的操作，直接修改按钮的背景图片。首先需要修改各按钮的"OwnDraw"属性为"True"，然后导入事先设定好的按钮的背景图片。

在 MyBoxDlg. h 头文件中添加如下变量：

```
1  CBitmapButton m_buttonstart;          //开始按钮变量
2  CBitmapButton m_buttonhalt;           //暂停按钮变量
3  CBitmapButton m_instuction_btn;       //帮助按钮变量
```

在 MyBoxDlg. cpp 文件中绑定变量与控件，在 DoDataExchange() 函数中添加如下代码：

```
1  DDX_Control(pDX, IDC_BUTTON_START, m_buttonstart);
2  DDX_Control(pDX, IDC_BUTTON_HALT, m_buttonhalt);
3  DDX_Control(pDX, IDC_BUTTON_INSTRUCTIONS, m_instuction_btn);
```

在 MyBoxDlg. cpp 文件的 OnInitDialog() 函数中加载按钮的背景图片，代码如下：

```
1  m_buttonstart. LoadBitmaps(IDB_BITMAP3, IDB_BITMAP4);
2  m_buttonhalt. LoadBitmaps(IDB_BITMAP2, IDB_BITMAP5);
3  m_instuction_btn. LoadBitmaps(IDB_BITMAP6, IDB_BITMAP7);
```

代码中出现的图片 ID 与资源文件路径/名称的对应关系如表 8-1 所示。

表 8 - 1　图片 ID 与资源文件路径/名称的对应关系

图片 ID	资源文件路径/名称
IDB_BITMAP1	res\Background. bmp
IDB_BITMAP2	res\pause. bmp
IDB_BITMAP3	res\start. bmp
IDB_BITMAP4	res\restart. bmp
IDB_BITMAP5	res\unpause. bmp
IDB_BITMAP6	res\游戏帮助 . bmp
IDB_BITMAP7	res\游戏帮助粉色背景. bmp

8.5　游戏运行效果

项目编译生成后，俄罗斯方块运行效果如图 8 - 13 所示。

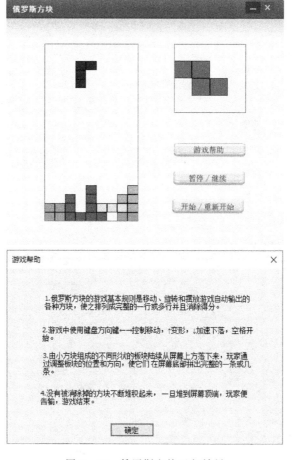

图 8 - 13　俄罗斯方块运行效果

8.6 本 章 总 结

本章系统介绍了基于 MFC 的经典俄罗斯方块游戏开发过程，涵盖了从界面设计到功能实现，再到界面优化的各个环节。首先，通过创建 MFC 对话框应用程序，设计游戏主界面，奠定了游戏的基础框架；接着，通过定义 Tool 类和 Game 类，实现了方块的形状、旋转、下落、移动及消除满行等核心功能；然后，再利用 MFC 的消息映射机制，使游戏能够响应用户的键盘输入，控制方块的移动和旋转，以及游戏的暂停与继续。同时，通过设置定时器，实现了方块的自动下落，增强了游戏的动感。在界面绘制方面，通过绘图函数，实现了方块和背景的绘制，使得游戏界面美观且富有吸引力，提升了游戏的视觉效果和用户体验。

8.7 项 目 拓 展

请在本项目基础上，完善以下功能：

（1）完善本项目中俄罗斯方块的形状，实际的俄罗斯方块有七种形状，具体形状如图 8-14 所示。

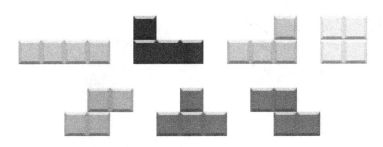

图 8-14 俄罗斯方块的具体形状

（2）优化游戏过程中界面的闪烁问题。

（3）增加游戏等级和分数等功能。

（4）随着游戏分数的增加，累积到一定分数后下降速率将会变快。

管理信息系统篇

第 9 章 学生成绩管理系统

9.1 问 题 描 述

随着信息化进程的不断加快，管理信息系统越来越广泛地应用于各行各业。管理信息系统可以有效实现信息的采集、存储、处理和利用，显著提升管理的质量和效率。在日常的工作和生活中，我们能接触到各类管理信息系统，如图书管理系统、企业员工管理系统、客户管理系统等。本章将基于 C 语言，介绍简单学生成绩管理系统开发过程。

管理信息系统
开发概述

需要求解的问题：利用模块化程序设计方法、查找算法、排序算法、数组、循环、多分支选择结构等知识，设计并编码实现一个学生成绩管理系统，通过该系统实现对某班期末考试各门课程成绩的管理。

9.2 解 题 思 路

9.2.1 系统功能分析

针对学生成绩管理系统开发的基本要求，对问题进行深入分析，从而确定系统的功能和执行流程。

系统功能和
执行流程

首先，对教学班的学生人数和课程门数进行了限制：该班的学生人数小于或等于 50 人，课程门数不超过 10 门。具体的学生人数和课程门数在程序运行时由键盘输入。因为本系统能够处理的数据量上限已经确定，那么可以采用结构体数组来解决这个问题，即用每一个学生的所有信息（学号、姓名、各门课程考试成绩）构成一条记录，而记录中各个分量的数据类型可能不同（学号为长整型，姓名为字符串，各门课程考试成绩为浮点型），所以每一条记录需要用一个结构体变量来表示，学生人数上限是 50 人，最多有 50 条记录，因此结构体数组的大小定义为 50。

其次，要实现对学生成绩的高效便捷管理，系统至少应具备如下功能：

（1）数据输入功能。能够输入每个学生的记录，包括学号、姓名和各门课程成绩。

（2）数据处理功能。具体包括：

① 能够增加一条到多条学生记录，但增加的记录条数和已有记录条数之和应该小于等于 50 条。

② 能够删除一条到多条学生记录。

③ 能够对学生记录进行查询，包括按学号查询和按姓名查询。

④ 能够对已有的学生记录进行修改。

⑤ 能够对学生成绩进行计算，包括计算每一位学生的成绩总分和平均分。

⑥ 能够对课程成绩进行计算，包括计算每一门课程的总分和平均分。

⑦ 能够对学生记录进行排序，包括按照学号进行升序排序，按照姓名字典顺序进行排序，按照成绩总分/平均分进行降序或升序排序。

⑧ 能够对学生记录进行统计，按总分或平均分统计各个分数段的人数、占比，统计各门课程各个分数段的人数、占比。

（3）数据存取功能。具体包括：

① 能将该班的学生记录进行存盘操作。

② 能够从磁盘上读取已有学生记录，进行进一步的处理。

（4）数据输出功能。能够按照要求将学生记录打印输出。

由此，可以画出如图 9-1 所示的学生成绩管理系统的功能模块图。

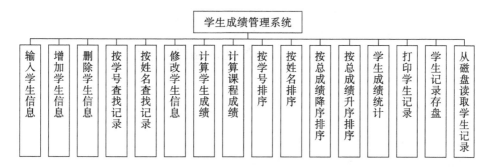

图 9-1　学生成绩管理系统的功能模块图

9.2.2　业务流程分析

由系统功能分析结果可见，学生成绩管理系统的功能模块比较多。在实际使用时，并不需要每次都把所有功能执行一遍。因此，可以提供菜单，方便用户选择所需功能。在程序运行时，显示如图 9-2 所示的学生成绩管理系统的功能选择菜单，提示用户在键盘上输入所选的功能代号，程序自动转去执行相应功能。处理完毕后，返回菜单，再选择功能代

图 9-2　学生成绩管理系统的功能选择菜单

号，执行其他处理，直到选择功能代号 0，程序运行结束，退出系统。学生成绩管理系统的业务流程图如图 9-3 所示。

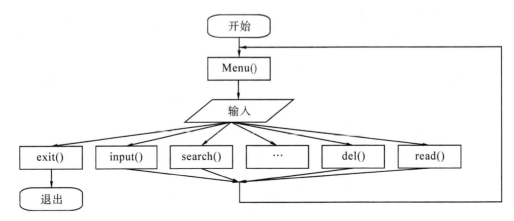

图 9-3　学生成绩管理系统的业务流程图

9.3　系统功能实现

9.3.1　创建项目

首先，在 Code∷Blocks 中创建一个项目，项目名称命名为"StudentScoreManage-mentSystem.cpp"，如图 9-4(a)~(d)所示。

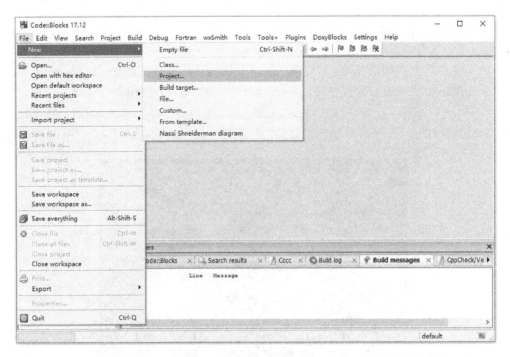

(a) 新建项目

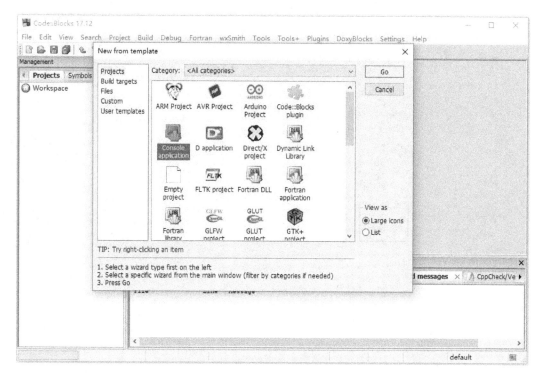

（b）选择控制台应用

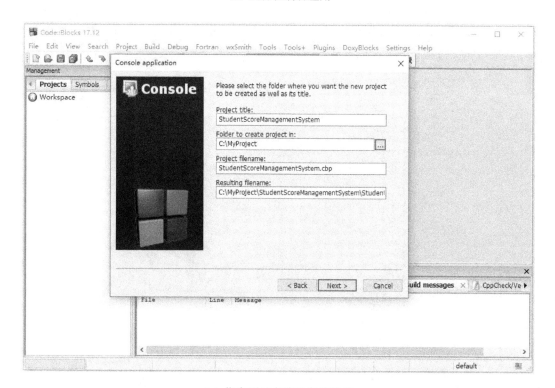

（c）指定项目名称及存放路径

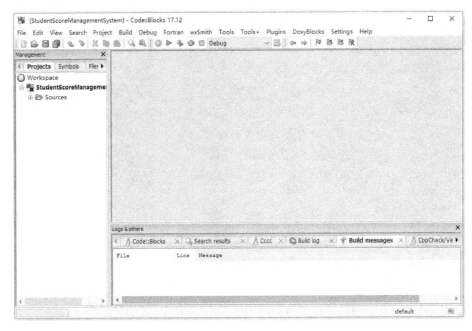

(d) 项目创建完毕

图 9 - 4　新建工程

项目创建完成后，在左边 Projects 窗口中，双击"Sourses"，能够看到在新创建的项目里默认有一个名为"main. c"的源文件，双击打开"main. c"，发现集成开发环境已经自动生成了一段输出"Hello world!"的程序，如图 9 - 5 所示。在该源文件中，可以正式开始编写学生成绩管理系统代码，也可以自己新建源文件。

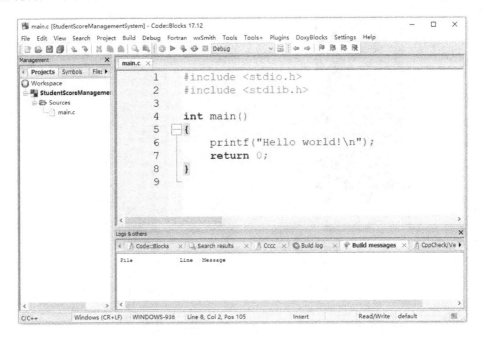

图 9 - 5　默认的 main. c

9.3.2　预设项目基本信息

为了使程序具备更好的可读性和可维护性，很多公司都要求源文件有统一的布局规范。例如，在源文件开头，以统一格式填写项目相关信息，包括项目名称、项目功能、开发团队名、主要作者、开发时间、版本号等。

预设项目
基本信息

Code::Blocks 提供了预定义功能，帮助开发者按一定格式预设项目基本信息。当新建 C/C++文件时，相关内容会自动添加到文件的开始处。在本项目中，希望预设的内容及格式如下：

```
/ * * * * * * * * * * * * * * * * * * * * * * * * * * * * * * * * * * * * * * /
* Project：
* Function：
/ * * * * * * * * * * * * * * * * * * * * * * * * * * * * * * * * * * * * * * /
* Author：
* Name：
/ * * * * * * * * * * * * * * * * * * * * * * * * * * * * * * * * * * * * * * /
* time：
* version：
/ * * * * * * * * * * * * * * * * * * * * * * * * * * * * * * * * * * * * * * /
*
* Copyright 2019 by HangZhou DianZi University
*
/ * * * * * * * * * * * * * * * * * * * * * * * * * * * * * * * * * * * * * * /
```

如上所示，预设的内容称为 Default code，在 Code::Blocks 中可以通过选择"Settings"→"Editor"→"Default Code"来设置，如图 9-6 所示。读者可以根据实际需求进行格式或内容调整。与集成开发环境 Code::Blocks 相似，绝大多数集成开发环境也提供了类似功能，读者可以自行摸索。

然后，通过选择"File"→"New"→"File"创建的代码文件将自动添加上 Default code。接下来就可以在预设的 Default code 的基础上，根据项目的开发实际，填入相应的信息。本系统的项目信息如下：

```
/ * * * * * * * * * * * * * * * * * * * * * * * * * * * * * * * * * * * * * * /
* Project：学生成绩管理系统
* Function：输入学生成绩记录、增删查改、计算排序等
/ * * * * * * * * * * * * * * * * * * * * * * * * * * * * * * * * * * * * * * /
* Author：不忘初心团队
* Name：  mh
/ * * * * * * * * * * * * * * * * * * * * * * * * * * * * * * * * * * * * * * /
* time：  2019/02/01
* version：V0.1
/ * * * * * * * * * * * * * * * * * * * * * * * * * * * * * * * * * * * * * * /
```

```
 *
 * Copyright 2019 by HangZhou DianZi University
 *
 /* * * * * * * * * * * * * * * * * * * * * * * * * * * * * * * * * * * * * * * */
```

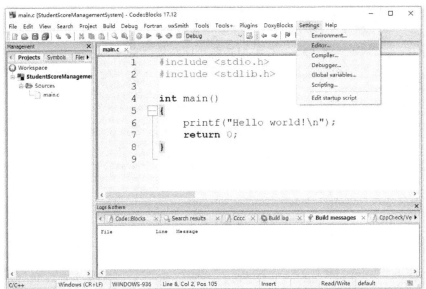

（a）第一步

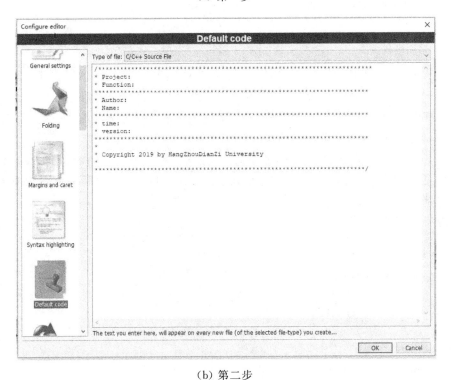

（b）第二步

图 9-6　预设项目基本信息

9.3.3　文件包含

用 C 语言编写好 C 源程序需要经过编译、链接,得到可执行文件,运行后,才能得到结果。在编译之前,系统将对程序中的特殊命令进行预处理,这些特殊命令称为编译预处理命令。最常用的预处理命令有文件包含命令"♯include"、宏定义命令"♯define"和条件编译命令"♯ifdef/♯endif"等。为了与 C 语言语句区分,每一条编译预处理命令都以"♯"开头,单独占一行,命令最后不加分号。

在学生成绩管理系统中,需要使用一些库函数,因此在文件开头使用"♯include"命令把这些库函数头文件包含进来。

首先,在学生成绩管理系统中进行数据的格式化输入输出,因此需要把标准输入输出库函数头文件 stdio.h 包含进来;其次,为了使系统界面美观,应设置控制台窗口的大小,获取控制台上的坐标位置,对控制台窗口背景色及字体颜色进行设置,相应函数的声明在头文件 windows.h 中;学生的姓名是字符串,在操作过程中,将进行字符串的比较等操作,所以要把字符串操作头文件 string.h 包含进来;另外,还要进行清屏等系统操作,这就需要把头文件 stdlib.h 包含进来。文件包含部分的代码如下:

```
1  ♯include<stdio.h>
2  ♯include<windows.h>
3  ♯include<string.h>
4  ♯include<stdlib.h>
```

9.3.4　宏定义

在程序设计中,将经常使用的常量定义成符号常量,这就是宏定义。宏定义既有助于程序的阅读,帮助阅读者理解常量的含义,又便于常量的修改。要修改宏定义中的符号常量,只需要修改宏体,无须逐一修改程序中的每一个常量,避免错漏,减小程序员的工作量。

宏定义是最常使用的一种预处理命令。宏定义有两种,带参的宏定义和不带参的宏定义。本章主要使用不带参的宏定义。其基本用法是:

　♯define 宏名 宏体

区别于变量,宏名(符号常量)通常使用大写字母,并尽量简洁,单词与单词之间用下划线分隔,如:

　♯define MAX_VAL 1000

与文件包含一样,宏定义放在整个程序的开头。在预处理时,系统将该命令后面所有与宏名相同的文本都用宏体替换。

在学生成绩管理系统中,教学班学生人数上限、一学期的课程门数上限、学生姓名(字符串)最大长度等都是经常要用到的常量。此外,为了使该系统的输出美观,在控制台中输出信息时,需要确定信息在控制台窗口中输出的起始位置。如图 9-7 所示,将控制台窗口左上角作为坐标原点(0,0)，从该点水平向右的横线是 x 轴，越往右 x 值越大，从坐标原点垂直向下的直线是 y 轴，越往下 y 值越大，因此，只要在如图9-7所示的坐标系中给出某一点坐标(x,y)，那么这一点在控制台窗口中的位置便可唯一确定。

图9-7　控制台窗口的坐标系

学生成绩管理系统需要用到的宏定义如下：

```
1 #define STU_NUM 50        //教学班学生人数上限
2 #define COURSE_NUM 10     //一学期的课程门数上限
3 #define NAME_LEN 10       //学生姓名(字符串)最大长度
4 #define POS_X1 35         //1. 菜单页，第一列所有功能输出起始位置的 x 坐标值
                            //2. 排序之后输出提示起点的 x 坐标值
5 #define POS_X2 40         //输入模块的提示语句起点的 x 坐标值
6 #define POS_X3 50         //第一次调用输入模块或磁盘数据读入模块功能以外的其他
                            //  功能，提示"系统中尚无学生成绩信息，请先输入！"的起始
                            //  位置的 x 坐标值
7 #define POS_X4 65         //菜单页，第二列所有功能输出起始位置的 x 坐标值
8 #define POS_Y 3           //排序之后输出提示起点的 y 坐标值
```

9.3.5　结构体类型定义

在文件包含和宏定义之后，通常还需要定义本程序要使用的全局变量，模块化程序设计的基本原则要求：程序应由多个功能模块(即函数)构成，每个模块的功能要尽量独立，

彼此之间不要有过多的联系，模块之间的信息传递，最好通过函数的参数传递以及返回值来实现。除了一些特殊情况外，要尽量避免使用全局变量。本系统开发遵循这一原则，不使用全局变量。

根据 9.1 节的问题描述以及 9.2.1 节系统功能分析可知，学生成绩管理系统能够实现对班级学生期末考试成绩进行管理，班级人数不大于 50 人，课程不超过 10 门。对于每个学生而言，要记录的信息都相同，至少需要记录学号、姓名、课程 1 至课程 m（最多有 10 门）的分数，以及每个学生各科成绩的总分和平均分。由于所有这些信息归属于一个学生，因此最好把这些数据存放在一起，方便后续处理。虽然数组是一批数据的有序集合，但是要求数组中所有数组元素的数据类型必须一致。而在每个学生记录中，每一项数据类型可能不一致，例如，学号通常用长整型表示，姓名是字符串，分数则是浮点型，因此，无法使用数组来表示。为了解决这类问题，C 语言提供了一种构造数据类型，称为结构体，它是同一个数据项的若干分量构成的一个整体，与数组的最大区别在于这些数据分量的类型可以不一致。

根据不同问题的求解需求，构造出来的结构体的数据分量的个数、数据分量的排列组合可能有无限多种，C 语言无法定义一个统一的预设类型。因此，使用结构体来描述数据，第一步，需要根据问题求解需要，定义一个结构体类型。结构体类型的定义方法如下：

```
struct 结构体类型名
{
    类型 1 分量 1；
    类型 2 分量 2；
    …
    类型 n 分量 n；
};
```

由此可见，结构体类型的定义以关键字 struct 开头，然后是结构体类型名，后面跟上一对大括号，括号中按数据分量出现的顺序，定义该结构体类型数据的每一个分量的分量类型、分量名，最后在大括号后面用分号表示结构体类型定义完毕。

针对学生成绩管理系统的开发需求，定义如下的结构体类型 struct student：

```
1 struct student                        //定义结构体类型 struct student
2 {
3     long num;                         //学号
4     char name[NAME_LEN];              //学生姓名
5     float score[COURSE_NUM];          //各门课程成绩
6     float sum;                        //各门课程的总分
7     float aver;                       //各门课程的平均分
8 };
```

其中共有 5 个数据分量：第一个分量用于存放学号，类型是长整型，分量名是 num；

第二个分量用于存放学生姓名，类型是字符数组，分量名是 name；第三个分量用于存放各门课程成绩，定义为一个浮点型数组，数组名是 score，数组长度是前面定义的符号常量 COURSE_NUM；最后两个分量都是单精度浮点型，分量名分别是 sum 和 aver，用于存放各门课程的总分和平均分。

struct student 是结构体类型，类似于 C 语言预先定义的类型 int、char、float、double，不同之处在于 struct student 是程序设计者根据学生成绩管理系统设计需要自己定义的一种新的构造类型。而无论是 C 语言预设的类型，还是自定义类型都相当于一个模具，用这个模具可以定义若干个变量。

因此可以用新定义的结构体类型 struct student 来定义变量 stu，定义好了后，就可以存放一个学生的学号、姓名、各门课程成绩、各门课程的成绩总分和平均分。但是一个此类型变量只能存放一个学生的信息，而在学生成绩管理系统中，最多需要存放 50 个同类型的数据，因为相同类型的数据可以使用数组来存放，因此可以定义一个结构体数组，定义方式是"struct student stu[50];"，数组名是 stu，数组长度是 50，每个元素的类型都是 struct student。定义好之后，得到如图 9-8 所示的结构体数组。虽然其与二维数组很相似，但二者存在本质区别，二维数组用于存储类型相同的元素阵列；结构体数组用于存储具有相同结构体类型的多个元素，每个元素本身由具有多个不同类型的分量组成。

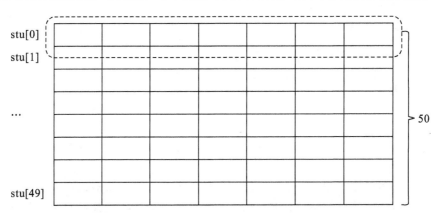

图 9-8　结构体数组

定义结构体类型时必须以关键字 struct 开头，后面跟上自己定义的结构体类型名，往往比较长，写起来很麻烦。C 语言提供了一种方式，用 typedef 来为类型名起一个别名。使用方式是：

typedef 旧类型名　新类型名

为方便起见，在学生成绩管理系统的程序设计中，用"typedef struct student STU"给定义的结构体类型 struct student 起一个简短的别名 STU，其中，struct student 是原来的类型名，STU 是新类型名，即 struct student 和 STU 等价，对于变量 stu 的定义，既可以使用"struct student stu;"来定义，也可以使用"STU stu;"来定义，二者完全等价。也可以在定义结构体类型的同时，为定义的结构体类型起好别名，本程序采用这种方式，完整的定义如下：

```
1 typedef struct student
2 {
3     long num;
4     char name[NAME_LEN];
5     float score[COURSE_NUM];
6     float sum;
7     float aver;
8 } STU;
```

9.3.6　system()函数

运行 C 程序，在输出信息时，控制台窗口的大小往往比较小，显示的信息有限，并且输出一般都是黑色背景，白色文字，相对单调。如果能根据需要，合理设置控制台窗口大小、背景颜色、文字颜色等，可以有效提升用户体验。另外，执行完一个新功能，要在控制台打印输出处理结果，通常需要将控制台中上一次打印输出的信息清除，只输出当前的执行结果，使信息看起来更清晰、美观。绝大多数 C 编译器都提供了 system()函数，来满足这类需求。

system 函数

system()函数的声明在头文件 stdlib.h 中，调用这个函数，主要作用是向操作系统传递控制台命令。函数的原型是：

```
int system(char * command);
```

参数是需要执行的 DOS 命令，命令以字符串或是指向命令行字符串的指针形式出现。当参数是字符串形式的命令时，需要用双引号引起来。例如，system("pause")，双引号中的 pause 就是需要执行的 DOS 命令，在 C 程序中执行到这条指令时，就会冻结窗口，便于观察此刻程序的执行结果。

例如，如下程序段的作用是输出 1～200 的正整数，每行输出一个。执行程序后，因为控制台窗口大小有限，运行时，前面的结果被滚屏，只能看到后面的几十个整数。

```
1 int i;
2 for(i=1; i<=200; i++)
3 {
4     printf("%d\n", i);
5 }
```

如果希望看到所有的输出，可以增加一行代码："if(i%20==0) system ("pause");"具体程序段如下：

```
1 int i;
2 for(i=1; i<=200; i++)
3 {
4     printf("%d\n", i);
```

```
5       if(i%20==0) system("pause");
6 }
```

执行这段程序，每输出 20 个整数，系统就会自动冻结控制台窗口，按任意键再输出接下来的 20 个整数，循环往复，直到输出所有运行结果。

由此可见，system()函数的作用就是执行相应的 DOS 命令。以最常用的 Windows 操作系统为例，在执行 cmd 命令时，可以在控制台窗口执行控制台命令行。在 C 程序中，通过 system()函数执行控制台命令行和在 DOS 窗口中执行控制台命令行，两者效果完全一样。因此只要是 DOS 窗口中可以执行的控制台命令行都可以使用 system()函数来执行，当传递给 system()函数的参数不同时，将执行不同的 DOS 命令。

下面介绍除 pause 命令外，本章需要用到的作为 system()函数参数的常用 DOS 命令。

（1）color 命令。当 system()函数参数为"color 两位十六进制数"时，将设置控制台的背景色和文字的颜色。其中，十六进制数的高位用于设置控制台窗口的背景色，低位用于设置控制台窗口的前景色，即输出文字的颜色。color 命令十六进制数与颜色的对应关系如表9-1所示。

表 9-1　color 命令十六进制数与颜色的对应关系

十六进制数	颜色	十六进制数	颜色
0	黑色	8	灰色
1	蓝色	9	淡蓝色
2	绿色	A	淡绿色
3	浅绿色	B	淡浅绿色
4	红色	C	淡红色
5	紫色	D	淡紫色
6	黄色	E	淡黄色
7	白色	F	亮白色

例如，system("color 0A") 表示设置窗口背景色为黑色，文字颜色为淡绿色。

（2）cls 命令。使用 cls 命令作为 system()函数参数，功能是清除当前屏幕内所有信息。

（3）mode 命令。使用 mode 命令作为 system()函数参数，可以对系统设备进行配置。

例如，system("mode con cols=30 lines=20")设置控制台窗口的大小为 30 列 20 行，并一直保持到再次设置控制台窗口大小为止。cols 最小值为 13，lines 最小值为 1。

system()函数的功能非常强大，支持多种 DOS 命令，由于篇幅所限，无法一一介绍，读者可以上网查找相关命令及对应的功能。

9.3.7　函数声明

函数是 C 程序的基本组成单位，每个 C 程序都由一到多个函数组成，必须有且只有一个主函数。除主函数以外，既可以调用库函数，也可以使用自定义函数。与变量一样，使用自定义函数时必须先声明后使用。对于函数的定义，根据 C 语言的语法规则，既可以放在调用之前，也可以放在调用之后。如果函数定义放在被调用函数之前，即使不表明，也不会产生语法错误；而被调用函数放在主调函数后面，不做其他处理，那么将出现语法错误，程序无法正常编译。要解决这个问题，可以在函数调用前对自定义函数进行声明。

函数声明的作用是通知编译系统，后面要调用函数的基本信息，包括函数名、函数返回值类型、形式参数个数、每个形式参数类型和形式参数的顺序，以便编译系统在编译时按此声明进行对照检查。

因此，要使用自定义函数，需要进行函数声明、函数定义和函数调用。通常，对本程序要使用的所有自定义函数进行的声明，放在库函数包含、符号常量定义、结构体类型定义、全局变量定义之后，其他指令之前。

在学生成绩管理系统中，自定义函数的声明如下：

```
1 //自定义函数声明
2 int Menu(void);
3 //操作菜单
4 void SetPosition(int x, int y);
5 //设置输出内容在控制台窗口中的起始位置
6 void InputRecord(int * n, int * m, STU stu[]);
7 //输入学生信息
8 void AppendRecord(int * n, int m, STU stu[]);
9 //增加学生信息
10 void DeleteRecord(int * n, int m, STU stu[]);
11 //删除学生信息(指删除整条记录)
12 void SearchbyNum(int n, int m, STU stu[]);
13 //按学号查询学生信息
14 void SearchbyName(int n, int m, STU stu[]);
15 //按姓名查询学生信息
16 void ModifyRecord(int n, int m, STU stu[]);
17 //修改学生信息
18 void CalculateScoreOfStudent(int n, int m, STU stu[]);
19 //计算学生的总分和平均分
20 void CalculateScoreOfCourse(int n, int m, STU stu[]);
21 //计算某门课程的总分和平均分
22 void SortbyNum(int n, int m, STU stu[]);
23 //按学号排序
24 void SortbyName(int n, int m, STU stu[]);
25 //按姓名排序
26 void SortbyScore(STU stu[], int n, int m, int ( * compare)(float a, float b));
```

```
27 //按每个学生平均分进行排序
28 int Ascending(float a，float b);
29 //升序排序
30 int Descending(float a，float b);
31 //降序排序
32 void StatisticAnalysis(int n，int m，STU stu[]);
33 //统计并输出各个分数段学生人数及占比
34 void PrintRecord(int n，int m，STU stu[]);
35 //打印学生成绩
36 void WritetoFile(int n，int m，STU stu[]);
37 //将学生信息保存至文件中
38 int ReadfromFile(int ＊n，int ＊m，STU stu[]，int ＊first);
39 //将学生信息从文件中读出，存入内存，方便对学生信息进行处理
```

9.3.8 主函数框架

在主函数中，首先定义 ch 为字符类型变量，保存用户输入的操作编号。

定义整型变量 n 和 m，分别存放该班级学生人数和期末考试的课程门数。

主函数框架

定义整型变量 first，初始化为 1。用 first 作为标志变量，表示内存中是否已有学生信息，可以进行计算、增删改查、排序等操作。first 为 1，表示内存中无学生信息，如果用户想要执行输入学生信息或者从磁盘上读入学生信息以外的其他操作，将无法进行，需要提示用户"系统中尚无学生成绩信息，请先输入!"。而用户想要输入学生信息或者从磁盘上读入学生信息，则系统调用对应的函数，使用户完成数据输入或者从磁盘读入数据的操作，操作完成后，将 first 修改为 0，表明此时已有数据，可以进行计算、增删改查、排序、打印等操作。

定义结构体数组"STU stu[STU_NUM];"，其中 STU_NUM 是在程序开头定义好的符号常量，代表本系统允许处理的学生人数上限。

接下来，进行基本设置。调用 system() 函数（system("mode con cols＝130 lines＝60");）将控制台窗口的长设置为 130 列、宽设置为 60 行。调用 system() 函数（system("color 0E");)传递 color 命令，设置控制台窗口的背景色为黑色，文字颜色为淡黄色。

按照前面分析的系统业务流程，系统运行后，首先输出"操作选择菜单"，用户在菜单中选择所需要的操作，系统执行用户选择的操作，然后系统再次显示"操作选择菜单"，用户继续选择所需要的操作，循环往复，直到用户选择结束操作，退出系统。换言之，只要用户不选择退出系统，系统将一直运行。因此，这个过程可以使用 while(1)，加上特定条件下的退出操作来实现。

在 while 循环中，首先调用 system() 函数，以 cls 作为参数清屏，清除屏幕上的无用信息，接下来调用 Menu() 函数，显示"操作选择菜单"，并且将用户输入的操作代号作为返回值，赋给 ch。用户输入不同的选择代码，意味着用户希望系统完成不同的操作，如输入学生信息，进行增删查改，成绩计算、查询、排序，退出系统等。因此，可以使用 switch-case

语句来实现多分支选择，这就是主函数的基本框架，相应的代码如下。后面，将一边编写相应的功能模块函数，一边完善主函数中的各个 case 分支。

```
1 int main()
2 {
3     int n=0；
4     int m=0；
5     int i, j；
6     char ch；
7     int first=1；
8     STU stu[STU_NUM]；
9
10    system("mode con cols=130 lines=60")；
11    system("color 0E")；
12    while(1)
13    {
14        system("cls")；
15        ch=Menu()；
16        switch(ch)
17        {
18            case 1：
19                break；
20            case 2：
21                break；
22            …
23            case 16：
24                break；
25            case 0：
26                break；
27            default：
28        }
29    }
30    return 0；
31 }
```

9.3.9　主菜单界面

本节将设计并实现主菜单界面，如图 9-9 所示。在主菜单界面中，首先应该打印输出系统名字"学生成绩管理系统"；接下来打印输出系统支持的所有操作以及操作代号，例如：系统支持用户从键盘上输入学生信息，该

系统主菜单界面

操作的操作代号为 1，即用户输入 1，意味着将从键盘上输入学生信息；而输入代号 11，将按照每个学生的总分进行降序排序，以此类推。最后打印输出一段提示语："请选择你想要进行的操作"，提示用户从键盘输入操作代号，用户输入代号后，系统调用函数执行对应功能。

图 9-9　主菜单界面

1. 编程规范

在编写主菜单函数程序之前首先确定本系统的编程规范。

1）函数的命名规范

首先使用动宾结构，即以 DoSomething 方式对函数命名，使函数名与功能关联，即见名知意（对于实现主菜单的函数例外，约定俗成直接用 Menu()函数来表示）。其次，规定所有单词首字母大写，其余字母均小写。例如：

SetPosition，ChangeColor，GetSum，CalculateAera…

2）变量的命名规范

使用"定语＋名词"的形式命名变量，使变量也能见名知意。变量的书写采用驼峰形式，即第一个单词首字母小写，其余单词首字母大写，剩下字母全部小写。例如：

minValue，averageSalary，triangleArea，stuName …

也可以采用匈牙利命名法来命名变量，有关匈牙利命名法，读者可以自行查阅。

2. 编写 Menu()函数

1）注释

为了增加程序可读性，每个函数之前，应该用注释的方式，写清这个函数的主要功能、有几个形式参数、每个形参的类型、含义以及函数返回值的类型。Menu()函数的功能是：显示系统主菜单，获取键盘输入的用户操作代号，并返回给主函数。

2）函数首部

给函数起名为"Menu"。由于函数的功能是输出系统名字、系统所支持的功能及用户输入提示语（用户根据该提示语输入相应的操作代号），因此该函数不需要任何信息输入，所以形式参数为空，缺省不写或写成 void。Menu()函数被调用后，会等待用户输入一个操作代号，作为返回值，返回给主函数，本系统使用整型数据作为操作代号，那么函数返回值为整型，因此函数首部是"int Menu(void)"。

3）函数体

在函数体中，首先定义一个整型变量 option，用来保存用户输入的操作代号。然后用printf()函数，打印输出系统支持的功能。

接下来用 printf()函数输出提示语："请选择你想要进行的操作"，为了使程序对用户友好，在这句话后面加上"[0～16]："，提示用户输入的操作代号应该是 0～16 之间的整数；然后输出"[　]"，让用户将选项填写进去。由于输出"[　]"后，光标已经在方括号之外，意味着用户的输入将在方括号外面，这与用户的使用习惯不符。要想使用户获得更好的体验，需要将光标退格，以便用户在方括号之内输入操作代号，要实现这一功能，可以使用转义字符"\b"，其作用是使光标位置前移一位。由于操作代码最多占 2 列，因此，输出"[　]"后，需要使输出位置回退 3 格，那么可以在 printf()函数中的方括号"[　]"后面加上 3 个"\b"。

再用 scanf()函数来获取用户输入的操作代号，然后保存在变量 option 中，最后，用return 返回操作代号。

3. 优化

运行编写好的 Menu()函数，发现所有输出都在控制台窗口左上角且间距较小，看起来不太美观、舒服，因此，接下来将对 Menu()函数进行优化，优化方案如下：

（1）设置信息输出位置，整个输出应该位于控制台窗口的中间。

（2）在菜单中，每行显示系统支持的两个功能，这两个功能之间用若干个空格隔开，并且每列输出的起始位置都相同。

（3）每行文字与下一行文字之间空一行。

（4）菜单输出信息可以分成 3 个部分：系统名字、系统所支持的功能及用户输入提示语。为了更清晰，每部分之间用两行虚线分隔开来。

由此可见，关键是要合理设置输出信息的位置。假设，已有一个设置信息输出起始位置的 SetPosition()函数（这个函数如何设计，将在下一节介绍），那么只需要把信息输出起始位置的行、列坐标作为实参传递过去，即可实现按照设定位置输出信息。

然后再计算每行输出文字的起始位置。按照上面的设计，输出一共要占 23 行，对于第一行，共需输出 16 列（每个汉字输出占 2 列），而控制台窗口大小，已经设置为 60 行，130列。因此，第一行的输出位置可以放在窗口第 5 行，第 57 列开始，其余的位置计算方法类似，读者可以自行计算。

另外，两行虚线可以使用一个两重循环来实现。外循环的循环次数就是要输出虚线的行数，在此为 2；内循环则是对于每一行，需要输出多少段短横线，根据本系统菜单的实际情况，文字最多的一行所占列数，加上两列文字之间的空格，暂定每行虚线由 55 段短横线构成。

Menu()函数的完整代码如下：

```
1 /*
2    函数功能：显示系统主菜单，获取用户键盘输入的操作选项，并返回给主函数
3    形式参数：无
```

编码实现系统
主菜单界面

```
4    函数返回值：用户键盘输入的选项，int 型
5 */
6 int Menu(void)
7 {
8      int posy=5;
9      int option;                           //保存用户输入的操作代号的变量
10     int i, j;
11     SetPosition(POS_X3, posy);
12     printf("学生成绩管理系统\n");  //输出系统名字
13     //输出系统名字和功能说明之间的两行短横线
14     for(i=0; i<2; i++)
15     {
16         SetPosition(POS_X1, ++posy);
17         for(j=0; j<55; j++)
18         {
19             printf("−");
20         }
21     }
22     //输出系统支持的功能和对应的功能代号
23     SetPosition(POS_X1, ++posy);
24     printf("1. 输入学生信息");
25     SetPosition(POS_X4, posy);
26     printf("2. 增加学生成绩");
27     SetPosition(POS_X1, posy+=2);
28     printf("3. 删除学生信息");
29     SetPosition(POS_X4, posy);
30     printf("4. 按学号查找记录");
31     SetPosition(POS_X1, posy+=2);
32     printf("5. 按姓名查找记录");
33     SetPosition(POS_X4, posy);
34     printf("6. 修改学生信息");
35     SetPosition(POS_X1, posy+=2);
36     printf("7. 计算学生成绩");
37     SetPosition(POS_X4, posy);
38     printf("8. 计算课程成绩");
39     SetPosition(POS_X1, posy+=2);
40     printf("9. 按学号排序");
41     SetPosition(POS_X4, posy);
42     printf("10. 按姓名排序");
43     SetPosition(POS_X1, posy+=2);
44     printf("11. 按总成绩降序排序");
45     SetPosition(POS_X4, posy);
46     printf("12. 按总成绩升序排序");
```

```
47      SetPosition(POS_X1，posy+=2);
48      printf("13. 学生成绩统计");
49      SetPosition(POS_X4，posy);
50      printf("14. 打印学生记录");
51      SetPosition(POS_X1，posy+=2);
52      printf("15. 学生记录存盘");
53      SetPosition(POS_X4，posy);
54      printf("16. 从磁盘读取学生记录");
55      SetPosition(POS_X1，posy+=2);
56      printf("0. 退出");
57      //输出系统支持的功能与输入提示语之间的两行短横线
58      for(i=0；i<2；i++)
59      {
60          SetPosition(POS_X1，++posy);
61          for(j=0；j<55；j++)
62          {
63              printf("-");
64          }
65      }
66      //提示用户输入所要执行的功能代号
67      SetPosition(POS_X1，++posy);
68      printf("请选择你想要进行的操作[0~16]：[   ]\b\b\b");
69      scanf("%d"，&option);
70      return option;
71  }
```

运行以上这段代码，将输出如图 9-9 所示的主菜单界面。

9.3.10　设置文字的输出位置

在对主菜单进行美化时，使用了 SetPosition()函数来对文字输出起始
位置进行设置，该函数的完整代码如下：

设置文字
输出位置

```
1 /*
2   函数功能：设置文字输出的起始位置
3   形式参数：文字输出起始位置的坐标 x，y，int 类型
4   函数返回值：void
5 */
6 void SetPosition(int x, int y)
7 {
8      HANDLE hOut;
9      COORD pos;
10
11     hOut=GetStdHandle(STD_OUTPUT_HANDLE);
```

```
12        pos. X＝x;
13        pos. Y＝y;
14        SetConsoleCursorPosition(hOut, pos);
15 }
```

在 SetPosition 函数中，最主要是调用了 SetConsoleCursorPosition()函数来设置控制台光标位置（Set——设置、Console——控制台、Cursor——光标、Position——坐标），SetConsoleCursorPosition()是控制台 API 函数，它的声明在头文件 windows.h 中。其函数原型是"BOOL SetConsoleCursorPosition(HANDLE, COORD)"，因此使用这个函数需要传入两个参数：第一个参数类型为 HANDLE；第二个参数类型为 COORD。

第一个参数类型为 HANDLE。HANDLE 被翻译成"句柄"，它是 Windows 操作系统中经常使用的概念，被用来标识窗口、菜单、图标等 Windows 资源和设备等对象。因此，可以将句柄理解为编号，Windows 每个资源或设备对应一个编号，通过编号，就能够对这个资源或者设备进行访问。例如，要获得控制台窗口中的光标位置，控制台窗口在计算机显示器中，显示器属于标准输出句柄 STD_OUTPUT_HANDEL，这和文件概念非常类似，在 C 语言中，计算机显示器是标准输出文件，键盘是标准输入文件。因此，如表 9-2 所示，除标准输出句柄 STD_OUTPUT_HANDEL 外，有标准输入句柄 STD_INPUT_HANDEL，此外还有标准错误句柄 STD_ERROR_HANDEL。STD_OUTPUT_HANDEL 和 STD_ERROR_HANDEL 在默认情况下都是与计算机显示器对应。

表 9-2　HANDLE 名称及含义

名　　称	含　　义
STD_OUTPUT_HANDEL	标准输出句柄
STD_INPUT_HANDEL	标准输入句柄
STD_ERROR_HANDEL	标准错误句柄

最后还剩一个问题，如何得到显示器对应的 HANDLE？只需要调用函数 GetStdHandle()并以 STD_OUTPUT_HANDEL 作为参数。

COORD 是 Windows API 中定义的另一种结构类型，表示光标在控制台上的坐标，其定义是：

```
1 typedef struct _COORD {
2        SHORT   x;
3        SHORT   y;
4 } COORD, * PCOORD;
```

结构体中有两个短整型变量 x、y，用来表示光标的坐标（其中 x 是横坐标，y 是纵坐标）。如图 9-7 所示，在控制台窗口中，原点位于控制台窗口左上角，从原点水平向右的直线是 x 轴，从原点垂直向下的直线是 y 轴，越往右，x 值越大，越往下，y 值越大，在此坐标系中，使用 x、y 值，可以唯一确定窗口中某点位置。当把不同的 x、y 值赋给 COORD 类型变量的 x 分量和 y 分量，就可以实现对光标位置进行控制。

使用 SetPosition，可以按照设计需要设置输出文字的起始位置，因此如果想使文字输出的起始位置在第 5 行、第 7 列，那么在调用函数时，写出 SetPosition(7, 5)即可。

9.3.11　输入学生信息

输入学生信息是学生成绩管理系统所支持的最基本操作，其有两种方法：一种是从键盘手动输入学生信息；另一种是从磁盘文件批量读入。本节介绍如何从键盘手动输入学生信息，图 9 - 10 所示的是从键盘输入学生信息的流程图。

输入学生信息

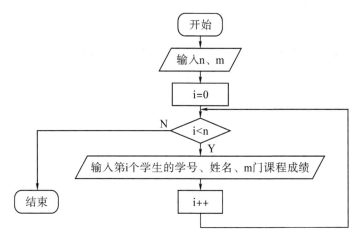

图 9 - 10　从键盘输入学生信息的流程图

1. 函数首部

由图 9 - 10 可见，如果在主函数中输入学生信息，只需要输入学生人数、课程门数，然后用两重循环输入每个学生的信息即可。但是按照模块化程序的设计思想，在本系统中，学生信息的输入被设计成函数，作为整个学生成绩管理系统中的一个功能模块，在这个功能模块中输入的学生人数、课程门数以及每个学生的信息，在其他功能模块也需要使用。如前所述，模块化程序设计要求每个模块的功能尽量单一，模块之间的信息交换，最好通过函数参数和 return 来传递，不要滥用全局变量。因此，对于存放学生人数的变量 n、课程门数的变量 m 以及学生信息的结构体变量，并不定义成全局变量，而是定义成主函数中的局部变量，并把这些变量的地址作为参数，传递给被调用函数（对于数组，就是把数组名或数组首元素地址传递过去），那么在函数体中，就可以通过间接访问的方式对这些变量进行访问，把用户从键盘上输入的值，以间接访问的方式，存入这些变量。函数调用结束，这些变量中的值已经发生了改变，相当于就带回了多个值。

将输入学生信息函数命名为"InputRecord"。因为需要输入学生人数、课程门数以及每个学生的信息，所以需要有 3 个形参，这 3 个形参用于接收主函数传过来的整型变量 n、m 的地址和结构体数组 stu 的首元素地址，因此形参的类型，应该是指向同类型变量的指针。因为通过间接访问，把键盘输入的信息，放在了整型变量 n、m 和结构体数组 stu 中，相当于带回了结果，因此函数不需要通过 return 返回任何的值，故返回值是 void。

因此，函数首部为"void InputRecord(int * n, int * m, STU * stu)"。

2. 函数体

首先输入学生人数，需要注意的是，形参 n 和 m 都是整型指针，所以在 scanf()函数中，这两个参数前面无需增加取地址运算符"&"。

接下来输入每个学生的记录。首先是循环控制，外循环的次数，就是学生人数，而学生人数并不真正放在指针变量 n 中，而是放在它指向的整型变量中，通过指针 n 间接访问这个变量，把刚刚输入的学生人数取出来，因此 n 前面需要加一个"*"，同样的道理，通过 m 间接访问它指向的变量，把课程门数取出来。"stu[i]"是指针指向数组的第 i 个元素，这是一个结构体变量，要访问它的 num 分量，前面必须增加"&"。"stu[i]. name"是字符数组名，因此前面不需要加"&"。"stu[i]. score[j]"相当于浮点型变量，因此输入的时候前面必须增加"&"。

另外，为了提供良好的用户体验，在输入数据前，输出相应的输入提示语，提示本系统能处理的人数上限和课程门数上限，并通过 SetPosition() 函数设置输入、输出位置，相关知识已经在 9.3.10 节中介绍，本节及以后篇幅都不再赘述。

InputRecord() 函数的完整代码如下：

```
 1  /*
 2  函数功能：输入学生信息
 3  形式参数：n，m：int *，stu：STU *
 4  函数返回值：void
 5  */
 6  void InputRecord(int * n, int * m, STU * stu)
 7  {
 8      int i, j;
 9      int posy=6;
10      SetPosition(POS_X2, posy);              //设置光标位置，即需要显示的位置
11      printf("输入学生人数(n<%d)：", STU_NUM);
12      scanf("%d", n);
13      SetPosition(POS_X2, posy+=2);           //设置光标位置，即需要显示的位置
14      printf("输入课程门数(m<%d)：", COURSE_NUM);
15      scanf("%d", m);
16      for(i=0; i<2; i++)
17      {
18          SetPosition(POS_X1,++posy);
19          for(j=0; j<55; j++)
20          {
21              printf("-");
22          }
23      }
24      SetPosition(POS_X2,++posy);
25      printf("输入学生的学号、姓名和各门课程成绩：");
26      for(i=0; i< * n; i++)
27      {
28          SetPosition(POS_X2,++posy);
29          printf("输入第%d个学生信息：\t", i+1);
```

```
30              scanf("%ld%s", &stu[i].num, stu[i].name);
31              for(j=0; j< *m; j++)
32              {
33                  scanf("%f", &stu[i].score[j]);
34              }
35          }
36 }
```

3. 补全主函数中相关代码

InputRecord()函数编码完成后,需在主函数中补全相关代码,输入学生信息的操作代号是 1,因此在 case 1 中首先用 system("cls")函数进行清屏,接下来调用 InputRecord()函数,把 n、m 的地址及数组名 stu 传过去。主函数中的代码如下:

```
1 case 1:
2      system("cls");
3      InputRecord(&n, &m, stu);
4      break;
```

4. 模块测试

在模块化程序设计的过程中,编码实现一个功能模块后,应立即进行白盒测试,如果发现问题,则可以及时修正,以便快速定位问题,降低调试难度。不要等到整个系统都开发好以后,再去测试,相对来讲,错误定位就会困难很多。

为了验证 InputRecord()函数功能是否符合预期,调用后在主函数中用一个两重循环,把学生信息打印输出,如果输出与输入一致,那么 InputRecord()函数满足设计要求,如果不一致,则需要查找问题,修正错误,直至输出与输入一致。

后面的每一个功能模块,都需要做类似测试,由于篇幅所限,将不再赘述。

5. 容错处理

为了确保程序的健壮性,还应该做容错处理。例如,如果用户输入的学生人数或课程门数超上限,则系统应该给出提示,要求用户重新输入。这部分代码,留给读者自己设计添加。

9.3.12　计算学生成绩

在学生信息输入之后,就可以对学生成绩进行各种处理。本节将计算每位学生的总分和平均分。一个学生有 m 门课程的考试成绩,对这 m 门课程的成绩进行累加,可以算出总分,再除以课程门数,就是平均分。

计算学生成绩

每个学生的信息是一条记录,保存在一个结构体变量中。n 个学生的信息用结构体数组来存放。因此要计算所有学生的总分和平均分,再循环 n 次,从而算出所有学生的总分和平均分。

1. CalculateScoreOfStudent( )函数

调用 CalculateScoreOfStudent()函数,首先要访问所有学生信息才能进行计算,因此把保存学生信息的数组 stu 的数组名传过去；在函数体中，还需要知道实际的学生人数和课程门数，这两个信息也需要传递进来；有了这些信息，就可以进行计算，计算完成后，把每个学生的总分和平均分，分别以间接访问的方式，存放到每个学生信息的 sum 分量和 aver 分量中，也可以直接打印输出，因此该函数不需要向主函数返回任何值。

CalculateScoreOfStudent() 函数的完整代码如下：

```
1 /*
2    函数功能：计算学生成绩
3    形式参数：n, m：int , stu：STU *
4    函数返回值：void
5 */
6 void CalculateScoreOfStudent(int n, int m，STU stu[])
7 {
8     int i, j;
9     printf("每个学生各门课程的总分和平均分为：\n");
10    for(i=0；i<n；i++)
11    {
12        stu[i]. sum=0；
13        for(j=0；j<m；j++)
14        {
15            stu[i]. sum+=stu[i]. score[j]；
16        }
17        stu[i]. aver=stu[i]. sum/m；
18        printf("第%d个学生：总分=%.2f，平均分=%.2f\n", i+1, stu[i]. sum, stu[i]. aver)；
19    }
20 }
```

2. 主函数中相关代码

在主函数中添加对这个函数的调用，因为其操作代码是 7，所以在 case 7 后面加上 "CalculateScoreOfStudent(n，m，stu)"。

运行程序可以发现，如果先选功能 1，再选功能 7，那么系统会在用户输入学生信息后，自动计算每一位学生的总分和平均分。而如果直接选择功能 7，那么系统不会计算出任何结果。

因此，需要做容错处理。首先定义一个标志变量 first，初值是 1，代表系统尚无数据。一旦输入数据或从磁盘读入数据后，则应该将此标志改为 0，代表已有数据，可以进行操作。而对选择"输入数据或从磁盘读入数据"之外的其他操作，系统首先都应根据 first 判断是否有数据，如果有数据，进行相应操作；没有数据，那么需要提示用户"系统中尚无学生成绩信息，请先输入！"，并返回主菜单。

主函数相关部分代码如下：

```
1    switch(ch)
2        {
```

```
3           case 1：
4               system("cls")；
5               InputRecord(&n, &m, stu)；
6               first＝0；
7               break；
8           case 2：；
9           case 7：
10              system("cls")；
11              if(first)
12              {
13                  printf("系统中尚无学生成绩信息，请先输入!\n")；
14                  system("pause")；
15                  break；
16              }
17              CalculateScoreOfStudent(n, m, stu)；
18              system("pause")；
19              break；
20      }
```

同样在计算学生成绩的函数中，也需要对输出结果进行美化和容错处理，请读者自己完成。

9.3.13　计算课程成绩

每门课程的总分和平均分的计算过程与计算每个学生各门课程的总分和平均分类似。如果要计算某一门课程的总分和平均分，那么需要循环 n 次，将结构体数组中 n 个学生的这门课程成绩取出来，累加得到总分，再除以人数，就是这门课程的平均分。重复 m 次上述过程，算出 m 门课程中每门课程的总分和平均分。

因此，同样用一个两重循环可以解决这个问题。所不同的是，外循环的次数是课程门数 m，内循环次数是学生人数 n。

（1）计算课程成绩函数的完整代码如下：

```
1 /*
2   函数功能：计算课程成绩
3   形式参数：n, m：int , stu：STU *
4   函数返回值：void
5 */
6 void CalculateScoreOfCourse(int n, int m, STU * stu)
7 {
8     int i, j；
9     float sum[COURSE_NUM], aver[COURSE_NUM]；
10    int posy＝7；
11    SetPosition(POS_X1, posy)；
12    printf("各门课程的总分和平均分的计算结果为：")；
```

```
13      for(j=0; j<m; j++)
14      {
15          sum[j]=0;
16          for(i=0; i<n; i++)
17              sum[j]+=stu[i].score[j];
18          aver[j]=sum[j]/n;
19          SetPosition(POS_X1,++posy);
20          printf("第%d门课程：总分=%.2f，平均分=%.2f\n", j+1, sum[j], aver[j]);
21      }
22 }
```

（2）主函数相关部分代码如下：

```
1 case 8:
2      system("cls");
3      if(first)
4      {
5          SetPosition(POS_X3, POS_Y);
6          printf("系统中尚无学生成绩信息，请先输入!\n");
7          getch();
8          break;
9      }
10     CalculateScoreOfCourse(n, m, stu);
11     getch();
12     break;
```

9.3.14 学生记录存盘

简易学生成绩管理系统至少应提供学生成绩输入、增删改查、计算、统计、排序等功能。如前所述，为了确保系统质量，每新增一个功能模块，都需要从键盘输入学生信息进行该模块的白盒测试，当学生信息比较多时，非常麻烦。为了方便后续开发中的测试，可将键盘输入的学生信息保存到磁盘文件，当需要学生成绩信息时，直接从磁盘文件读入，不需要每次都从键盘输入。

学生记录存盘

要将计算机内存中的数据写入磁盘，需要 4 个步骤：第一，定义一个文件类型的指针；第二，打开文件，指定对文件的操作方式，并用文件指针指向文件；第三；对文件进行读或写；第四，关闭文件。

（1）学生记录存盘函数的完整代码如下：

```
1 /*
2   函数功能：输出学生人数 n，课程门数 m 以及每个学生的信息到 student.txt 中
3   形式参数：n, m: int , stu: STU *
4   函数返回值：void
5 */
```

```
6 void WritetoFile(int n, int m, STU stu[])
7 {
8     int i, j;
9     //定义文件指针
10    FILE * fp;
11    //打开文件,指定对文件的处理方式为写入,并让指针指向文件
12    if((fp=fopen("C:\\MyProject\\StudentScoreManagementSystem\\data\\student. txt",
13        "w"))==NULL)
14    {
15        printf("文件 student. txt 无法正常打开!");
16        exit(0);
17    }
18    //将数据按指定格式写入文件,包括学生人数 n,课程门数 m 以及每个学生的信息
19    fprintf(fp, "%10d%10d\n", n, m);
20    for(i=0; i<n; i++)
21    {
22        fprintf(fp, "%10ld%10s\n", stu[i]. num, stu[i]. name);
23        for(j=0; j<m; j++)
24        {
25            fprintf(fp, "%10. 1f", stu[i]. score[j]);
26        }
27        fprintf(fp, "%10. 1f%10. 1f\n", stu[i]. sum, stu[i]. aver);
28    }
29    //关闭文件
30    fclose(fp);
31    //提示用户存盘操作完毕
32    printf("存盘完毕!\n");
33 }
```

调用 WritetoFile()函数,将把班级学生人数、课程门数以及学生信息全部存盘。

(2) 编程提示:

① 文件路径有时比较长,直接写很容易出错,为避免出错,可以到文件资源管理器,找到存放数据文件的路径,直接拷贝过来进行粘贴。但是需要注意在 C 语言中,"\"需要使用转义字符,即写成两个"\\"。

② 在打开文件时应做容错处理,例如:磁盘文件有问题需要及时退出;文件不能成功打开,fp 的值是"NULL",那么需要提示用户"文件 student. txt 无法正常打开!"并退出程序。

③ 当数据被写入文件时,可以按照需求使用格式说明符指定写入格式,当后续需要从该文件读取数据时,格式应与写入文件时的格式相匹配。

(3) 主函数相关部分代码如下:

```
1 case 15:
2     system("cls");
```

```
3        if(first)
4        {
5                SetPosition(POS_X3, POS_Y);
6                printf("系统中尚无学生成绩信息，请先输入!\n");
7                getch();
8                break;
9        }
10       WritetoFile(n, m, stu);
11       getch();
12       break;
```

9.3.15　读取学生记录

如前所述，输入学生信息有两种方式：从键盘输入或者从磁盘文件读入。前面介绍了从键盘输入，本节介绍如何从磁盘文件中读取已有学生记录。

从磁盘读取
学生记录

1. ReadfromFile( )函数

调用 ReadfromFile()函数后，要把学生人数、课程门数以及学生信息返回给主函数，因此在主函数中将存放这些信息的变量 n、m 的地址以及结构体数组名 stu 作为实参，那么函数形参为相同类型的指针。另外，一旦从磁盘文件将学生信息读入，应将主函数中标志变量 first 的值修改为 0，因此形参还需要有一个指向主函数中标志变量 first 的指针。

在主函数中，需要对能否成功打开文件，读出数据做判断。因此，如果不能成功打开文件，则返回 1；如果能够成功打开文件，读出数据，则返回 0。为方便在主函数中做后续处理，该函数返回值为 int。

函数主体实现从磁盘文件读取数据，与数据存盘操作非常类似，仍然需要 4 个步骤完成。区别在于，对磁盘文件的操作是读，而不是写。

ReadfromFile()函数的完整代码如下：

```
1 /*
2    函数功能：从已有的磁盘文件 student.txt 中，读出学生人数，课程门数以及每个学生的信息，
并存储到内存中对应的整型变量 n, m 和结构体数组 stu 中，并将标志变量 first 的值清零
3    形式参数：n, m, first：int *，stu：STU *
4    函数返回值：int(返回 1，表明打开文件失败，返回 0，表明成功从磁盘读出数据)
5 */
6 int ReadfromFile(int * n, int * m, STU stu[], int * first)
7 {
8     //定义文件指针
9     FILE * fp;
10    int i, j;
11    int posy=8;
12    SetPosition(POS_X1, posy);
```

```
13        //打开文件，指定对文件的处理方式为读操作，并让指针指向文件
14        if((fp=fopen("C：\\MyProject\\StudentScoreManagementSystem\\data\\student. txt", "r"))=
15            =NULL)
16        {
17            printf("磁盘文件 student. txt 无法打开");
18            return 1;
19        }
20        //将数据按指定格式从磁盘文件读出，包括学生人数 n、课程门数 m 以及每位学生的信息
21        fscanf(fp, "%10d%10d", n, m);
22        for(i=0; i< * n; i++)
23        {
24            fscanf(fp, "%10ld", &stu[i]. num);
25            fscanf(fp, "%10s", stu[i]. name);
26            for(j=0; j< * m; j++)
27            {
28                fscanf(fp, "%10f", &stu[i]. score[j]);
29            }
30            fscanf(fp, "%10f%10f", &stu[i]. sum, &stu[i]. aver);
31        }
32        * first=0；    //修改标志变量
33        //关闭文件
34        fclose(fp);
35        printf("数据从磁盘读取完毕!");
36        return 0;
37 }
```

需要注意的是，在使用格式化输入函数 fscanf()将磁盘文件上的数据读入时，数据类型、数据格式必须和磁盘文件中数据类型、数据格式匹配。

2. 主函数相关部分代码

在主函数中，处理方式略有不同：清屏后，进行判断"if(ReadfromFile(&n, &m, stu, &first) ||first)"，即把函数调用作为逻辑表达式的一部分，意味着只要从未在键盘上输入过任何数据或没有成功打开文件读入数据，那么就需要提示用户，无法进行其余操作，需要检查原因。

主函数部分与磁盘读入信息有关的代码如下：

```
1 case 16：
2        system("cls");
3        if(ReadfromFile(&n, &m, stu, &first)||first)
4        {
5            SetPosition(POS_X1, 10);
6            printf("尚未输入学生信息或文件打开失败，请先检查!\n");
7            getch();
8            break;
```

```
9        }
10       getch();
11       break;
```

9.3.16 增加学生记录

增加学生记录是指在已有记录的基础上新增一条到多条学生记录。

1. 流程分析

新增学生记录的流程图如图 9-11 所示。首先，输入要增加的记录条数，计算原有记录条数和希望新增的记录条数之和，如果大于系统能够处理的最大记录条数，即学生人数上限"STU_NUM"，应提示用户"要增加的记录条数太多，请重新输入："，并让用户重新输入，直到新增记录数和原来的记录条数之和，小于等于学生人数上限。接下来循环输入新的学生记录。最后，以间接访问的方式更新已有的记录条数。

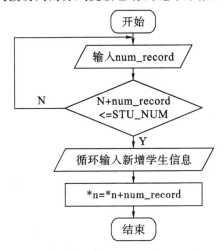

图 9-11　新增学生记录的流程图

2. AppendRecord( )函数

按照函数要实现的功能，将函数命名为"AppendRecord"。根据上述分析，在函数首部，定义整型指针接收学生记录条数 n 的地址，定义整型形参接收课程门数 m，定义结构体指针接收学生记录结构体数组的数组名 stu。该函数调用后不需要返回任何值，所以返回值为 void。

函数体内的操作与上面的分析一致。AppendRecord( )函数的完整代码如下：

```
1 /*
2    函数功能：增加学生记录一条至多条学生记录
3    形式参数：n：int *，m：int，stu：STU *
4    函数返回值：void
5 */
6 void AppendRecord(int * n, int m, STU stu[])
7 {
8      int i, j;
```

```
 9    int num_record;
10    printf("请输入需要增加的学生记录条数：");
11    scanf("%d", &num_record);
12    while( * n+num_record>STU_NUM)    //判断新增记录与原有记录之和是否小于设定上限
13    {
14        printf("要增加的记录条数太多，请重新输入：");
15        scanf("%d", &num_record);
16    }
17    for(i= * n; i< * n+num_record; i++)
18    {
19        printf("输入第%d个学生信息：\t", i+1);
20        scanf("%ld%s", &stu[i]. num, stu[i]. name);
21        for(j=0; j<m; j++)
22        {
23            scanf("%f", &stu[i]. score[j]);
24        }
25    }
26    * n= * n+num_record;
27    printf("添加完毕!\n");
28    return;
29 }
```

3. 主函数相关部分代码

主函数中相关部分代码如下：

```
 1 case 2：
 2    system("cls");
 3    if(first)
 4    {
 5        printf("系统中尚无学生成绩信息，请先输入!\n");
 6        system("pause");
 7        break;
 8    }
 9    AppendRecord(&n, m, stu);
10    system("pause");
11    break;
```

9.3.17　按学号查找学生记录

查询功能是管理信息系统必须支持的最基本的功能之一。本书的学生成绩管理系统支持按学号查找学生记录和按学生姓名查找学生记录。

1. 流程分析

按学号查找学生记录的流程图如图 9-12 所示。首先，输入要查找的学

按学号查询
学生记录

生学号 id，从第一条学生记录开始，取出学号，与需要查找的学号比对，如果不同，则取出下一条记录，继续比对，如果找到对应的学号，则打印输出这条记录，结束查找。如果所有记录全部取出，还没有对应学号的记录，那么退出循环，提示用户"未找到这个学号对应的学生记录"。

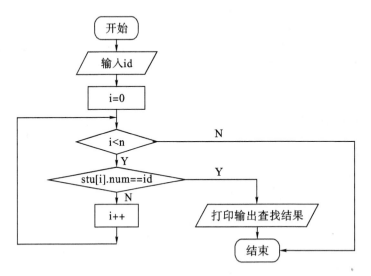

图 9-12　按学号查找学生记录的流程图

2. SearchByNumber()函数

按学号查找学生记录的功能由 SearchByNumber()函数实现。根据对业务流程的分析，函数调用后，需要用到记录条数 n、课程门数 m，并且不会更新它们的值，所以采用值传递方式。在查找过程中需要遍历存放学生记录的结构体数组，因此把该数组的数组名传递过去。如果找到记录，则打印输出；如果没有找到，则输出没有找到的提示信息。SearchByNumber()函数不需要返回值。

SearchByNumber()函数的完整代码如下：

```
1 /*
2    函数功能：按学号查找学生记录
3    形式参数：n, m：int, stu：STU *
4    函数返回值：void
5 */
6 void SearchByNumber(int n, int m, STU * stu)
7 {
8      long id;
9      int i, j;
10     printf("请输入你要查找的学生的学号：");
11     scanf("%ld", &id);
12     for(i=0; i<n; i++)
13     {
14         if(stu[i]. num==id)
```

```
15          {
16                  printf("找到了，该学号对应的学生信息为：\n");
17                  printf("%10ld%15s", stu[i].num, stu[i].name);
18                  for(j=0; j<m; j++)
19                  {
20                          printf("%10.2f", stu[i].score[j]);
21                  }
22                  printf("%10.2f%10.2f", stu[i].sum, stu[i].aver);
23                  return;
24          }
25      }
26      printf("未找到这个学号对应的学生记录\n");
27      return;
28  }
```

3. 主函数相关部分代码

主函数中相关部分代码如下：

```
1  case 4：
2      system("cls");
3      if(first)
4      {
5              printf("系统中尚无学生成绩信息，请先输入!\n");
6              system("pause");
7              break;
8      }
9      SearchByNumber(n, m, stu);
10     system("pause");
11     break;
```

9.3.18　按姓名查找学生记录

　　按姓名查找学生记录的业务流程和按学号查找学生记录的业务流程非常类似。首先，输入要查找的学生姓名，取出第一条记录的学生姓名和指定姓名做比较，如果匹配，则输出该学生的记录；如果不同，则取下一个学生姓名再比较，如此循环往复。但是其与按学号查找不同之处在于：每个学生的学号唯一，找到后，输出对应记录即可返回。但是，在一个班级，却可能出现学生同名的情况，因此，即使找到了指定姓名的学生，还需要继续查

按姓名查找
学生记录

找，直到对所有学生记录都进行了遍历。为了在退出循环后，判断是否找到指定姓名的学生记录，需要增加一个标志变量 flag，初值取 1，表示尚未找到；如果找到，则把标志变量 flag 改为 0。循环结束，对标志变量进行判断，如果初值仍为 1，意味着没有找到，输出"未找到这个姓名对应的学生记录"的提示语。如果标志变量被修改为 0，表明记录已经找到，并且

已输出，直接返回主函数。

1. SearchByName( )函数

SearchByName()函数的完整代码如下：

```
1  / *
2      函数功能：按姓名查找学生记录
3      形式参数：n，m：int，stu：STU *
4      函数返回值：void
5  * /
6  void SearchByName(int n，int m，STU * stu)
7  {
8      int flag=1；
9      int i，j；
10     int k=0；
11     char name[NAME_LEN]；
12     printf("请输入你要查找的学生的姓名：")；
13     scanf("%s"，name)；
14     for(i=0；i<n；i++)
15     {
16         if(strcmp(stu[i]. name，name)==0)
17         {
18             printf("找到了，第%d 个学生信息为：\n"，++k)；
19             printf("%10ld%15s"，stu[i]. num，stu[i]. name)；
20             for(j=0；j<m；j++)
21             {
22                 printf("%10. 2f"，stu[i]. score[j])；
23             }
24             printf("%10. 2f%10. 2f\n"，stu[i]. sum，stu[i]. aver)；
25             flag=0；
26         }
27     }
28     if(flag)
29     {
30         printf("未找到这个姓名对应的学生记录\n")；
31     }
32     return；
33 }
```

需要注意的是，比较两个字符串是否相等，不能直接进行逻辑运算，需要使用字符串比较函数 strcmp()。

2. 主函数中相关部分代码

主函数中相关部分代码如下：

```
1 case 5：
2     system("cls");
3     if(first)
4     {
5         printf("系统中尚无学生成绩信息，请先输入!\n");
6         system("pause");
7         break;
8     }
9     SearchByName(n, m, stu);
10    system("pause");
11    Break;
```

9.3.19 删除学生记录

学生可能因为转专业、退学等多种原因离开班级，因此学生成绩管理系统应提供删除指定学号学生记录的功能。

删除学生记录

1. 流程分析

删除指定学号的学生记录的流程图如图 9 - 13 所示。输入指定学号，对学生记录进行遍历，查找是否有该学号对应的学生记录。如果有，则输出该记录，并提示

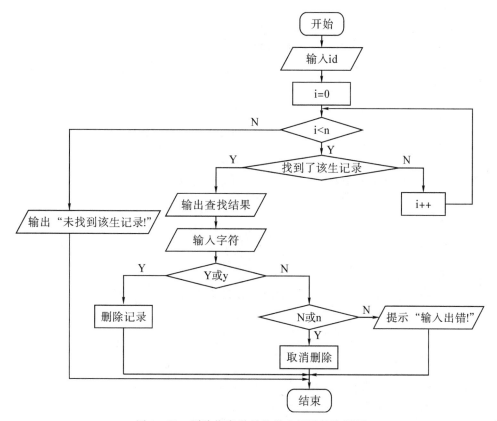

图 9 - 13 删除指定学号的学生记录的流程图

用户是否确认删除。如果用户输入 Y 或 y，则删除这条记录；如果用户输入 N 或 n，则取消删除。如果用户输入其他字符，则提示用户"输入出错！"。通过用户的确认操作，避免了出现误删学生记录的情况。如果遍历完所有学生记录，也没有找到指定学号的记录，那么提示用户"未找到该生记录！"。

2. DeleteRecord( )函数

根据函数要实现的功能，将函数命名为"DeleteRecord"。因为要对学生记录进行遍历，所以函数中需要使用学生人数 n、课程门数 m 以及学生的信息。由于删除某个学生记录后，学生人数 n 和学生记录都可能发生变化，因此它们采用地址传递的方式。而课程门数 m 在函数调用前后不发生变化，因此采用值传递的方式。DeleteRecord( )函数不需要返回值。

DeleteRecord( )函数的完整代码如下：

```
1  /*
2     函数功能：删除指定学号的学生记录
3     形式参数：n：int * , m：int, stu：STU *
4     函数返回值：void
5  */
6  void DeleteRecord(int * n, int m, STU stu[])
7  {
8      int i, j;
9      long id;
10     char ch;
11     printf("请输入你要删除学生信息对应的学号：");
12     scanf("%ld", &id);
13     for(i=0; i< * n; i++)
14     {
15         if(stu[i].num==id)
16         {
17             printf("找到了该生记录，信息为：\n");
18             printf("%10ld%15s", stu[i].num, stu[i].name);
19             for(j=0; j<m; j++)
20             {
21                 printf("%10.2f", stu[i].score[j]);
22             }
23             printf("%10.2f%10.2f\n", stu[i].sum, stu[i].aver);
24             printf("请确认是否需要删除这条记录？（Y/y 或 N/n）：");
25             getchar();
26             scanf("%c", &ch);
27             if(ch=='Y'||ch=='y')
28             {
29                 for(j=i; j< * n-1; j++)
30                 {
31                     stu[j]=stu[j+1];
```

```
32                      }
33                      (﹡n)－－；
34                      printf("删除完毕\n")；
35                      return；
36                  }
37              else if(ch= =´N´||ch= =´n´)
38              {
39                      printf("找到了该学生记录，但不删除\n")；
40                      return；
41              }
42              else
43              {
44                      printf("输入出错！\n")；
45                      return；
46              }
47          }
48      }
49  printf("未找到该生记录!\n")；
50  return；
51 }
```

需要注意的是，在找到并打印输出要删除的学生记录后，将提示用户"请确认是否需要删除这条记录？（Y/N 或 y/n）"。因为用户输入学号后，输入了回车作为学号输入结束的标志，学号类型是长整型，因此系统读取学号信息并放在了 id 中，但回车是字符型，不会被变量 id 接收，所以回车还在键盘输入缓冲区。如果直接用字符输入函数去读取键盘输入的字符，首先会把回车读进来，这并不是真正需要的字符。所以可以先用 getchar() 函数去读入回车，并且不赋给任何字符变量，再用 scanf("％c"，&ch) 函数把用户输入的有效字符"Y/N"或"y/n"读进来，并赋给字符变量 ch，以便计算机判断用户是否希望删除这条学生记录。

3. 主函数中相关部分代码

主函数中相关部分代码如下：

```
1 case 3：
2    system("cls")；
3    if(first)
4    {
5            printf("系统中尚无学生成绩信息，请先输入!\n")；
6            system("pause")；
7            break；
8    }
9    DeleteRecord(&n, m, stu)；
10   system("pause")；
11   Break；
```

删除学生记录的程序虽然已经设计完成，但是还有一些问题，需要继续完善和优化，例如：

（1）如果要删除多条学生记录，按照现在的设计方式，需要多次在主菜单中选择该功能，使用起来非常不便，能否调用一次函数，就实现删除一条或多条学生记录？

（2）如果找到了学生记录，但是在确认删除的环节，用户输入出错，即输入的字符既不是 Y 或 y，也不是 N 或 n，是否可以让用户再次输入，而不是直接返回主菜单？

（3）还需要考虑一种极端情况：如果所有学生记录都被删除，那么标志变量 first 应该如何处理？

以上这三个问题请读者自己思考解决方案。另外，请独立思考，该函数还有哪些可以完善或优化之处？

9.3.20 修改学生记录

学生成绩管理系统支持修改指定学号的学生记录。

1. 流程分析

修改指定学号的学生记录的流程图如图 9-14 所示。由该流程图可以看到，修改指定学号的学生记录的业务流程和删除指定学号的学生记录的业务流程基本相同。

修改学生记录

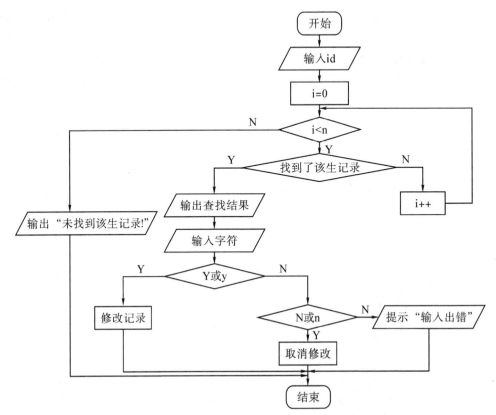

图 9-14 修改指定学号的学生记录的流程图

2. ModifyRecord( )函数

按照函数要实现的功能，将函数命名为"ModifyRecord"。调用函数的目的是对已有记录进行修改，不会改变学生人数 n 和课程门数 m，所以这两个参数采用值传递方式；调用函数后，需要遍历学生记录，并且学生记录可能被修改，因此将存放学生信息的结构体数组名传递过去。修改后的学生记录，通过间接访问的方式更新相应的结构体数组中的元素，因此函数不需要返回值。

ModifyRecord( )函数的完整代码如下：

```
1 /*
2    函数功能：修改指定学号的学生记录
3    形式参数：n，m：int，stu：STU *
4    函数返回值：void
5 */
6 void ModifyRecord(int n, int m, STU stu[])
7 {
8     int i, j;
9     long id;
10    char ch;
11
12    printf("请输入需要修改信息对应的学号：");
13    scanf("%ld", &id);
14
15    for(i=0; i<n; i++)
16    {
17        if(stu[i].num==id)
18        {
19            printf("找到了该生记录，信息为：\n");
20            printf("%10ld%15s", stu[i].num, stu[i].name);
21            for(j=0; j<m; j++)
22            {
23                printf("%10.2f", stu[i].score[j]);
24            }
25            printf("%10.2f%10.2f\n", stu[i].sum, stu[i].aver);
26
27            printf("请确认是否需要修改？（Y/N 或 y/n）：");
28            getchar();
29            scanf("%c", &ch);
30
31            if(ch=='Y' || ch=='y')
32            {
33                printf("请输入要修改的学生信息：");
34                scanf("%ld%s", &stu[i].num, stu[i].name);
```

```
35                    stu[i]. sum=0;
36                    for(j=0; j<m; j++)
37                    {
38                        scanf("%f", &stu[i]. score[j]);
39                        stu[i]. sum+=stu[i]. score[j];
40                    }
41                    stu[i]. aver=stu[i]. sum/m;
42                    printf("修改完毕\n");
43                    return;
44                }
45
46                else if(ch=='N' || ch=='n')
47                {
48                    printf("找到了该生记录，但不修改\n");
49                    return;
50                }
51
52                else
53                {
54                    printf("输入出错!\n");
55                    return;
56                }
57            }
58        }
59        printf("未找到该生记录!\n");
60        return;
61 }
```

3. 主函数中相关部分代码

主函数中相关部分代码如下：

```
1 case 6:
2      system("cls");
3      if(first)
4      {
5          printf("系统中尚无学生成绩信息，请先输入!\n");
6          system("pause");
7          break;
8      }
9      ModifyRecord(n, m, stu);
10     system("pause");
11     break;
```

9.3.21　输出学生记录

输出学生记录

本节讨论如何输出所有学生记录。

1. 流程分析

输出所有学生记录的流程图如图 9 - 15 所示。首先输出"学号，姓名，课程 1、课程 2、…、课程 m（各门课程成绩），总分，平均分"等字符串。然后，遍历存放学生信息的结构体数组，每次输出一个学生的学号、姓名、各门课程成绩、总分、平均分，然后换行。输出所有学生记录后结束。

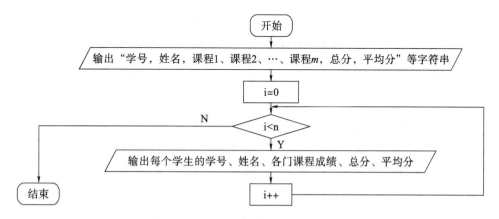

图 9 - 15　输出所有学生记录的流程图

2. PrintRecord( )函数

函数命名为"PrintRecord"。需要传递的参数包括学生人数 n、课程门数 m 和结构体数组名 stu。在函数体中，打印输出所有学生信息，因此函数不需要返回任何值。

为了使输出信息整齐美观，在输出"学号，姓名，课程 1、课程 2、…、课程 m，总分，平均分"等字符串时，控制每个字符串占 16 列，所以每输出 1 个字符串，后面跟上 2 个 "\t"，输出最后 1 个"平均分"字符串后，换行。

然后循环 n 次，输出 n 个学生的记录，每个学生记录占一行，每条记录的每个信息分量占 16 列，靠左对齐。如果是浮点数，则整数部分全部输出，小数部分输出 1 位。

PrintRecord()函数的完整代码如下：

```
1 /*
2   函数功能：输出所有学生记录
3   形式参数：n, m：int, stu：STU *
4   函数返回值：void
5 */
6 void PrintRecord(int n, int m, STU * stu)
7 {
8     int i, j;
9     printf("学号\t\t 姓名\t\t");
10    for(j=0; j<m; j++)
11    {
```

```
12          printf("课程%d\t\t", j+1);
13      }
14      printf("总分\t\t平均分\n");
15
16      for(i=0; i<n; i++)
17      {
18          printf("%-16ld%-16s", stu[i].num, stu[i].name);
19          for(j=0; j<m; j++)
20          {
21              printf("%-16.1lf", stu[i].score[j]);
22          }
23          printf("%-16.1lf%-16.1lf\n", stu[i].sum, stu[i].aver);
24      }
25      return;
26 }
```

3. 主函数中相关部分代码

主函数中相关部分代码如下：

```
1 case 14：
2      system("cls");
3      if(first)
4      {
5          SetPosition(POS_X3，POS_Y);
6          printf("系统中尚无学生成绩信息，请先输入!\n");
7          getch();
8          break;
9      }
10     PrintRecord(n, m, stu);
11     getch();
12     break;
```

9.3.22　按姓名对学生记录排序

按姓名对学生记录排序

按姓名排序是指按照姓名字典从前往后进行排序，如图 9-16 所示。排序的方法有很多种，如冒泡法、选择法、插入排序法等。本节将使用冒泡法以姓名为关键字对学生记录进行排序。

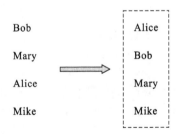

图 9-16　按姓名排序

冒泡法排序的示意图如图 9-17 所示。其每次将一批数据（假设有 N 个）进行两两比较，大的往后调换，直到最大的数调到这批数据的最后，被排好序的数不再参与下一次的比较和交换。上述过程作为一轮，循环 $N-1$ 轮，完成排序。

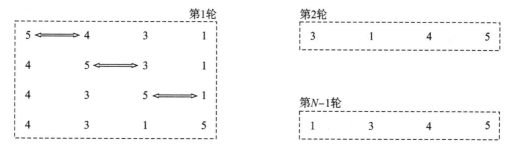

图 9-17　冒泡法排序的示意图

在冒泡排序过程中，需要注意两点：第一，需要不断对相邻两条记录学生姓名做比较，姓名是字符串，无法进行关系运算，可以使用字符串比较函数 strcmp() 来实现两个姓名的比较；第二，比较的是姓名，但是如果要交换，交换的则是完整的两条学生记录，可以定义一个 STU 类型的临时变量，借助这个变量，实现学生记录的交换。

1. SortbyName( )函数

按照函数要实现的功能，函数命名为"SortbyName"。需要传递的参数为学生人数 n、课程门数 m 和结构体数组名 stu。

在 SortbyName() 函数的函数体中使用冒泡法完成排序。在排序过程中，通过间接访问的方式对原结构体数组进行了更新，返回主调函数后，结构体数组中的元素已经按照姓名进行了排序，因此函数不需要返回值。

SortbyName() 函数的完整代码如下：

```
1  /*
2     函数功能：按照学生姓名字典顺序对所有学生记录从小到大排序
3     形式参数：n, m: int, stu: STU*
4     函数返回值：void
5  */
6  void SortbyName(int n, int m, STU stu[])
7  {
8      int i, j;
9      STU temp;
10
11     for(i=0; i<n; i++)
12     {
13         for(j=0; j<n-1-i; j++)
14         {
15             if(strcmp(stu[j]. name, stu[j+1]. name)>0)
16             {
17                 temp=stu[j];
```

```
18                    stu[j]=stu[j+1];
19                    stu[j+1]=temp;
20                }
21            }
22        }
23    printf("按姓名字典对学生记录排序完毕");
24    return；
25 }
```

2. 主函数中相关部分代码

主函数中相关部分代码如下：

```
1 case 10：
2     system("cls");
3     if(first)
4     {
5            SetPosition(POS_X3，POS_Y);
6            printf("系统中尚无学生成绩信息，请先输入!\n");
7            getch();
8            break；
9        }
10    SortbyName(n, m, stu);
11    getch();
12      break；
```

9.3.23 按学号对学生记录排序

按学号对学
生记录排序

排序是学生成绩管理系统最重要的功能之一，为了满足用户的不同需求，本系统支持按学号对学生记录进行排序。按学号排序是指以学号为关键字，对学生记录从小到大进行排序，如图 9-18 所示。

学号	姓名	科目1	科目2	总分	平均分
3	张三	90	88	178	89
1	李四	90	98	188	94
2	陈明	95	95	190	95

⇓

学号	姓名	科目1	科目2	总分	平均分
1	李四	90	98	188	94
2	陈明	95	95	190	95
3	张三	90	88	178	89

图 9-18 按学号对学生记录排序

选择法排序的示意图如图 9-19 所示。选择法每次从一批数据（假设为 N 个）中找到最小的数据，与这批数据中最前面的那个数交换，把这批数中最小的放在最前面，接下来第 1 个数的位置固定，把后面的数作为新的一批数据。以此过程作为一轮，循环 $N-1$ 轮，完成排序。

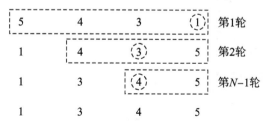

图 9-19 选择法排序的示意图

1. SortbyNum( )函数

按照函数要实现的功能，将函数命名为"SortbyNum"。需要传递的参数为学生人数 n、课程门数 m 和结构体数组名 stu。

在 SortbyNum( )函数的函数体中，使用选择法完成排序，与 SortbyName( )函数类似。在排序过程中，通过间接访问的方式对原结构体数组进行了更新，返回主调函数后，结构体数组中的元素已经按照学号进行了排序，因此函数不需要返回值。

SortbyNum( )函数的完整代码如下：

```
1  /*
2  函数功能：按照学号对所有学生记录从小到大排序
3  形式参数：n, m：int, stu：STU *
4  函数返回值：void
5  */
6  void SortbyNum(int n, int m, STU * stu)
7  {
8      int i, j;
9      int k;
10     STU temp;
11
12     for(i=0; i<n; i++)
13     {
14         k=i;
15         for(j=i+1; j<n; j++)
16         {
17             if(stu[j]. num<stu[k]. num)
18                 k=j;
19         }
20         if(k!=i)
21         {
22             temp=stu[k];
```

```
23              stu[k]=stu[i];
24              stu[i]=temp;
25          }
26      }
27      printf("按学号从小到大对学生记录排序完毕");
28 }
```

2. 主函数中相关部分代码

主函数中相关部分代码如下：

```
1 case 9：
2      system("cls");
3      if(first)
4      {
5              SetPosition(POS_X3，POS_Y);
6              printf("系统中尚无学生成绩信息，请先输入!\n");
7              getch();
8              break;
9      }
10      SortbyNum(n, m, stu);
11      getch();
12      break;
```

9.3.24 按总分对学生记录升序排序

对于学生记录，经常还需要按照学生成绩的总分或平均分来进行排序。按分数对学生记录排序，其原理与按学号对学生记录排序完全相同，因此本节采用选择法实现按照学生记录总分从低到高排序。将按学号升序排序的程序段直接拷贝至此，要修改的地方包括：第一是函数名，改为"SortbyScore"，函数参数不变；第二是在每次循环时，应该找到一批学生记录中总分最低的，将其对应的记录调至最前面，程序其余部分不需要修改。

按成绩对学生记录升序排序

1. SortbyScore()函数

SortbyScore()函数的完整代码如下：

```
1 /*
2     函数功能：按照总成绩对所有学生记录升序排序
3     形式参数：n, m：int, stu：STU *
4     函数返回值：void
5 */
6 void SortbyScore (int n, int m, STU * stu)
7 {
8      int i, j;
9      int k;
```

```
10      STU temp;
11
12      for(i=0; i<n; i++)
13      {
14          k=i;
15          for(j=i+1; j<n; j++)
16          {
17              if(stu[j]. sum<stu[k]. sum)
18                  k=j;
19          }
20          if(k!=i)
21          {
22              temp=stu[k];
23              stu[k]=stu[i];
24              stu[i]=temp;
25          }
26      }
27      printf("按总分对学生记录升序排序完毕");
28  }
```

2. 主函数中相关部分代码

主函数中相关部分代码如下：

```
1 case 11:
2      system("cls");
3      if(first)
4      {
5          SetPosition(POS_X3, POS_Y);
6          printf("系统中尚无学生成绩信息，请先输入!\n");
7          getch();
8          break;
9      }
10      SortbyScore(n, m, stu);
11      getch();
12      break;
```

9.3.25　按总分对学生记录降序排序

9.3.24 节介绍了采用选择法对学生记录按学生总成绩升序的方式进行排序，那么要进行降序排序，非常简单。一种方法是直接把升序排序的函数复制一次，将比较条件中的关系运算符改为">"，即第一次找到所有记录中总成绩最高的记录，调换到最前面；第二次在剩下的 $N-1$ 条记录中再找

按总分对学
生记录降序
排序

到总成绩最高的那条记录，调换到这 $N-1$ 条记录的最前面；循环操作 $N-1$ 次，完成对学生记录按照学生总成绩降序排列。显然，也可以使用冒泡法来实现排序。

由此可见，不管是升序还是降序排序，如果采用同一种算法，如选择法，程序基本相同，唯一的差别就在比较时使用的关系运算符正好相反。换言之，关系运算符为"<"，实现升序排序；关系运算符为">"，实现降序排序。如果可以定义两个规则函数：函数 1，当 $a<b$ 时，返回 1；函数 2，当 $a>b$ 时，返回 1，再用一个指向函数的指针，当用户有不同排序（指的是升序或降序）需求时，分别指向不同的规则函数，就可以实现更为灵活的排序。

1. Descending( )函数

首先定义函数"int Descending(float a, float b)"，函数体是"return a>b"，其功能是比较传入的两个参数 a、b，如果 $a>b$，那么返回 1；否则，返回 0。Descending( )函数的代码为：

```
1 /*
2    函数功能：规定降序排序规则
3    形式参数：a，b：float
4    函数返回值：int
5 */
6 int Descending(float a, float b)
7 {
8      return a>b;
9 }
```

2. Ascending( )函数

同理，定义函数"int Ascending (float a, float b)"，函数体是"return a<b"，其功能与 Descending( )函数正好相反：比较传入的两个参数 a、b，如果 $a<b$，那么返回 1，否则，返回 0；Ascending( )函数的代码为：

```
1 /*
2    函数功能：规定升序排序规则
3    形式参数：a，b：float
4    函数返回值：int
5 */
6 int Ascending(float a, float b)
7 {
8      return a<b;
9 }
```

3. SortbyScore( )函数

对 9.3.24 节中的 SortbyScore( )函数进行改造，增加一个形参指针，这个指针将按使用者的需求指向 Ascending( )或 Descending( )函数；即用户如果希望实现升序排序，指针指向 Ascending( )函数，反之指向 Descending( )函数，所以形参为"int（＊compare）(float a，float b)"。函数体中仍然采用选择法来排序，因此原有程序的绝大部分不用修改，仅仅把条件修改为"(＊compare)(stu[j]. sum，stu[k]. sum)"，从而实现当实参函数名不同的时候，分别调用 Ascending()或 Descending()函数，从而完成升序或降序排列。改造后的SortbyScore()函数的完整代码如下：

```
1 /*
2    函数功能：按照学生成绩总分对所有学生记录进行升序或降序排序
3    形式参数：n，m：int，stu：STU *
4    函数返回值：void
5 */
6 void SortbyScore(int n, int m, STU * stu, int( * compare)(float a, float b))
7 {
8      int i, j;
9      int k;
10     STU temp;
11
12     for(i=0; i<n; i++)
13     {
14         k=i;
15         for(j=i+1; j<n; j++)
16         {
17             if(( * compare)(stu[j]. sum, stu[k]. sum))
18                 k=j;
19         }
20         if(k!=i)
21         {
22             temp=stu[k];
23             stu[k]=stu[i];
24             stu[i]=temp;
25         }
26     }
27     printf("按学生成绩总分对学生记录排序完毕");
28 }
```

4. 主函数相关部分代码

由于对 SortbyScore()函数进行了改造，主函数相关部分代码也需要进行修改。在 case 11 中，调用 SortbyScore()函数，传入 4 个参数，学生人数 n、课程门数 m、结构体数组名 stu 以及 Descending。这意味着选择 case 11，就是想要按总成绩对学生记录进行降序排序。

在 case 12 中，仍然调用 SortbyScore()函数，前 3 个参数保持不变，第 4 个参数变为 Ascending。这意味着选择 case12，就是想要按总成绩对学生记录进行升序排序。

主函数相关部分代码如下：

```
1 case 11：
2        system("cls")；
3        if(first)
4        {
5                SetPosition(POS_X3，POS_Y)；
6                printf("系统中尚无学生成绩信息，请先输入!\n")；
7                getch()；
8                break；
9        }
10       SortbyScore(n，m，stu，Descending)；
11       getch()；
12       break；
13 case 12：
14       system("cls")；
15       if(first)
16       {
17                SetPosition(POS_X3，POS_Y)；
18                printf("系统中尚无学生成绩信息，请先输入!\n")；
19                getch()；
20                break；
21       }
22       SortbyScore(n，m，stu，Ascending)；
23       getch()；
24       break；
```

9.3.26　学生成绩统计

学生成绩管理系统需要具备一定的统计功能以满足用户的需求。本系统支持统计每一门课程以及总分(或平均分)各个分数段的人数及占比。在统计时，分数段划分为：<60、$60\sim69$、$70\sim79$、$80\sim89$、$90\sim99$、100，因此，为了统计某一门课程各个分数段的人数，可以设置 6 个计数器，分别对应上述 6 个分数段，在开始统计前，所有计数器全部赋初值为 0。然后遍历

学生成绩统计

学生记录中所有学生这门课程的成绩，如果成绩在某个分数段内，则把该计数器加 1。循环结束，就可以得到每个分数段的人数，除以总人数，就是占比。这个方法同样适用于对每个学生各门课程的总分或平均分进行统计。

如果对每一门课程都按上述过程处理，那么可以实现对所有课程成绩进行统计，因为过程完全相同，使用两重循环就可以实现。

1. StatisticAnalysis( )函数

StatisticAnalysis( )函数需要学生人数 n、课程门数 m 和学生记录等信息，统计完毕后，直接将统计信息打印输出，因此函数不需要返回值，由此可知函数首部为"void StatisticAnalysis(int n，int m，STU * stu)"。

　　按照前面的分析，在函数体中定义整型变量 i、j 以及整型数组 t，该数组长度为 6，数组中的每个元素，作为一个分数段人数的计数器。

　　外循环循环 m 次，每次只对 1 门课程的成绩进行统计分析。对于每一门课程，先输出提示信息："printf("\n 课程%d 成绩统计结果为：\n", j+1)；printf("分数段\t 人数\t 占比\n")；"，使用 memset(t, 0, sizeof(t)) 函数对数组中的每个元素赋初值 0；接下来遍历存放学生的结构体数组 stu，取出记录中的 score 分量，如果课程成绩在某一个分数段内，则对应的计数器+1；然后再使用 1 个循环，输出统计结果。需要注意两点：一是要输出 "%"，C 语言语法规定应该写成"%%"；二是因为统计的人数是整数，总人数也是整数，在计算占比时需要把人数强制转换成浮点型，否则结果将出错。统计输出各门课程成绩后，再使用相同的办法，对学生成绩的总分或平均分进行统计，并输出统计结果。

　　StatisticAnalysis() 函数的完整代码如下：

```
1  /*
2    函数功能：统计并输出各个分数段学生人数及占比
3    形式参数：n, m: int, stu: STU *
4    函数返回值：void
5  */
6  void StatisticAnalysis(int n, int m, STU * stu)
7  {
8      int i, j, t[6];
9
10     for(j=0; j<m; j++)
11     {
12         printf("\n 课程%d 成绩统计结果为：\n", j+1);
13         printf("分数段\t 人数\t 占比\n");
14
15         memset(t, 0, sizeof(t));
16         for(i=0; i<n; i++)
17         {
18             if(stu[i]. score[j]>=0 && stu[i]. score[j]<60)
19                 t[0]++;
20             else  if(stu[i]. score[j]<70)
21                 t[1]++;
22             else  if(stu[i]. score[j]<80)
23                 t[2]++;
24             else  if(stu[i]. score[j]<90)
25                 t[3]++;
26             else  if(stu[i]. score[j]<100)
27                 t[4]++;
28             else  if(stu[i]. score[j]==100)
29                 t[5]++;
30         }
```

```
31
32          for(i=0; i<6; i++)
33          {
34              if(i==0)
35                  printf("<60\t%d\t%.2f%%\n", t[i], (float)t[i]/n*100);
36              else if(i==5)
37                  printf("100\t%d\t%.2f%%\n", t[i], (float)t[i]/n*100);
38              else
39                  printf("%d-%d\t%d\t%.2f%%\n", (i+5)*10, (i+5)*10+9, t[i],
                        (float)t[i]/n*100);
40
41          }
42      }
43      printf("\n学生成绩平均分统计结果为：\n");
44      printf("分数段\t人数\t占比\n");
45      memset(t, 0, sizeof(t));
46      for(i=0; i<n; i++)
47      {
48          if(stu[i].aver>=0 && stu[i].aver<60)
49              t[0]++;
50          else  if(stu[i].aver<70)
51              t[1]++;
52          else  if(stu[i].aver<80)
53              t[2]++;
54          else  if(stu[i].aver<90)
55              t[3]++;
56          else  if(stu[i].aver<100)
57              t[4]++;
58          else  if(stu[i].aver==100)
59              t[5]++;
60      }
61      for(i=0; i<6; i++)
62      {
63          if(i==0)
64              printf("<60\t%d\t%.2f%%\n", t[i], (float)t[i]/n*100);
65          else if(i==5)
66              printf("100\t%d\t%.2f%%\n", t[i], (float)t[i]/n*100);
67          else
68              printf("%d-%d\t%d\t%.2f%%\n", (i+5)*10, (i+5)*10+9, t[i], (float)t
                    [i]/n*100);
69
70      }
71 }
```

2. 主函数相关部分代码

主函数相关部分代码如下：

```
1 case 13：
2        system("cls")；
3        if(first)
4        {
5               SetPosition(POS_X3，POS_Y)；
6               printf("系统中尚无学生成绩信息，请先输入!\n")；
7               getch()；
8               break；
9        }
10       StatisticAnalysis(n，m，stu)；
11       getch()；
12       break；
```

9.3.27　退出系统

至此，学生成绩管理系统的所有功能模块都已经编码实现。最后需要考虑，如何退出系统。直接在主函数的 switch 语句中增加 case 0，提示"退出系统!"，并调用 exit()函数执行退出操作。退出系统的代码如下：

退出系统

```
1 case 0：
2        system("cls")；
3        printf("退出系统!\n")；
4        exit(0)；
```

9.3.28　容错处理

容错处理可以大大提升用户体验。本系统应该考虑如果用户输入的功能代码(case)，不是 0～16 范围内的整数，例如，错把 13 输入为 23，那么需要对用户进行提示，所以在 switch 语句中应增加一种其他情况："default：printf("输入错误，请重新选择操作!")；"。容错处理的代码如下：

```
1 default：
2        system("cls")；
3        printf("输入出错，重新选择操作!\n")；
4        system("pause")；
```

9.4　本章总结

本章设计并开发了简易学生成绩管理系统，借助该系统能够对某班期末考试各门课程成绩进行管理，具体功能包括：

(1) 录入学生信息。

(2) 对学生信息进行增删改查。

(3) 计算各门课程的总分及平均分，计算每个学生各门课程的总分及平均分。

(4) 对学生成绩进行统计。

(5) 对学生信息按学号、姓名、分数进行排序。

(6) 对学生信息进行存盘操作或从磁盘文件读取学生记录。

虽然本章已经设计并编码实现了学生成绩管理系统，但是还有很多地方需要优化和完善。例如，系统目前最多只能处理 50 条记录，但实际上学生人数往往超过 50 人，并且人数不定，那么程序应该如何修改？系统界面还不是很美观，请读者结合本章介绍的输出位置设置函数等进行优化。另外，执行某一功能后，如排序，应该立刻显示排序结果；再如，在新增或删除功能模块，应允许一次插入或删除多条记录。请读者与实际使用该系统的用户认真沟通与交流，摸清用户的实际需求，修改和完善该系统，使其能够满足实际应用需求。

9.5 项 目 拓 展

(1) 开发窗体版的学生成绩管理系统，使用户界面更加友好。在开发过程中使用链表来存放学生记录。对于开发的系统，可以考虑多种用户，每种用户赋予不同的权限。

(2) 志愿服务是社会文明进步的重要标志，是加强精神文明建设、培育和践行社会主义核心价值观的重要内容。习近平总书记对志愿服务工作寄予厚望，他在考察天津朝阳里社区时，称赞志愿者是为社会作出贡献的前行者、引领者，强调志愿者事业要同"两个一百年"奋斗目标、同建设社会主义现代化国家同行。

在习近平总书记的号召下，越来越多的青年学子也加入了志愿者的行列。提高青年志愿者的管理水平，让志愿者更高效的提供志愿服务，对于弘扬志愿精神，不断推动新时代志愿服务事业发展，具有重要意义。

以小组为单位，调研青年志愿者服务领域、服务和管理的需求，设计开发青年志愿者管理系统，提升青年志愿者服务和管理的效率。

要求：系统功能完善，在设计开发的过程进一步考虑非功能需求，例如如何确保系统安全、如何保护用户隐私、如何使系统具有较好的用户体验等；同时要求团队成员在开发过程中团结协作、及时沟通，确保项目能顺利完成。

国产软件篇

第 10 章　基于华为鲲鹏平台的程序设计

10.1　鲲鹏计算产业及生态体系概述

10.1.1　计算产业发展趋势

计算是现代信息技术的基石。随着 5G、大数据、人工智能等新一代信息技术的群体突破、交叉融合，计算作为新型生产工具已渗透至经济社会各环节，计算产业正以颠覆式创新的方式展现出强大活力和不可估量的潜力，成为推动全面数字化变革的关键力量。

在这一变革浪潮中，大数据是计算产业的重要应用领域，也是推动计算产业发展的重要动力。在大数据 1.0 时代，互联网用户数量和在线交互活动快速增加，产生和积累了大量数据，其中包括结构化数据和非结构化数据。然而，非结构化数据的存储和处理面临着巨大挑战，传统的数据库系统无法有效应对。为了解决这一问题，Google 等企业开始研究分布式存储和并行计算，开发了 GFS、MapReduce、Bigtable 等关键技术，为计算产业带来了前所未有的机遇，也推动了计算产业的快速发展。

随着移动通信技术的快速发展，人们可以随时随地通过移动设备获取信息，并产生了大量数据。互联网的迅速普及和信息化进程的加速使得数据的产生和传输更加便捷和频繁，海量数据的实时分析需求不断增长，传统的数据处理方式已经无法满足其对实时性和灵活性的需求。大数据 2.0 时代开始兴起，该阶段对数据处理的能力通常要求由多种技术配合完成，如批处理、内存计算、交互式分析、流式计算等，一些新的计算框架和技术开始崭露头角。例如，通用的并行计算框架 Spark、开源搜索平台 Solr、分布式实时流式计算框架 Storm、统一资源管理器 Yarn。这些技术的发展和应用，不仅为大数据 2.0 时代的实时分析和处理提供了强大支持，还推动了计算产业从传统的批处理模式向实时处理和分析模式转变，加速了计算产业的创新和发展。

在大数据 3.0 时代，5G、人工智能、物联网等技术快速发展和普及，越来越多的设备和传感器连接到互联网，产生了海量、高速、高频率的实时数据，海量流式数据的毫秒级低延时处理需求也日益增加，并高度发展成为优化大数据性能的关键。在这一浪潮中，计算产业的重要性进一步凸显，其不仅需要为海量流式数据的实时处理和分析提供关键技术和基础设施，还推动了大数据应用从简单的数据存储和分析向智能化、认知化方向发展，促进了各行各业的数字化转型和智能化发展。图 10-1 所示为大数据技术对算力的挑战。

从大数据 1.0 的单一的批计算阶段到大数据 2.0 的融合计算时代，再到如今的大数据 3.0 的认知计算时代。随着数据处理方式的不断演进和优化，计算产业也在持续地发展和创新，它不仅推动了硬件技术和软件技术的进步，还促进了新的计算模型和算法的发展。

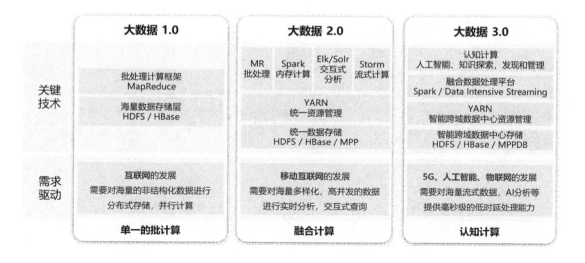

图 10-1　大数据技术对算力的挑战

目前，自然语言处理、计算机视觉等人工智能技术已在医疗、金融、交通、教育、军事等多个领域广泛应用。未来人工智能将会变得更加智能化和自适应，具备更强的学习、推理和决策能力，将进一步普及和融合到日常生活中的各个方面。

然而，人工智能的发展也受限于三大条件：数据、算力、算法。首先，数据是人工智能发展的基石，人工智能模型需要利用高质量、大规模的数据集进行训练和优化。然而，获取高质量、安全可用的大规模数据仍面临着诸多困难。其次，算力是数字智能时代的新型生产力，"算"是计算，"力"是能力，"算力"就是"计算能力"。深度学习、大模型等人工智能技术需要消耗大量的计算资源。虽然很多企业投入大量资源建设高性能计算中心，但获取和管理这些资源的成本较高。同时，随着新一代硬件技术的不断涌现，如多核处理器、图形处理器(Graphics Processing Unit，GPU)、定制化硬件(如 Google 的 Tensor Processing Unit，TPU)等，计算架构也在不断演变。单一的计算架构已经无法满足所有场景、所有数据类型的处理，未来计算架构将是多种计算架构共存的异构计算，推动计算产业向着更加开放、创新和多样化的方向发展。图 10-2 所示为多种计算架构共存的异构计算。

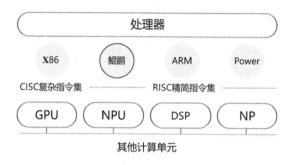

图 10-2　多种计算架构共存的异构计算

10.1.2 鲲鹏计算产业生态体系

依托于端云同构、绿色节能及高并发性能的强大算力底座，鲲鹏计算产业以"鲲鹏＋昇腾"两大体系作为核心，涵盖大数据、分布式存储、原生应用、云服务、高性能计算和数据库六大通用解决方案，并基于 ARM 架构及软硬件开源技术，构筑了一个全行业、全场景的鲲鹏计算生态系统。图 10-3 所示为华为鲲鹏生态体系。该生态系统致力于支持政务、金融、电信等关键领域的数字化转型，有利于高效推动数字产业化及产业数字化的发展进程。

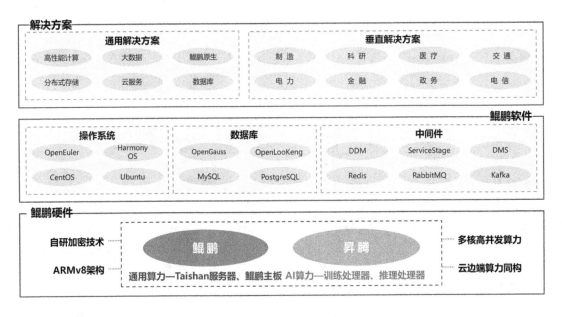

图 10-3　华为鲲鹏生态体系

1. 鲲鹏硬件

为了确保安全可靠，为服务器与产品提供支撑，并为自主芯片的研发打下基础，华为基于 ARM 架构，对鲲鹏处理器芯片进行了深度的自主研发和优化。其 CPU 核间的总线、服务器跨 Socket 总线均由华为自行设计，对于流水线、缓存架构、内存架构等关键技术领域进行了创新并得到了显著改进。此外，该处理器还集成了加解密、IO 等多项功能，进一步增强了其综合性能和应用灵活性。

鲲鹏处理器具有多核、超大内存带宽、支持 PCIe 4.0 和 100GE 网络等先进计算能力，满足 5G、分布式计算、自动驾驶等多样化、复杂的算力需求。同时，依托于五级算力加速技术，通过迭代编译、NUMA-AWARE 策略、消息队列硬件加速、函数加速库以及内核调度的自动优化，鲲鹏处理器可以将程序性能提升 50%，为各类应用场景提供更强大的支持。

为了实现云边端算力同构，华为采用了 ARMv8 架构。相较于 X86 架构的复杂指令集，ARM 架构的指令集设计更为精简，不仅开放程度更高，还与超过 90% 的移动终端及应用保持了高度兼容，有效避免了指令翻译的步骤，性能相较于 X86 架构有着 3 倍以上的提升。

2. 鲲鹏软件

鲲鹏操作系统的支持范围已拓展至多种设备和广泛的应用场景。其中，openEuler 就是一款面向数字基础设施、自主研发的开源操作系统。该系统以 Linux 内核为基础，对接鸿蒙系统，覆盖各应用场景。其主流计算架构覆盖了 ARM、X86、RISC-V、SW-64、LoongArch、NPU、GPU、DPU 等在内的 100 多种整机和 300 多种板卡。同时，针对云原生、大数据、CDN、MEC、工业控制等领域，openEuler 实现了对 10 000 多种主流应用的广泛支持，展现了其在多样化设备和多场景应用中的强大适应性。

鲲鹏数据库软件则以其高性能、高可用性、卓越的安全性、易于运维和全面开放的特质而著称。其中，openGauss 就是一款开源的关系型数据库管理系统，同时也是一个金融级分布式数据库，有利于加速企业数字化转型。该系统采用木兰宽松许可证 v2 发行，可以面向多核架构，提供极致性能和全链路的业务及数据安全保护，引入基于 AI 的智能调优和高效运维功能。同时，openLooKeng 是一款开源的高性能数据虚拟化引擎，它通过统一的 SQL 接口实现跨数据源或跨数据中心的分析能力，支持交互式与批量化查询的融合场景。此外，openLooKeng 还增强了前置调度、跨源索引、动态过滤、跨源协作和水平拓展等关键技术能力，为用户提供了一个灵活、高效的数据处理平台。

鲲鹏中间件扮演着连接基础软件与上层应用、提高信息传输与开发效率的关键角色。其中，DDM(Distributed Database Middleware，分布式数据库中间件)是一个典型代表，它致力于解决数据库在分布式扩展方面的问题，有效突破了传统数据库在容量和性能上的限制，使得海量数据的高并发访问成为可能。

3. 解决方案

通过构建大数据、分布式存储、云服务等领域的全栈竞争力，鲲鹏生态体系为行业应用提供了高效、平滑、无缝的迁移路径。目前，基于鲲鹏平台的应用软件已在政府、公安、金融、电信、交通、教育、医疗、能源、互联网等多个行业实现了规模化部署，市场潜力逐渐显现。作为鲲鹏计算产业的基石，鲲鹏处理器凭借其多核、高并发的技术优势，有效应对了行业数字化转型过程中遇到的海量数据处理、数据中心高能耗以及伴随人工智能和 5G 技术发展而增长的边缘计算需求(包括芯片功耗、响应时间、体积)等挑战，为各行业数字化转型提供了高效的解决方案。

10.2　鲲鹏处理器芯片

10.2.1　发展历程与典型应用场景

作为华为公司自主研发的标志性产品，鲲鹏系列处理器展现了华为在处理器技术领域的创新与进步。图 10-4 所示为鲲鹏处理器发展历程。鲲鹏系列处理器发展中的重要里程碑如下：

(1) K3V1：2009 年，海思半导体标志性地推出了其首款手机应用处理器。该处理器采用了 110 nm 工艺，为移动通信技术开启了新篇章。

(2) K3V2：2012 年，海思半导体再次刷新行业标准，推出了首款华为自主研发的四核手机芯片。此处理器采用了先进的 40 nm 工艺，并采用了主流的 ARM 四核架构，主频 1.2 GHz 或 1.5 GHz，集成 16 核 GPU 和 64 位内存控制器，同时支持安卓操作系统，进一步推动了智能设备的性能发展。

（3）Hi1610：2013 年，海思半导体扩展了其产品线，推出了首款集成 LTE 基带的手机芯片。这款处理器采用 28 nm 工艺制程，基于 ARM Cortex-A9 架构，主频 1.6 GHz，集成 Mali-450 MP4 GPU 和 Balong 710 LTE Modem，支持 TD-LTE/FDD-LTE/WCDMA/TD-SCDMA/GSM 多模网络。由于该处理器主要针对高线程和高吞吐量应用设计，因此其应用场景主要局限于海思的评估开发板和部分华为服务器产品。

（4）鲲鹏 912：2014 年，海思半导体发布了第二代服务器处理器 Hi1612，也被称为鲲鹏 912。这是海思首款基于 ARM 架构的 64 位 CPU，也是业界首款被广泛应用于首批 ARM 平台服务器 TaiShan 的 CPU，标志着华为在服务器领域的深入探索。

（5）鲲鹏 916：2016 年，第三代服务器处理器 Hi1616 即鲲鹏 916 诞生。这款处理器采用 16 nm 工艺，支持 24 个内核，主频 2.4 GHz，功耗低至 75 W。该处理器不仅是海思首次支持多路配置的 ARM 处理器，还被应用于华为 TaiShan 2280 平衡型服务器和 TaiShan 5280 存储服务器等产品，展现了其强大的多任务处理能力。

（6）鲲鹏 920：2019 年，海思半导体发布了革命性的第四代服务器处理器 Hi620，亦即鲲鹏 920。它是行业首款采用 7 nm 工艺制造的数据中心处理器，已被应用于华为 TaiShan 2280 V2 平衡性服务器、TaiShan 5280 V2 存储服务器和 TaiShan XA320 V2 高密度服务器节点，代表了华为在高效能计算领域的最新突破。

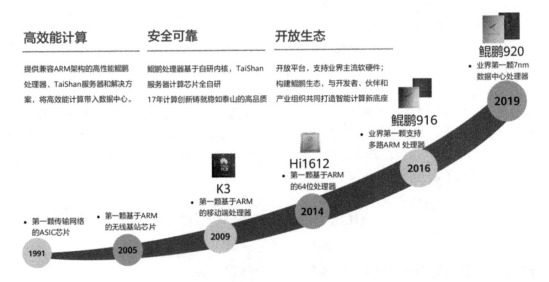

图 10-4 鲲鹏处理器发展历程

鲲鹏计算在多个重要领域具有典型应用场景，具体如下：

（1）大数据应用。鲲鹏计算在大数据领域发挥着关键作用。根据华为实验室的测试数据，相较于传统处理器，鲲鹏处理器的 CPU 核数增加了 60%，综合性能提升了 30%，同时功耗在同等性能条件下降低了 20%。这为大数据分析、处理和存储提供了强大的算力支持。

（2）分布式存储。鲲鹏计算产业在分布式存储领域也有广泛应用。其高性能、高集成、高吞吐和高能效等特性，使其成为构建可靠、高效的分布式存储系统的理想选择。

（3）数据库。鲲鹏处理器在数据库领域进行了深度优化。例如，GaussDB 数据库针对鲲鹏处理器进行了深度优化，不仅发挥了超并行计算能力，还在 TPCH 基准测试性能上实现了 48% 的提升。

（4）原生应用。鲲鹏计算产业支持原生应用的开发和部署。它为各行各业提供 IT 基础设施和行业应用，包括 PC、服务器、存储、操作系统和云服务等。

（5）高性能计算。作为 AI 算力的代表，昇腾处理器为高性能计算提供了强大的支持。其高浮点运算能力和低功耗特性，使其在科学计算、模拟和仿真等领域具备广泛应用前景。

（6）云服务。鲲鹏计算产业不仅支持公有云、私有云和混合云的构建，还为企业和个人提供了高效、安全的云服务。

10.2.2　ARM 处理器体系

在深入学习鲲鹏 920 处理器前，首先需要了解 ARM 处理器的核心组件和关键概念。

1. ARM 架构与 X86 架构

目前，市场上主流的芯片架构有四种：X86、ARM、RISC-V 和 MIPS。其中，ARM 架构和 X86 架构是市场份额最大的两大架构，它们具有不同的特点和市场。X86 架构处理器广泛应用于个人计算机和服务器领域，是 CISC(Complex Instruction Set Computer，复杂指令集计算机)的代表架构，通常泛指一系列基于 Intel 8086 且向后兼容的中央处理器指令集架构。该架构采用了一种模块化的设计理念，处理器及其相关组件可以相互独立地插拔或替换。在 X86 架构中，处理器、内存控制器、图形处理器、输入输出控制器、硬盘控制器和网卡等组件可以独立于 CPU 进行升级或更换，以实现特定功能的优化或性能提升。例如，用户可以将旧的图形处理器升级为性能更强的新型 GPU，或者将内存容量扩展以提高系统的处理能力。这种模块化设计使得 X86 架构的计算机系统更具灵活性和可扩展性，用户可以根据自己的需求对系统进行定制和升级，而不必更换整个计算机。然而，模块化设计使得设备更容易受到物理或逻辑攻击，黑客可以利用"一次编写，随处运行"的漏洞轻松替换或篡改关键组件，从而获取敏感信息或破坏系统功能。

与 X86 架构的模块化设计不同，ARM 架构的处理器采用了集成设计，注重低功耗和高性能的平衡，是一种基于 RISC(Reduced Instruction Set Computer，精简指令集计算机)的架构。在 ARM 架构中，CPU 核心与其他硬件功能被集成在同一物理平台上，所有不同的功能之间可通过内部总线集成在一起，形成了一个系统级芯片(SoC)。由于所有功能都集成在同一芯片上，因此 ARM 处理器的系统设计就更加简化，减少了组件之间的互联和配置工作，从而提高了设计的效率和可靠性。其次，集成设计降低了系统的成本，因为不需要购买和连接多个独立的组件，减少了电路板的复杂性和制造成本。此外，集成设计还可以提高系统的性能和效率，通过更好地优化硬件组件之间的通信和协作功能，实现更高的运行速度和更低的功耗。最重要的是，集成设计可以提高系统的安全性，通过实现硬件级别的安全功能，例如硬件加密和安全启动，从而保护系统免受安全威胁的侵害。

虽然 X86 架构在高性能计算领域具有一定优势，但在更小尺寸、更低功耗、更低热量生成与更长电池使用时间之间的平衡方面，ARM 架构表现较为突出，更适用于移动设备、物联网和嵌入式系统等对功耗要求较高的应用场景。此外，ARM 架构的开放性和灵活性吸引了大量的芯片设计厂商和制造商。与 X86 架构的供应商 Intel 和 AMD 不同，ARM 公司并不制造自己的任何处理器。相反，该公司将其设计授权给其他公司，其他公司可以根据需要定制它们，并按照自己的规格制造它们。因此，目前市场上大多数移动设备处理器都是基于 ARM 架构进行研发的，包括高通骁龙、Apple A 系列、华为麒麟芯片、三星 Exynos。

综上所述，ARM 架构与 X86 架构在拓展性、指令集、供应商及产业链方面的主要区别如表 10-1 所示。

表 10-1　ARM 架构与 X86 架构的区别

内容	类型	
	X86	ARM
拓展性	重核多核多线程，高主频	轻核、众核
指令集	CISC，通用指令集	RISC，根据负载优化精简指令集
供应商	只有两家 CPU 供应商，Intel 处于垄断地位	开放的授权策略，众多供应商
产业链	成熟	快速发展中

2. ARM 处理器的内核工作模式

为了应对处理器运行时的各种突发事件，如除数为 0、非法内存访问、非法指令解析等，ARM 处理器内核工作模式涵盖了多种不同的状态，每种模式都配备了专用的寄存器集来完成特定功能，以支持处理器执行不同类型的任务和操作，从而确保处理器的稳定性、安全性和高效性。具体来说，ARM 处理器的内核工作模式包括用户模式（USR）、系统模式（SYS）、管理模式（SVC）、中断模式（IRQ）、快速中断模式（FIQ）、中止模式（ABT）、未定义模式（UND）。其中，除用户模式外，其余工作模式都属于特权模式。在特权模式中，除了系统模式以外的其余模式称为异常模式。在特权模式下，用户可以访问和配置系统控制寄存器，而在非特权模式下，系统控制寄存器是不允许访问的。大多数程序运行于用户模式，进入特权模式是为了处理中断、异常或者访问被保护的系统资源。各种模式的具体介绍如下。

（1）用户模式（USR）：这是处理器的标准工作模式，用于执行普通的应用程序代码。在用户模式下，程序只能执行非特权指令，无法修改关键系统状态或访问受限资源，也不能切换到其他模式，从而防止应用程序干扰系统的正常运行，确保系统的稳定性和安全性。

（2）系统模式（SYS）：这是一种特殊的特权模式，用于执行操作系统的系统调用和管理任务。在系统模式下，处理器可以执行特殊的系统级指令，操作系统进行交互，并对系统资源进行管理和调度。这使得操作系统能够控制硬件资源，实现进程管理、文件系统操作、进程间通信等核心操作系统功能，同时保护这些资源不被用户程序随意修改。

（3）管理模式（SVC）：这是一种操作系统保护模式，系统复位和软件中断响应时进入此模式。管理模式也是 CPU 上电后的默认模式，软件中断处理也在该模式下，当用户模式下的用户程序请求使用硬件资源时通过软件中断进入该模式。

（4）中断模式（IRQ）：该模式主要用于处理一般的中断请求，在 IRQ 异常响应时自动进入此模式。在中断模式下，处理器暂停当前执行的任务，转而执行与外部中断相关的中断服务程序。

（5）快速中断模式（FIQ）：相对一般的中断模式而言，快速中断模式是用于处理对时间要求比较紧急的中断请求，FIQ 异常响应时进入此模式，主要用于高速数据传输及通道处理外部事件或中断请求。

（6）中止模式（ABT）：这个模式用于支持虚拟内存或存储器保护，当用户程序访问非法地址，没有权限读取内存地址时，会进入该模式。例如，Linux 下编程时经常出现的 Segmentation Fault 通常都是在该模式下抛出错误。

（7）未定义模式（UND）：这个模式支持硬件协处理器的软件仿真，当处理器在指令的译码阶段不能识别该指令操作即未定义指令异常响应时，会进入该模式。

这些工作模式共同构成了 ARM 处理器强大的运行机制，其多样性和灵活性使处理器能够在不同的环境和应用场景下发挥最佳性能的同时，实现有效的资源管理和任务调度，确保系统的稳定性和安全性。

3. ARM 处理器流水线

ARM 处理器的流水线设计是其高效能的关键所在。流水线技术允许在一个处理器周期内并行执行多个指令的不同阶段处理，如取指、译码、执行、访存和写回寄存器，有利于减少指令之间的等待时间，提高计算机和微控制器处理器中的数据处理效率。

ARM 处理器的流水线设计通常包括几个主要阶段，每个阶段负责处理指令的一个特定部分。例如，ARM7 是冯·诺依曼结构的，采用了典型的三级流水线，指令被分为了取指、译码、执行三个阶段。这样的设计使得 ARM 处理器在保持低功耗的同时，还能提供高性能的处理能力，特别适合移动设备和嵌入式系统等对能效比要求高的应用场景。

随着技术的发展，ARM 架构的处理器在流水线设计上也在不断进化，如超标量架构、乱序执行技术、分支预测等先进技术，以进一步优化流水线的效率和处理器的整体性能，从而适应更复杂的计算需求，以提高能效。

4. ARMv8 的执行状态

ARMv8 架构定义了两种执行状态：AArch64 和 AArch32。其中，AArch32 状态是传统的 32 位执行模式，兼容 ARMv7 架构。在 AArch32 模式下，寄存器宽度和指令宽度都是 32 位，可以使用执行 A32（该架构的早期版本中称为 ARM）或 T32（Thumb）指令集。而 AArch64 是 ARMv8 架构引入的全新 64 位执行模式。在 AArch64 模式下，寄存器宽度和指令宽度都是 64 位。同时，AArch64 引入了新的指令集 A64 和新的异常系统，支持先进的 SIMD（Single-Instruction Multiple-Data，单指令多数据）和加密技术。

10.2.3　鲲鹏 920 芯片

鲲鹏 920 是华为公司自主设计完成的一款基于 ARM 架构的高性能处理器。该处理器采用 7 nm 工艺制程，针对大数据、分布式存储和云计算等领域进行了优化，提供了高效的能效比和卓越的计算性能。它支持最多 64 个内核，主频可达 2.6 GHz，具有 8 通道 DDR4 内存，支持 PCIe 4.0、CCIX、100G、SAS/SATA 3.0 等输入/输出接口，最大功率为

180 W。同时，鲲鹏 920 是业界首个内置直出 100GE 网络能力的通用处理器，可以适应高速网络通信的需求，为各种应用提供了强大的硬件支持。

基于 ARMv8.2 架构，鲲鹏 920 处理器采用的 7 nm 工艺制程可以使处理器在更小的面积内集成更多的晶体管，从而提高处理器的性能和能效。同时，鲲鹏 920 的多核设计使其能够同时处理更多的任务，有效提高了处理器的并行处理能力。此外，鲲鹏 920 通过优化分支预测算法、提升运算单元数量、改进内存子系统架构、深度优化 Memory 子系统、降低 Memory 访问时延、每个核私有 L2、定制针对产品应用的指令和数据 Cache 的预取和 Streaming 算法等一系列微架构设计，大幅提高处理器性能。在典型主频下，鲲鹏 920 处理器的 SPECint Benchmark 评分超过 930，超出业界标杆 25%，创造了计算性能纪录，是业界最高性能 ARM-Based CPU。在能效比方面，鲲鹏 920 优于业界标杆 30%，可以以更低功耗为数据中心提供更强性能，非常适用于数据中心等高性能计算场景。此外，鲲鹏 920 是业界首个内置 100G RoCE 以太网卡功能的通用处理器，相较于鲲鹏 916 处理器，网络带宽提升了 10 倍，可以有效适应高速网络通信的需求，为云计算、大数据处理等需要高速网络通信的应用提供强大的硬件支持。

10.2.4　开发工具链

鲲鹏软件开发工具链是一套面向鲲鹏处理器的开发工具，它包括了用于软件评估、代码移植到性能调优的一系列工具。这些工具可以帮助开发人员在面向鲲鹏处理器时进行快速迁移和调优、自动化扫描和分析海量代码、识别需要移植的依赖库文件、给出专业的移植报告与建议，并能够实现从系统、进程、函数到代码的全景性能分析，有效促进和简化了基于鲲鹏处理器的应用程序和服务的开发。以下是鲲鹏软件开发工具链的几个显著特点：

(1) 全面的开发支持。鲲鹏软件开发工具链提供从代码编写到部署的全流程支持，包括编译器、调试器、性能分析工具等，可以满足不同开发阶段的需求。这套工具链支持包括 C/C++、Java、Python 等多种编程语言，能够满足多样化的开发需求。

(2) 性能的深度优化。工具链针对鲲鹏处理器的架构进行了特别优化，能够充分发挥处理器的性能。其中包括对 ARM 架构的深度优化，如更好地利用处理器的多核特性，以及优化内存管理和数据传输效率，从而提升应用的运行速度并降低响应时间。

(3) 易用性和兼容性。鲲鹏软件开发工具链设计注重用户体验，提供了图形界面和命令行工具，以降低开发门槛，兼顾不同开发者的习惯。同时，它也强调与现有开发生态的兼容性，开发者可以无缝迁移 Eclipse、Visual Studio 等主流的开发环境和工具中的项目。

(4) 丰富的生态资源。华为通过开放生态合作伙伴计划，集成了大量的中间件、框架和工具，以支持更广泛的应用场景，包括对大数据、人工智能、边缘计算等领域的深度支持，可以为开发者提供丰富的资源和组件，以便构建复杂和高性能的应用解决方案。

(5) 安全和可靠性。鲲鹏软件开发工具链重视应用的安全性和可靠性，提供了多种安全相关的工具和功能，如代码审计工具和漏洞扫描工具，从而帮助开发者提前发现和修复潜在的安全问题，确保软件产品的安全性。

(6) 社区和技术支持。华为为开发者提供了一个技术交流和协作的平台——鲲鹏社区，开发者可以在社区中获取技术文档、学习资料和最新动态，同时也可以与其他开发者交流心得，或者获得华为技术专家的直接支持。

鲲鹏软件开发工具链的这些特点汇聚成了一个强大而灵活的开发生态，旨在协助开发者更快速、更高效地创造出性能优异、安全可靠的应用程序，充分发挥鲲鹏处理器的技术优势。

10.3　鲲鹏开发套件 DevKit 工具介绍

作为鲲鹏软件开发工具链的重要组成部分，鲲鹏开发套件（DevKit）是华为针对鲲鹏处理器平台推出的一套全面的软件开发工具集。该开发套件面向全研发作业流程，为开发者提供了一站式的开发工具，包括迁移、开发、编译调试、测试、调优和诊断等，以实现鲲鹏应用的极速迁移、极简开发，从而充分发挥鲲鹏处理器在云计算、大数据处理、边缘计算等多个领域的强大性能。鲲鹏 DevKit 包含了从基础软件开发工具到性能优化工具等一系列组件，支持开发者在鲲鹏平台上进行高效的应用开发、性能调优和故障诊断。

10.3.1　鲲鹏 DevKit 工具产生背景

随着多核处理器和分布式计算的日益普及，软件的运行环境越来越复杂。为了满足不同硬件平台的性能需求，开发者需要不断地进行软件优化和调整。目前，大多数开发者采用 C、C++、Java、Python 等高级语言来开发。然而，由于采用了不同的指令集，使用 C、C++、Python 等编程语言开发的软件在不同的体系架构平台上是无法直接运行的。以 C 程序为例，源码到可执行程序需要经历编辑、编译、汇编等多个步骤，才能转换为机器语言指令，最终利用链接器链接所有的目标文件以及库文件，生成二进制可执行文件。这些可执行文件本质上由一系列指令和数据构成，在程序运行时，CPU 将这些指令和数据从存储器加载到缓存中，并逐条执行这些指令。

因此，在不同的 CPU 平台上，相同的源代码也会执行不同的指令序列。例如，为了编译图 10-5 左侧的程序，鲲鹏处理器首先需要通过两条 ldr 指令从内存加载数据到寄存器，然后通过 add 指令执行加法运算，之后通过 str 指令将结果存回内存中；X86 处理器则需要通过三条 mov 指令和一条 add 指令实现相同的运算，其中两条 mov 指令负责将数据从内存搬运至寄存器，然后利用 add 指令完成加法计算，最后通过 mov 指令将结果写回内存中。因此，为了将 C/C++ 程序从 X86 处理器移植到鲲鹏处理器中，必须重新编译源代码，以适应目标平台的指令集特点。然而，由于指令集、向量寄存器、兼容性等差异，编译过程中可能出现参数不兼容、找不到函数、缺少库文件、不支持 ARM 架构等问题。

为了确保程序能够在不同的平台上编译成相应的二进制文件，开发者需要提供源代码及相应的编译脚本。实现这一目标的常用技术包括：

（1）在代码中使用编译宏来区别不同的平台：这允许程序根据正在编译的目标平台自动调整其功能或使用特定的代码路径。

（2）在 Makefile 编译脚本中加入平台特定的处理逻辑：通过定义不同的编译规则和参数，使得同一份源代码能够适配多个平台的编译环境。

接下来以 X86 架构的 Linux 向鲲鹏架构的 Linux 平台的迁移为例，说明 C/C++ 语言跨平台程序设计的难点。

程序代码（C/C++）：

```
int main()
{
    int a = 1;
    int b = 2;
    int c = 0;

    c = a + b;

    return c;
}
```

编译

鲲鹏处理器指令

指令	汇编代码	说明
b9400fe1	ldr x1, [sp,#12]	从内存将变量a的值放入寄存器x1
b9400be0	ldr x0, [sp,#8]	从内存将变量b的值放入寄存器x0
0b000020	add x0, x1, x0	将x1(a)中的值加上x0(b)的值放入x0寄存器
b90007e0	str x0, [sp,#4]	将x0寄存器的值存入内存（变量c)

x86处理器指令

指令	汇编代码	说明
8b 55 fc	mov -0x4(%rbp),%edx	从内存将变量a的值放入寄存器edx
8b 45 f8	mov -0x8(%rbp),%eax	从内存将变量b的值放入寄存器eax
01 d0	add %edx,%eax	将edx(a)中的值加上eax(b)的值放入eax寄存器
89 45 f4	mov %eax,-0xc(%rbp)	将eax寄存器的值存入内存（变量c)

图 10-5　鲲鹏处理器与 X86 处理器的指令差异

1. 数据类型

在处理 C/C++语言程序时，X86 与鲲鹏处理器对于基本数据类型的细节定义存在差异。例如，在 X86 架构下，GCC 编译器默认的 char 类型被视为有符号（signed）；而在鲲鹏处理器中，GCC 编译器默认的 char 类型为无符号（unsigned）。将代码从 X86 架构移植到鲲鹏处理器时，可能需要进行相应的调整以确保程序行为的一致性。为了解决这一问题，开发者可以根据如图 10-6 所示的数据类型差异，通过修改 Makefile 文件的编译选项来消除这种差异，从而避免对源代码进行大量修改，也可通过修改源代码显式定义数据类型。具体的调整方法和编译选项设置可参见华为公司的 TaiShan 代码移植指导文档，帮助开发者顺利完成代码的移植和适配工作。

平台差异

GCC编译器在X86平台char类型变量默认为有符号型
GCC编译器在鲲鹏平台char类型变量默认为无符号型

编码方法1：通过编译文件控制

```
# other codes
.PHONY
all:src_code.c
    gcc -fsigned-char src_code.c -o test
# other codes
```

编码方法2：代码中显式定义类型

程序中显式定义char变量是否有符号

```
int main()
{
    unsigned char ch1 = -1;
    char ch2 = -1;
    signed char ch3 = -1;

    printf("unsigned char ch1 = 0x%x, %d\n",ch1, ch1);
    printf("char ch2 = 0x%x, %d\n",ch2, ch2);
    printf("signed char ch3 = 0x%x, %d\n",ch3, ch3);
    return 0;
}
```

图 10-6　数据类型差异

2. 宏定义

在 C/C++编程中，通过编译宏控制进行代码隔离是一种较为通用的方法。如图 10-7 所示，通过在代码中使用宏来包裹特定平台或环境下的代码块，编译阶段将根据所选宏确定是否编译这些代码。未被激活的宏对应的代码段将不会被编译进最终程序。

编码方法：编译宏控制

```
#if defined(__x86_64__)
static inline uint32_t crc32_u8(uint32_t crc, uint8_t v) {
    __asm__("crc32b %1, %0" : "+r"(crc) : "rm"(v));
    return crc;
}
static inline void prefetch(void *x)
{
    asm volatile("prefetcht0 %0" :: "m" (*(unsigned long *)x));
}

#endif
#if defined(__aarch64__)
 static inline uint32_t crc32_u8(uint32_t crc, uint8_t value) {
    __asm__("crc32cb %w[c], %w[c], %w[v]":[c]"+r"(crc):[v]"r"(value));
    return crc;
}
 static inline void prefetch(void *ptr)
{
    __asm__ volatile("prfm PLDL1KEEP, [%0, #(%1)]"::"r"(ptr), "i"(128));
}
#endif
```

实际编码建议可以将平台相关的代码封装为不同的源文件

图 10 - 7　编译宏控制

为了灵活高效地适应多平台编译需求、保证代码的可移植性、简化针对不同硬件平台的代码管理和维护工作，可以采用以下两种方法：

1）使用 GCC 预定义宏

C/C++语言中通过条件编译♯ifdef、♯endif 等关键词实现代码块的编译区分。如图 10 - 7 所示，示例代码中采用了__x86_64__宏控制 X86 环境下运行的代码，采用了__aarch64__ 宏控制 ARM 环境下运行的代码，而这两个宏是 GCC 预定义好的通用宏，GCC 将根据编译所在服务器的架构自行激活对应的宏，开发者无须手动定义，使用便捷。

2）自定义宏

除了使用预定义宏外，开发者还可以自定义宏，并通过编译命令行参数传递给编译器。例如，使用 GCC 编译器时，可以通过添加-D 选项定义宏，如-DDEFINES 或-DDEFINES＝CONDITION，以此来控制代码的编译过程。这种方式提供了更高的灵活性，允许开发者根据项目需求自行定义和控制编译条件。

3. 程序编译

编译器提供了一系列编译选项，用以激活或禁用特定的高级功能，目的在于优化程序的性能、提高兼容性等方面。在程序移植过程中，为了确保代码能够适配新的硬件平台，通常需要调整以下编译选项：

（1）64 位程序的编译选项：如图 10 - 8 所示的编码方法，在 AMD CPU 上，使用-m64 选项来编译 64 位程序。而在鲲鹏处理器上，这一选项需更改为-mabi＝lp64，以指明使用

LP64 模型进行编译，确保程序能够在 64 位的鲲鹏平台上正确执行。

（2）CPU 指令集指定选项：-march 选项用于指定目标 CPU 的指令集版本。例如，在 X86 架构中，Broadwell 是 Intel CPU 的一个型号，该选项用于优化生成的代码以充分利用该 CPU 的特性。对于鲲鹏处理器，该选项应调整为-march＝armv8-a，从而指定 ARMv8-A 架构，以适配鲲鹏处理器的指令集。

编码方法： Makefile分目标方式实现代码归一

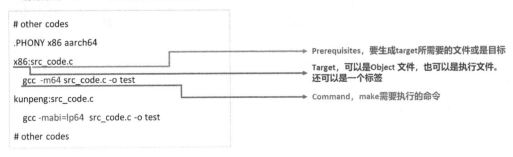

图 10-8　编码方法

此外，代码中经常使用编译宏来调用与 CPU 平台相关的特定实现。在将程序移植到鲲鹏 CPU 平台时，也需要仔细检查并适当修改这些与 X86 架构相关的编译宏，以确保程序能够在鲲鹏平台上无缝运行。更多编译选项和具体用途，可以参考 GCC 官方文档中的编译选项总结：https://gcc.gnu.org/onlinedocs/gcc/Option-Summary.html。该文档提供了各种选项的详细说明，可以为调整和优化程序编译配置提供宝贵的参考。

4. SIMD 技术

SIMD 技术是一种允许单一指令同时对多个数据进行操作的并行处理技术，特别适用于批量数据处理和向量化运算加速，有利于显著提升执行效率。其实现核心在于 SIMD 寄存器的使用，这种寄存器能够在同一时间内存储并操作多个相同数据类型的值，从而实现向量运算的加速。如图 10-9 所示，SIMD 技术在 X86 架构和鲲鹏处理器上都得到了广泛的扩展和优秀的支持。

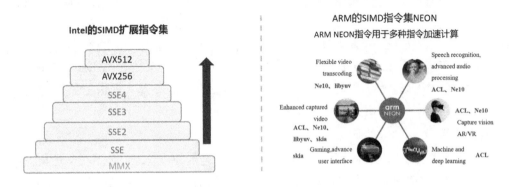

图 10-9　SIMD 技术

以 X86 架构为例，其支持的 SIMD 指令集包括 SSE(Streaming SIMD Extensions)及其后续版本 SSE2、SSE3、SSE4，以及更高级的 AVX256 和 AVX512 指令集。这些指令集分

别依赖于不同位宽的寄存器，如 64 位的 MMX、128 位的 SSE、256 位的 AVX256 和 512 位的 AVX512，提供了丰富的向量化操作功能。

鲲鹏处理器同样支持基于 SIMD 概念的 NEON 技术，它采用了 128 位的 NEON 寄存器进行高效的单指令多数据处理。基于 NEON 技术的库在矩阵运算、机器学习、计算机视觉和图像处理等多个领域得到了广泛应用，如 Arm Compute Library(ACL)、Ne10、libyuv 和 Skia 等，甚至包括广泛使用的 OpenCV 视觉库也大量采用 NEON 特性以加速图像处理函数。

为了简化开发者对 SSE 和 NEON 功能的使用，编译器提供了对这些底层 SIMD 指令的进一步抽象和封装，通过相关的头文件和 API 接口，支持在 C/C++高级语言中调用这些功能。这类函数被称为 SSE/NEON intrinsic 函数，它们是一系列 C 函数调用，可以被编译器替换为相应的 SSE/NEON 指令或指令序列。通过使用 SSE/NEON intrinsic 函数，开发者可以实现汇编指令相似的功能，同时免去了手动寄存器分配的复杂性，让开发者能够更加专注于算法的开发和优化。

为了将 X86 架构下的 SSE intrinsic 函数成功迁移到鲲鹏处理器，以 MMX(64 位寄存器)和 SSE(128 位寄存器)类 intrinsic 函数的移植策略为例进行讲解，移植示例如图10-10所示。

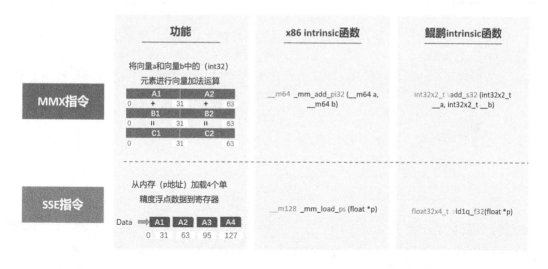

图 10-10　移植示例

以 MMX 类函数为例，移植的关键步骤是识别函数名中的操作关键字，如在"__m64_mm_add_pi32 (__m64 a, __m64 b)"指令中，"add"直观地指出了函数的核心操作为加法。对应地，在鲲鹏处理器上，NEON 指令集提供了具备同等功能的函数，从而允许通过符合鲲鹏处理器语法规则的参数传递完成替换操作。更多关于 NEON 函数语法的细节，可以在 NEON 指南中查询。

对于 SSE 指令的迁移，图 10-10 中要求将四个浮点数一次性加载到 128 位的寄存器中。在 X86 架构下，对应指令"__m128_mm_load_ps (float ∗ p)"的核心关键词是"load"。而在鲲鹏处理器上，相应的 NEON intrinsic 函数也提供了类似的功能，关键词为"vld1q"，从而实现了数据的连续加载。

通过这一系列的示例，可以看出，从 SSE 到 NEON 的函数迁移本质上是在利用基于鲲鹏或者开源发布的 intrinsic 转换库，对函数层次进行的接口对应和替换。此外，开发者也可以结合指导网站信息手动实现不同平台的函数，通过编译宏等方法实现跨平台函数替换。只要开发者掌握了 SSE 和 NEON intrinsic 函数的使用规范，便能够实现快速且高效的跨架构函数替换，确保代码的性能优化及良好的跨平台兼容性。

综上所述，在不同的体系架构平台上迁移 C/C++ 程序会面临数据类型、宏定义、程序编译、SIMD 技术等多种问题。如果想将 X86 平台上运行的软件迁移到鲲鹏平台上，首先需要评估迁移该软件的技术可行性，随后需要进行具体的迁移工作，并确保软件在鲲鹏平台上功能的可用性，最后要利用性能分析和调优定位，确保软件可以最大程度地兼容鲲鹏平台。但是，如果迁移工作全靠人工完成，工作量巨大。同时，由于不同平台间的各种差异，工程师需要熟悉不同的硬件和底层技术，门槛较高。

近年来，为了让工程师可以在鲲鹏平台上便捷地进行软件开发、调试、迁移、调优等问题，华为已经投入了大量的研发人力和资源，以不断提升鲲鹏平台的迁移和原始开发能力。目前，鲲鹏 DevKit 已经从 1.0 的应用迁移，升级到 2.0，实现了开发测试、调试、编译、诊断、工程向导、SDK 等功能。

10.3.2　DevKit 整体介绍

鲲鹏开发套件提供了代码迁移、开发框架、调试服务、性能分析等一系列工具，简化了将应用迁移到鲲鹏平台的过程，有利于帮助开发者加速应用迁移和算力升级。另外，DevKit 还提供了快捷的插件管理工具，方便开发者快速配置鲲鹏平台应用开发环境和高效的原生开发。

基于 Visual Studio Code(VS Code)，鲲鹏开发套件插件工具面向鲲鹏平台，为开发者提供了应用软件迁移、开发、编译调试、性能调优等一系列端到端工具，即插即用。图 10-11 所示为鲲鹏 DevKit 在 VS Code 中的实际案例。

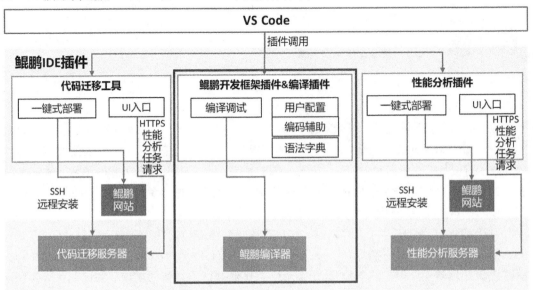

图 10-11　鲲鹏 DevKit 在 VS Code 中的实际案例

鲲鹏开发套件功能包括：鲲鹏代码迁移插件、鲲鹏开发框架插件、鲲鹏编译插件及鲲鹏性能分析插件等。每个插件的具体功能如下：

（1）鲲鹏代码迁移插件：自动扫描并分析用户待迁移软件，提供专业迁移指导，具备以下五个功能特性。

① 软件迁移评估：自动扫描并分析软件包（非源码包）、已安装的软件，提供可迁移性评估报告。

② 源码迁移：能够自动检查并分析出用户源码、C/C++/ASM/Fortran/解释型语言/汇编软件构建工程文件、C/C++/ASM/Fortran/解释型语言/汇编软件构建工程文件使用的链接库、X86 汇编代码中需要修改的内容，并给出修改指导。

③ 软件包重构：通过分析 X86 平台软件包（RPM 格式、DEB 格式）的软件构成关系及硬件依赖性，重构适用于鲲鹏平台的软件包。

④ 专项软件迁移：基于鲲鹏解决方案的软件迁移模板，进行自动化迁移、修改、编译、构建软件包，帮助用户快速迁移软件。

⑤ 鲲鹏亲和分析：支持软件代码质量的静态检查功能，如在 64 位环境中运行的兼容性检查、结构体字节对齐检查、缓存行对齐检查和内存一致性检查等亲和分析。

（2）鲲鹏开发框架插件：对软件基础库进行深度性能优化，以构建常用软件在鲲鹏平台上的性能竞争力。同时，进行一些亲和性的提示和检查，以降低学习成本和使用成本。

（3）鲲鹏编译插件：提供一键式部署的 GCC for openEuler 及包含毕昇编译器、JDK 在内的全套编译软件，发挥鲲鹏平台极致性能，使开发者能高效创新。

（4）鲲鹏性能分析插件：由四个子工具组成。

① 系统性能分析：是针对基于鲲鹏的服务器的性能分析工具，可以辅助用户快速定位和处理软件性能问题。

② Java 性能分析：是针对基于鲲鹏的服务器上运行的 Java 程序的性能分析和优化工具，能图形化显示 Java 程序的堆、线程、锁、垃圾回收等信息，收集热点函数、定位程序瓶颈点，以帮助用户进行针对性优化。

③ 系统诊断：是针对基于鲲鹏的服务器的性能分析工具，提供内存泄漏诊断（包括内存未释放和异常释放）、内存越界诊断、内存消耗信息分析展示、OOM 诊断能力，可以帮助用户识别出源代码中内存使用的问题点，提升程序的可靠性。

④ 调优助手：是针对基于鲲鹏的服务器的调优工具，能系统化组织性能指标，引导用户分析性能瓶颈，实现快速调优。

在 VS Code 中安装鲲鹏开发套件插件工具后，用户可以通过在鲲鹏工程创建界面上进行简单的输入和选择操作，轻松实现工程的自动化构建。该构建过程不仅会生成包含加速库源码的工程，还会附带丰富的演示文件和详细的指导信息，从而为开发者提供全面的支持。得益于鲲鹏平台的编译插件，构建完成的工程可以一键执行编译，极大简化了开发过程，提高了开发效率，使得开发者能够专注于核心逻辑和性能优化，从而在鲲鹏平台上高效地开发和部署应用。DevKit 插件的具体的使用方法可以查阅官方文档（https://www.hikunpeng.com/document/detail/zh/kunpengdevps/userguide/Plugins_UserGuide/KunpengDevKitVS_0001.html）。

10.4　华为 C 语言编程规范

华为 C 语言编程规范旨在指导程序员编写出既清晰又高效、既可维护又易于扩展的代码，可以提高团队成员之间的协作效率，确保开发过程的顺畅和高效。这套规范涵盖了从命名和注释到内存管理和异常处理的各个方面，可以提高软件项目的质量和团队协作效率。下文是对华为 C 语言编程规范核心要点的归纳阐述，具体的编程规范和最佳实践可以参考华为提供的详细指南。

10.4.1　命名规范

命名需遵循以下规范：

（1）明确性：变量、函数、宏和结构体等的命名应明确无误，能够直观反映其用途和类型。使用英文命名，避免拼音或不规则的大小写混合，确保第一眼就能理解其含义。

（2）避免冲突：切勿使用可能与系统保留关键字冲突的命名，以免引发不必要的编译错误或运行时问题。例如，不要使用 new、class 等系统保留关键字作为变量名或函数名。

10.4.2　注释规范

注释需遵循以下规范：

（1）透明化：代码中应添加必要的注释，使代码的功能、所用算法、数据结构及其复杂性等一目了然，同时提供代码背景或逻辑的额外说明。

（2）简洁性：注释应简明扼要，避免冗余或无关紧要的信息，确保阅读者能够迅速抓住要点。

10.4.3　编程规范

编程需遵循以下规范：

（1）代码布局：合理使用缩进、空格和括号来提升代码的可读性，使其他开发者能够轻松理解和维护。

（2）变量初始化：声明变量时应立即进行初始化，避免出现未定义行为。

（3）控制结构：慎用 goto 等可能导致代码难以追踪和维护的语句，优先考虑结构化的编程方法。

10.4.4　函数规范

函数需遵循以下规范：

（1）单一职责：确保每个函数专注于完成一个具体任务，并明确返回执行结果，提高函数的可重用性和模块化程度。

（2）参数传递：避免在函数内部直接操作全局变量，应通过参数传递所需数据，减少耦合度。

10.4.5　内存分配规范

内存分配需注意以下规范：

（1）内存管理：动态分配的内存使用后应及时释放，避免内存泄露。合理评估所需内存大小，避免浪费。

（2）错误检查：对 malloc 等函数的返回值进行检查，确保内存分配成功。

10.4.6　异常处理规范

异常处理需注意以下规范：

（1）错误检测：对函数返回的错误码进行检查，确保在发现错误时能够采取合适的响应措施。

（2）异常安全：采用合理的异常处理和错误记录机制，确保程序的健壮性和可靠性。

10.4.7　安全性和可靠性

安全性和可靠性方面需注意以下规范：

（1）输入验证：对外部输入进行严格的验证，避免因不受信任的输入导致的安全漏洞。

（2）错误处理：实施有效的错误检测和处理机制，确保程序在遇到异常情况时能够稳定运行。

10.5　基于鲲鹏云平台的项目实践

本节将基于鲲鹏云平台，在 openEuler 操作系统中利用 GCC 编译器进行 C 语言编程。希望通过本实验的学习，学生能够掌握在鲲鹏平台 openEuler 下 C 程序的编写、编译、部署以及运行。

10.5.1　实验环境说明

本实验需要在服务器中搭建实验环境，具体包括鲲鹏云服务器和 openEuler 操作系统的配置。

本实验需要用到一台鲲鹏架构下装有 openEuler 操作系统的虚拟机，要求虚拟机配置为 2vCPU｜4GiB RAM｜40GiB ROM，且可连接公网。实验环境的具体配置列表如表 10-2 所示。

表 10-2　实验环境配置

名称	配置	操作系统 OS 版本
鲲鹏云服务器	kc1.large.2 2vCPUs｜4 GiB	openEuler 20.03 LTS

本实验将涉及 PuTTY 和 WinSCP 两个工具的使用，请根据表 10-3 实验工具的使用说明，提前下载并安装好相关工具。

表 10-3　实验工具

软件名称	使用说明
PuTTY	https://www.chiark.greenend.org.uk/~sgtatham/putty/latest.html
WinSCP	https://winscp.net/eng/download.php

10.5.2　C 语言开发环境搭建

1. 创建虚拟私有云 VPC

（1）打开华为公有云网页：www.huaweicloud.com，点击右上角"登录"按钮，在登录窗口中输入账号密码登录华为公有云。

（2）选择左上角的"服务列表"→"所示服务"→"网络"→"虚拟私有云 VPC"。

（3）点击"开始使用"按钮，进入网络控制台中的"虚拟私有云"→"我的 VPC"，点击右上角"创建虚拟私有云"选项，具体如图 10-12 所示。

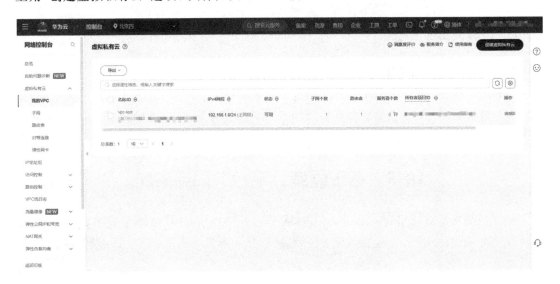

图 10-12　创建虚拟私有云

（4）按照表 10-4 配置 VPC 属性，然后点击右下角"立即创建"按钮。

表 10-4　VPC 属性配置

参　　数	配　　置
区域	华北—北京四
名称	vpc-test
网段	192.168.1.0/24
子网可用区	可用区 1
子网名称	subnet-test
子网网段	192.168.1.0/24

（5）创建完成后，如图 10-13 所示，点击网络控制台左侧列表的"访问控制"选项，选择"安全组"，进入安全组页签，确认存在默认安全组。

图 10-13　进入安全组页签

2. 购买服务器

（1）如图 10-14 所示，点击左上角的"服务列表"，选择"所有服务"→"计算"→"弹性云服务器 ECS"，进入云服务器控制台的"弹性云服务器"页签。

图 10-14　进入弹性云服务器页签

（2）点击"购买弹性云服务器"按钮，弹性云服务器的具体参数配置如表 10-5 所示。

表 10-5　弹性云服务器参数配置

参　　数	openEuler 配置
计费模式	按需计费
区域	华北—北京四
CPU 架构	鲲鹏计算
规格	kc1. large. 2 │ 2vCPUs │ 4 GiB
公共镜像	openEuler(20. 03 64 bit with ARM(40 GiB))
OS	高 I/O，40 GiB

续表

参　　数	openEuler 配置
网络	vpc-test｜subnet-test｜手动分配 IP 地址｜192.168.1.20
安全组	default
弹性公网 IP	现在购买
路线	全动态 BGP
公网带宽	按流量计费
带宽大小	5M 位/s
云服务器名称	openEuler
登录凭证	密码
用户名	root
密码/确认密码	自行设置密码，要求 8 位以上且包含大小写字母、数字、特殊字符中三种以上字符
云备份	暂不购买

（3）具体来说，首先需要如图 10-15 所示，选择基础配置，区域选择"华北—北京四"；计费模式选择"按需计费"；服务器实例的 CPU 架构选择"鲲鹏计算"；类型选择"鲲鹏通用

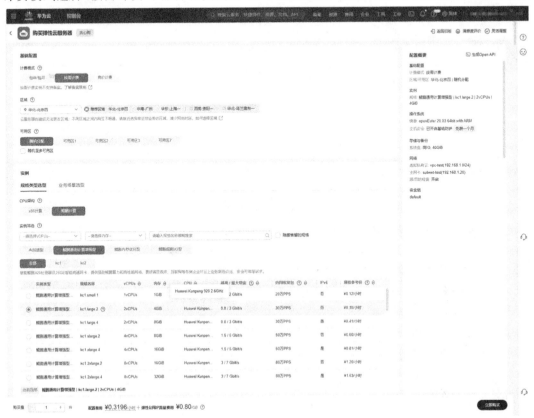

图 10-15　基础配置

计算增强型"的"kcl.large.2 | 2vCPUs | 4 GiB"。

（4）接下来，镜像选择为公用镜像的 openEuler(20.03 64 bit with ARM(40Gib))，在系统盘片选择高 IO，容量为 40GiB。在网络配置页面，如图 10-16 所示，网络配置选择之前创建的虚拟私有云 VPC，安全组选择默认的安全组。之后选择现在购买弹性公网 IP，选择全动态 BGP 线路，公网带宽选择"按流量计费"，带宽大小选择 5。

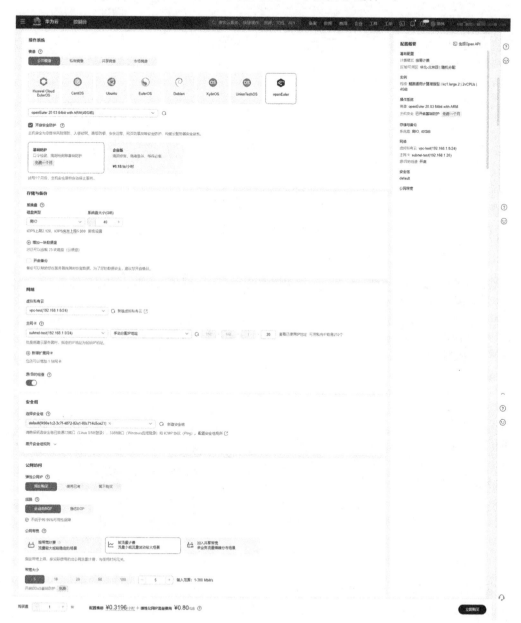

图 10-16　网络配置

（5）之后，在云服务器管理中，首先需要填写云服务器的名称，登录凭证选择密码，并设置 root 的密码，详情如图 10-17 所示。完成配置后，点击"立即购买"按钮。

图 10-17　云服务器管理

（6）在确认配置界面，如图 10-18 所示，确定之前设置的配置，并同意协议，后点击
"同意并立即购买"，即完成购买。

图 10-18　确认配置

（7）购买完成后，点击"返回云服务器列表"按钮，如图 10-19 所示，查看购买的服务
器状态信息。同时，也可以在云服务器列表中看到该弹性云服务器的弹性公网 IP 地址。

3. 环境登录验证

云服务器购买完成后，使用 PuTTY 工具远程访问购买的服务器，并验证基础开发环
境，具体步骤如下：

图 10 - 19　状态信息查看

（1）首先，图 10 - 20 所示为新建会话，打开电脑上 PuTTY 工具，点击"Seesion"后，在"Host Name(or IP address)"处输入申请的云服务器的弹性公网 IP，端口默认是 22 端口，连接的协议选择 SSH 后，点击"Open"按钮。

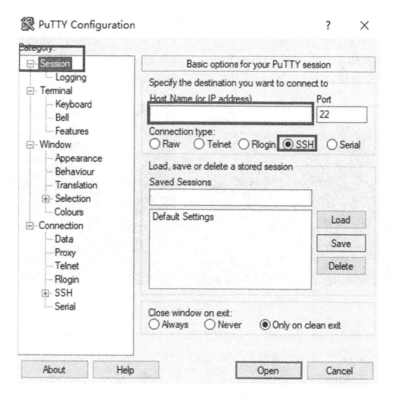

图 10 - 20　新建会话

（2）如果是第一次连接云服务器，如图 10 - 21 所示，会出现一个与安全有关的弹出框。其中，"Accept"表示保存指纹，下次连接的时候，就不会再提示了；"Connect Once"表示不保存指纹，下次连接后，还需要提示；"Cancel"表示结束操作。此处可点击"Accept"或"Connect Once"按钮。

图 10 - 21　填写 IP

（3）然后，需要如图 10 - 22 所示，进行身份验证设置。在 login as 输入用户名 root，图中 password 输入购买 ECS 时设置的密码，点击确定，出现 Welcome to Huawei Cloud Service 表示链接成功。在命令行中，"～"表示当前用户目录。

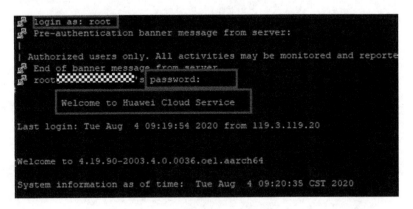

图 10 - 22　身份验证设置

如图 10 - 23 所示，输入命令："gcc -v""g＋＋ -v"，检查编译器是否安装 g＋＋/GCC 编译器。如果出现 GCC 版本，说明环境已安装。其中，openEuler 自带版本为 GCC7.3.0，满足实验要求。如果出现"g＋＋：command not found"问题，可以如图 10 - 24 所示，通过 Yum 安装 g＋＋环境。具体操作为：输入"yum list gcc-c＋＋"，然后根据显示版本进行安装，例如："yum install gcc-c＋＋.aarch64"，出现"Complete!"标志说明安装成功。

图 10 - 23　检查安装

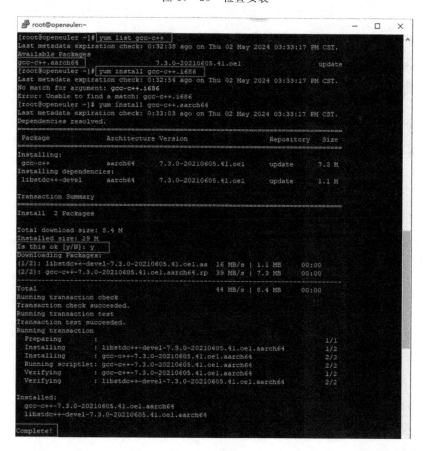

图 10 - 24　Yum 安装 g＋＋环境

10.5.3 C语言平方根求和程序

1. 实验介绍

开发环境搭建完成后，本实验将利用C语言实现以下功能：输入两个数，将两个数的平方根相加，最后将运算结果输出到屏幕中。在该程序中，两个数的输入需要采用程序启动参数的形式完成。通过该实验，可以学习Linux中C语言数学库的简单使用方法。

2. 代码开发

本实验采用华为提供的代码，程序包含三个文件：main.c、sqrtSum.h、sqrtSum.c，具体代码如下：

【main.c】

```
1   #include <stdio.h>
2   #include <stdlib.h>
3   #include "sqrtSum.h"
4   int main(int argc, char * * argv) {
5   if (argc ! = 3 || NULL == argv) {
    a) printf("format is sqrtSum x y, x is the first num, y is the cond num\n");
    b) return -1;
6   }
7   double x = atof(argv[1]);
8   double y = atof(argv[2]);
9   double z = sqrtSum(x, y);
10  printf("sqrt %6.2lf + sqrt %6.2lf = %6.2lf\n", x, y, z);
11  return 0;
12  }
```

【sqrtSum.h】

```
1   #ifndef SQRT_SUM_H_H
2   #define SQRT_SUM_H_H
3   #include <math.h>
4   double sqrtSum(double x, double y);
5   #endif
```

【sqrtSum.c】

```
1   #include "sqrtSum.h"
2   double sqrtSum(double x, double y) {
3      return sqrt(x) + sqrt(y);
4   }
```

3. 代码编译运行

（1）目录构建。首先，利用PuTTY工具在ECS主机的root目录中新建"test"目录，输入命令如下：

```
[root@openeuler~]# mkdir test
```

```
［root@openeuler～］# ls
test
```

（2）源码上传。利用 WinSCP 工具将源码上传至 ECS 主机。安装好 WinSCP 后打开，如图 10-25 所示，输入用户名和密码，完成后如图 10-26 所示，把本地代码上传至 ESC 服务器的/root/test/目录中。

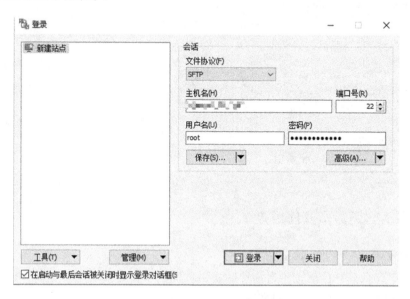

图 10-25　WinSCP 登录

图 10-26　本地代码上传

（3）程序编译。利用 PuTTY 工具进入 ECS 主机下的 test 目录，使用 GCC 进行编译程序。执行命令后，刷新 WinSCP 工具，如果发现已经生成了可执行文件 test，说明编译成功。完整命令如下：

```
［root@ openeuler ～］# cd ~/test
［root@ openeuler test］# ls
main. c sqrtSum. c sqrtSum. h
［root@openeuler test］# gcc -mabi=lp64 -march=ARMv8-a -o test main. c sqrtSum. c -g -lm
［root@openeuler test］# ls
main. c sqrtSum. c sqrtSum. h test
```

4. 代码验证调测

为了验证代码的正确性，可以在 test 目录执行命令". /test 9 16"，对 9 和 16 分别求平方根，然后相加。根据输出信息，检验程序运算结果的正确性。正确运行结果如下：

```
[root@openeuler test]♯ ls
main. c sqrtSum. c sqrtSum. h test
[root@openeuler test]♯ . /test 9 16
sqrt 9. 00 + sqrt 16. 00 = 7. 00
[root@openeuler test]♯
```

实验完成后，利用"cd .."命令返回上级目录，随后通过"rm -rf test"命令删除 test 目录。

```
[root@openeuler test]♯ cd ..
[root@openeuler ~]♯ rm -rf test
[root@openeuler ~]♯
```

10.5.4　C 语言函数指针使用程序

1. 实验介绍

为了学习 Linux 中 C 语言函数指针的使用方法，本实验将利用 C 语言实现以下功能：通过函数指针方式调用函数，并打印输出程序启动时的参数信息。

2. 代码开发

本实验采用华为提供的代码，程序包含一个文件为 main. c，具体代码如下：

【main. c】

```
1    ♯ include <stdio. h>
2    ♯ include <stdlib. h>
3    ♯ include <string. h>
4    void ( * pfun)(char *  data);
5    void myfun(char *  data) {
6        printf("get argv[1] :%s\n", data);
7    }
8    int main(int argc, char *  argv[]) {
9        if (1 = = argc) {
10           printf("启动程序需要带参数，如：. /test aaa\n");
11           return 0;
12       }
13       signed char instr[20 + 1];
14       memset(instr, 0, sizeof(instr));
15       memcpy(instr, argv[1], sizeof(instr));
16       pfun = myfun;
17       ( * pfun)(instr);
```

```
18        return 0;
19  }
```

3. 代码编译运行

（1）目录构建。利用 PuTTY 工具在 ECS 主机上新建目录"test"，具体命令如下：

```
[root@openeuler ~]# mkdir test
[root@openeuler~]# ls
 test
```

（2）源码上传。利用 WinSCP 工具将本地代码上传至 ESC 服务器上。

（3）程序编译。在 ECS 主机 test 目录，使用 GCC 进行编译 main 程序。执行命令后，如果发现已经生成了可执行文件 test，说明编译成功。完整命令如下：

```
[root@openeuler~]# cd test
[root@openeuler test]# gcc -mabi=lp64 -march=ARMv8-a -o test main.c -g
[root@openeuler test]# ls
 main.c test
```

4. 代码验证调测

在 test 目录，执行命令"./test"，会出现参数提示。正确运行结果如下：

```
[root@openeuler test]# ./test
 启动程序需要带参数，如：./test aaa
[root@openeuler test]# ./test zzaa
 get argv[1]:zzaa
[root@openeuler test]#
```

实验完成，返回上级目录并删除 test 目录，完整命令如下：

```
[root@openeuler test]# cd ..
[root@openeuler ~]# rm -rf test
[root@openeuler ~]#
```

10.5.5　C 语言动态库使用程序

1. 实验介绍

本实验旨在利用 C 语言实现以下功能：自定义函数指针类型、定义回调接口、封装为动态库。之后，将通过静态方式调用动态库接口，回调自写的函数。通过本实验，学生可以学习 Linux 中 C 语言动态库的使用方法。

2. 代码开发

本实验采用华为提供的代码，程序包含三个文件：main.c、fun.h、fun.c，具体代码如下：

【main.c】

```
1    #include<stdio.h>
2    #include<stdlib.h>
3    #include "fun.h"
4
5    int myfun(int data) {
6        printf("====>myfun get data：%d\n", data);
7        return (data * 2);
8    }
9    int main() {
10       int ret；
11       pfunT pfun；
12       pfun = myfun；
13       ret = rt_data(12, pfun)；
14       printf("====>rt_data return data：%d\n", ret)；
15       return 0；
16   }
```

【fun.h】

```
1    #ifndef _FUN_H_
2    #define _FUN_H_
3
4    typedef int (*pfunT)(int)；
5    #endif
```

【fun.c】

```
1    #include "fun.h"
2    int rt_data(int data，pfunT tr_fun) {
3        return ((*tr_fun)(data))；
4    }
```

3. 代码编译运行

（1）目录构建。利用 PuTTY 工具在 ECS 主机上新建目录"test"，具体命令如下：

```
[root@openeuler ~]# mkdir test
[root@openeuler~]# ls
test
```

（2）源码上传。利用 WinSCP 工具将本地代码上传至 ESC 服务器上。

（3）程序编译。在 ECS 主机 test 目录，首先使用 GCC 将 fun.c 编译成动态库，随后将 main.c 编译为可执行文件，其中"-lfun"参数使得编译时链接 libfun.so 动态库。执行命令后，如果发现已经生成了可执行文件 test，说明编译成功。完整命令如下：

```
[root@openeuler ~]# cd test
[root@openeuler test]# gcc -mabi=lp64 -march=ARMv8-a -shared -fPIC fun.c -o libfun.so
[root@openeuler test]# gcc -mabi=lp64 -march=ARMv8-a -o test main.c -L. -lfun -g
main.c: In function 'main'：
```

main. c:12:8: warning: implicit declaration of function 'rt_data' [-Wimplicit-function-declaration]
　　ret = rt_data(12, pfun);
　　　　　　　^~~~~~~~
[root@openeuler test]# ls
fun. c fun. h libfun. so main. c test
[root@openeuler test]#

4. 代码验证调测

为了使得动态库生效，可以先使用 cp 命令将动态库复制到/usr/lib 目录中，然后使用 ldconfig 命令让新的动态库为系统共享，具体命令如下：

[root@ecs-34bd test]# cp libfun. so /usr/lib
[root@ecs-34bd test]# ldconfig

之后，根据输出信息，检验程序运算结果的正确性，正确的运行结果如下：

[root@ecs-34bd test]# ./test
====>myfun get data：12
====>rt_data return data：24

实验完成，返回上级目录并删除 test 目录，完整命令如下：

[root@openeuler test]# cd ..
[root@openeuler ~]# rm -rf test
[root@openeuler ~]#

10.5.6　实验环境清理

完成三个实验之后，可以删除服务器资源。需要注意的是，删除服务器后，之后将无法再使用。

如图 10 - 27 所示，返回 ECS 控制台，选择云主机，然后点击"更多"→"删除"。

图 10 - 27　云主机删除

之后，如图 10-28 所示，在弹出的对话框中勾选"删除云服务器绑定的弹性公网 IP 地址"和"删除云服务器挂载的数据盘"，然后点击"下一步"按钮，根据指示删除 ECS。

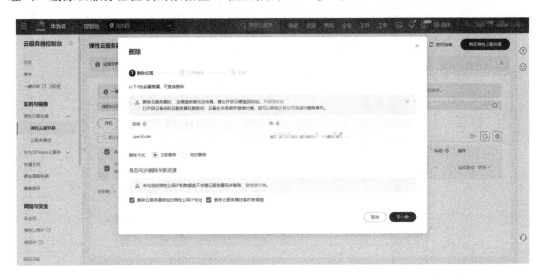

图 10-28 资源释放

10.6 本 章 总 结

作为服务器行业的新锐力量，鲲鹏生态吸引了广大开发者和用户，已经引起了众多开发者和用户的热切关注和好奇。为了帮助开发者更快地熟悉并掌握鲲鹏计算平台，本章节深入全面地探讨了基于华为鲲鹏平台的程序设计。内容涵盖了鲲鹏计算产业及其生态体系、鲲鹏处理器芯片、鲲鹏开发套件 DevKit 工具、华为 C 语言编程规范，以及基于鲲鹏云平台的项目实践。

10.7 项 目 拓 展

(1) 基于鲲鹏云平台使用 openEuler 操作系统，利用 C 语言搭建一个简单的学生成绩管理系统，具体功能包含学生信息增删改查、学生成绩增删改查，并能按不同维度对成绩进行统计分析。

(2) 基于鲲鹏云平台使用 openEuler 操作系统，设计并实现黑白棋对弈游戏。

10.8 课外研学实践

在信息化时代，软件不仅是社会运转的核心工具，更是经济发展的关键驱动力。党的二十大报告明确提出，目前我国的科技创新能力还不强，需增强自主创新能力，实现高水平科技自立自强，加快数字经济的发展。近年来，国产软件经历了从起步探索到快速发展、成熟扩展到深化应用的全过程，在技术、市场和政策环境等方面取得了显著进展。华为、阿里巴巴、腾讯等领先的国产软件公司也已成功进入国际市场，并在全球范围内赢得了可观的市场份额,显著提升了国产软件的国际影响力。然而,由于我国的国产软件开发起步较晚,部分国产软件在某些高端技术和复杂系统方面仍未达到国际先进水平。此外,大众对国产软件在技术成熟度和可靠性上的认知还不足,导致在数字化转型过程中,采购国外软件产品的情况远多于国产软件。因此,国产软件仍面临市场竞争激烈以及品牌认知度低等困境。

为了深入理解国产软件在国家战略中的关键作用,请完成以下课外研学实践任务:自主调研操作系统、数据库管理系统、软件开发工具等领域的国产软件,搜集国产软件替代国外软件的成功案例并撰写相关调研报告。调研报告要求围绕领域特性展开,首先介绍被替代的国外软件以及对应的国产软件,详细描述它们的功能特点、技术优势和市场表现。其次,阐述国产软件成功替代国外软件的全过程,包括技术适配、用户迁移和市场推广等方面的措施和策略。最后,分析国产软件推广对相关行业和社会的影响,包括市场占有率、用户满意度和市场反馈等。在调研过程中,请总结软件国产化的重要性,探讨其在提升国家信息安全、促进科技自立自强和推动数字经济发展中的实际贡献。

参 考 文 献

［1］ CORMEN T H. 算法导论［M］. 3 版. 殷建平，译. 北京：机械工业出版社，2012.

［2］ 严蔚敏. 数据结构（C 语言版）［M］. 北京：清华大学出版社，2007.

［3］ 苏小红，赵玲玲，孙志岗，等. C 语言程序设计［M］. 4 版. 北京：高等教育出版社，2020.

［4］ 明日科技. C 语言项目开发实战入门［M］. 长春：吉林大学出版社，2017.